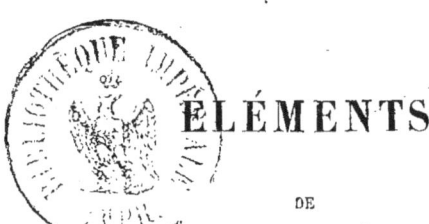

ÉLÉMENTS

DE

GÉOMÉTRIE

CORBEIL, typ. et stér, de CRÉTÉ.

ÉLÉMENTS

DE

GÉOMÉTRIE

A L'USAGE

DES LYCÉES ET DES AUTRES ÉTABLISSEMENTS D'INSTRUCTION PUBLIQUE

(Classes de troisième, seconde, rhétorique et philosophie)

PAR

J. F. BONNEL

ANCIEN ÉLÈVE DE L'ÉCOLE NORMALE SUPÉRIEURE
AGRÉGÉ DE L'UNIVERSITÉ
PROFESSEUR DE MATHÉMATIQUES AU LYCÉE IMPÉRIAL DE LYON

TROISIÈME ÉDITION
ENTIÈREMENT CONFORME AUX DERNIERS PROGRAMMES OFFICIELS.

PARIS

C H. DELAGRAVE ET Cie, LIBRAIRES-ÉDITEURS

78, RUE DES ÉCOLES

—

1868

AVERTISSEMENT

Le programme de ces *Eléments de Géométrie* n'est autre que celui du PLAN D'ÉTUDES DES LYCÉES, pour l'enseignement de la Géométrie dans les classes de *Troisième*, *Seconde*, *Rhétorique* et *Philosophie* (n°s 3, 5, 7 et 9).

Les paragraphes marqués d'un astérisque (*) renferment des parties de propositions, des propositions ou des théories dont la démonstration n'est pas exigée dans les examens du BACCALAURÉAT ÈS LETTRES; mais toutes les questions traitées dans ces paragraphes doivent être étudiées par les candidats au BACCALAURÉAT ÈS SCIENCES.

Les paragraphes marqués de deux astérisques (**) renferment des démonstrations qui ne sont exigées par aucun programme officiel.

Les *chiffres de renvoi* qu'on rencontre dans le texte indiquent *exclusivement* les numéros d'ordre des pages à consulter.

ÉLÉMENTS

DE

GÉOMÉTRIE

DÉFINITIONS GÉNÉRALES

FIGURES GÉOMÉTRIQUES. — Le *volume* d'un corps est la portion de l'espace que ce corps occupe.

Si l'on considère le volume d'un corps dans les parties qui le séparent de l'espace environnant, en faisant abstraction de toutes les parties intérieures, la partie considérée est ce qu'on nomme la *surface* géométrique du corps.

De même, une *ligne* géométrique n'est autre chose que l'ensemble des parties communes à deux surfaces qui se pénètrent, abstraction faite de toutes les autres parties.

Enfin, si deux lignes se coupent, leur partie commune est un *point* géométrique.

C'est par cette série d'abstractions que l'esprit arrive à concevoir et à définir le point géométrique.

On donne le nom commun de *figures* aux volumes, surfaces, lignes, points géométriques, et à leurs combinaisons. Rien n'empêche d'imaginer qu'un point, une ligne, ou une surface, se déplace successivement dans l'espace : dans ce mouvement, le point décrira une ligne, la ligne engendrera une surface, et la surface un volume.

DROITE ET PLAN. — La plus simple de toutes les lignes est la ligne *droite*, dont l'image est un fil bien tendu ; elle se définit par cette considération, qu'*elle est le plus court chemin d'un point à un autre*, et l'on regarde comme évident que *deux points déterminent une droite* dans toute son étendue. Une ligne formée de plusieurs lignes droites est dite *brisée*, et toute ligne qui n'est ni droite, ni brisée, se nomme une ligne *courbe*.

La plus simple de toutes les surfaces est la surface *plane* ou le *plan*, dont une glace très-polie donne l'idée : *le plan est une surface telle qu'une droite quelconque y est contenue tout entière, si elle passe par deux points de la surface*. Une surface formée de plusieurs plans est dite *brisée*, et toute surface qui n'est ni plane, ni brisée, se nomme une surface *courbe*.

OBJET ET DIVISION DE LA GÉOMÉTRIE. — La Géométrie a pour objet l'étude des propriétés des figures géométriques. Cette étude se divise en deux parties : GÉOMÉTRIE PLANE et GÉO- MÉTRIE DANS L'ESPACE. La Géométrie plane comprend les propriétés des figures qui sont susceptibles d'être placées tout entières dans un plan, et la Géométrie dans l'espace, les propriétés des autres figures.

DIFFÉRENTES SORTES DE PROPOSITIONS GÉOMÉTRIQUES. — Les propositions geométriques sont toutes conditionnelles, c'est- à-dire composées de deux parties, dont l'une est une affirmation ou *conclusion*, et l'autre une condition ou *hypothèse*, sans laquelle la conclusion n'est pas vraie.

Une proposition géométrique se nomme, en général, THÉORÈME, et le raisonnement par lequel la conclusion d'un théorème se tire de l'hypothèse, s'appelle DÉMONSTRATION : plusieurs théorèmes roulant sur le même sujet forment par leur ensemble ce que l'on nomme une THÉORIE.

Le COROLLAIRE est une proposition qui est la conséquence d'un théorème, et qui est ordinairement moins importante que le théorème.

Le LEMME est une proposition qu'on place en tête d'un théorème, comme pour en détacher une partie préliminaire.

Le SCOLIE est ordinairement une simple remarque faite à la suite d'une proposition ou d'une théorie ; en réalité, les scolies sont des corollaires qui n'ont pas besoin de démonstration.

L'énoncé de chaque proposition géométrique permet d'en formuler deux autres principales, qu'on nomme la proposition RÉCIPROQUE et la proposition CONTRAIRE. On forme la Réciproque d'une proposition, en prenant pour hypothèse sa conclusion et pour conclusion son hypothèse ; on forme la proposition Contraire en adoptant à la fois l'hypothèse contraire et la conclusion contraire.

La Réciproque d'une proposition vraie n'est pas nécessairement vraie, non plus que la proposition Contraire. Il faut néanmoins noter les deux remarques suivantes, qu'on a très-souvent l'occasion de formuler dans le cours de l'enseignement :

1° Si une Proposition géométrique est vraie, ainsi que sa Réciproque, leurs propositions Contraires le sont aussi.

2° Si une Proposition géométrique est vraie, ainsi que la

proposition Contraire, leurs propositions Réciproques le sont également.

Un Problème est une question dans laquelle il y a quelque chose à trouver ; c'est la *solution* du problème. La solution d'un problème, une fois trouvée, doit être démontrée et discutée comme un véritable théorème.

GÉOMÉTRIE PLANE

LIVRE PREMIER

LIGNE DROITE

CHAPITRE PREMIER

ANGLES ET TRIANGLES

§ 1er. Angles.

DÉFINITIONS.

ANGLE. — On appelle *angle* la figure formée par deux droites, qui, prolongées suffisamment, peuvent se rencontrer. Les deux droites se nomment les *côtés* de l'angle, et le point de rencontre des deux côtés est le *sommet* de l'angle.

Tout angle se désigne, en géométrie, par trois lettres, dont l'une est placée au sommet, et les deux autres sur les côtés de l'angle; dans cette désignation d'un angle, on nomme d'abord une lettre placée sur un côté, puis celle du sommet, et enfin la troisième. On peut aussi, quand il n'y a pas d'amphibologie possible, désigner un angle par la seule lettre du sommet; c'est ainsi qu'on pourra nommer l'angle de la figure ci-contre, de trois manières; savoir : ABC, CBA ou B.

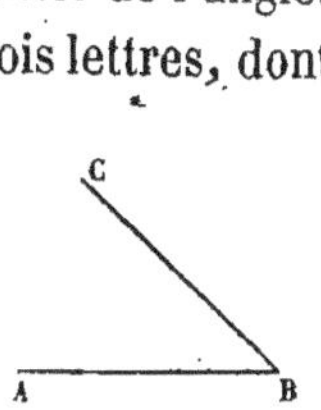

L'espace compris entre le sommet d'un angle et ses deux côtés, qu'on suppose indéfiniment prolongés, est indéfini. Cet espace est susceptible, quoique indéfini, d'augmenter ou de diminuer ; il suffit, pour cela, qu'un des côtés de l'angle, AB par exemple, restant fixe, l'autre se déplace en tournant autour du sommet B.

ANGLES ÉGAUX. — On conçoit, d'après ce qui précède, qu'un angle puisse être égal à un autre, plus grand ou plus plus petit qu'un autre : deux angles sont *égaux*, si, le premier étant appliqué sur le second de manière à ce que les sommets et deux côtés coïncident, les deux autres côtés coïncident aussi ; deux angles sont *inégaux* dans le cas contraire, et le plus petit est celui qui tombe dans l'intérieur de l'autre.

On conçoit de même qu'un angle égale la somme ou la différence de deux autres, et, enfin, qu'un angle soit une partie aliquote ou un multiple quelconque d'un autre.

ANGLES ADJACENTS. — Deux angles tels que ABC et CBD, qui ont le même sommet, avec un côté commun, et sont extérieurs l'un à l'autre, reçoivent le nom d'*angles adjacents*.

PERPENDICULAIRE. — Si, par un point d'une droite AB, on mène une droite OC arbitrairement, cette droite forme avec AB deux angles adjacents, qui sont en général inégaux ; mais, si l'on relève la droite OC, de manière à ce que le plus grand des deux angles aille en diminuant et le plus petit en augmentant, il est clair qu'on pourra amener cette droite OC dans une position OD, telle que les deux angles adjacents, AOD et BOD, soient égaux. Une droite est dite *perpendiculaire* à une autre, si elle forme avec cette autre deux angles adjacents égaux ; elle est dite *oblique* à l'autre, dans le cas contraire.

PROPOSITION 1.

THÉORÈME. — *Par un point d'une droite, on ne peut mener qu'une seule perpendiculaire à cette droite.*

Supposons qu'on ait mené, par le point O, une droite OD perpendiculaire à AB, et une autre droite quelconque, OC par exemple. Puisque la droite OD est perpendiculaire à AB, les deux angles AOD et BOD sont égaux ; mais le premier de ces deux angles est plus grand que AOC, tandis que le second est plus petit que BOC; par conséquent, les deux angles AOC et BOC sont inégaux, et la droite OC est oblique à AB. Donc, on ne peut mener, par un point d'une droite, qu'une seule perpendiculaire à cette droite.

DÉFINITION.

ANGLE DROIT. — Lorsqu'une droite est perpendiculaire à une autre, chacun des deux angles adjacents formés par la perpendiculaire se nomme *droit*. Il est clair, d'après cette définition, que les deux angles droits, formés par une même droite perpendiculaire à une autre, sont égaux.

PROPOSITION 2.

THÉORÈME. — *Tous les angles droits sont égaux entre eux.*

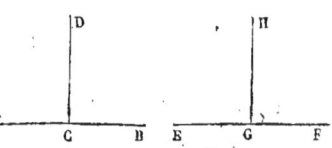

Considérons deux angles droits, ACD et EGH. Si l'on porte la seconde figure sur la première, de manière à ce que le point G tombe au point C, et si l'on fait tourner la seconde figure autour du point commun, jusqu'à ce qu'un second point de EF tombe sur AB, les deux droites AB et EF coïncideront dans toute leur étendue, puisqu'elles auront deux points communs ; elles ne formeront alors qu'une seule et même droite, et, comme on ne peut mener, par un point d'une droite, qu'une perpendiculaire à cette droite, les deux perpendiculaires CD et GH devront se confondre ; les deux angles ACD et EGH sont donc égaux. Donc, tous les angles droits sont égaux entre eux.

DÉFINITIONS.

ANGLE AIGU. ANGLE OBTUS. — Tout angle plus petit qu'un droit est dit *aigu*, et tout angle plus grand est dit *obtus*.

ANGLES COMPLÉMENTAIRES. — Deux angles dont la somme est égale à un droit, sont nommés *complémentaires ;* on dit aussi que l'un est le *complément* de l'autre. Il est clair que, si deux angles sont l'un et l'autre le complément d'un troisième, ils sont égaux, car chacun d'eux est ce qu'il faut ajouter au troisième pour avoir un angle droit.

ANGLES SUPPLÉMENTAIRES. — Deux angles dont la somme est égale à deux droits, sont nommés *supplémentaires ;* on dit aussi que l'un est le *supplément* de l'autre. Il est clair que, si deux angles sont l'un et l'autre le supplément d'un troisième, ils sont égaux, car chacun d'eux est ce qu'il faut ajouter au troisième pour avoir deux angles droits.

Il n'est pas moins évident que le supplément d'un angle droit est un droit.

PROPOSITION 3.

THÉORÈME. — *Si deux angles adjacents ont leurs côtés extérieurs en ligne droite, ils sont supplémentaires.*

Supposons que les deux angles adjacents AOC et BOC, aient leurs côtés extérieurs en ligne droite. Puisque la ligne

AOB est une droite, on peut mener, par le point O, une perpendiculaire OD à cette droite; il en résulte que les deux
angles AOD et BOD sont des angles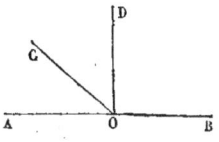
droits, et, par suite, que la somme des
trois angles AOC, COD, BOD, doit égaler deux angles droits. Mais, cette
somme est la même que celle des deux
angles adjacents, AOC et BOC; donc, les deux angles adjacents AOC et BOC sont supplémentaires.

COROLLAIRE 1. — *Lorsqu'une droite est perpendiculaire à
une autre, les deux droites sont perpendiculaires entre elles.*
En effet, si la droite CD est perpendicu-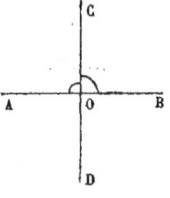
laire à AB, les deux angles AOC et BOC
sont droits, par définition; les deux autres,
AOD et BOD, le sont également, comme
supplémentaires d'un angle droit; donc,
les quatre angles formés autour du point O
sont droits, et les deux droites AB et CD sont perpendiculaires entre elles.

COROLLAIRE 2. — *La somme de tous les angles qu'on peut
former consécutivement, autour d'un point d'une droite et
sur le même côté de cette droite, est*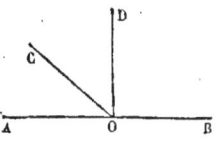
égale à deux angles droits. Soit O un
point de la droite AB, autour duquel
on a formé les trois angles AOC, COD,
DOB ; d'après le théorème précédent,
l'angle AOC est le supplément de la somme des deux autres;
donc, la somme des trois angles AOC, COD, DOB, est égale
à deux angles droits.

COROLLAIRE 3. — *La somme de tous les angles qu'on peut
former consécutivement, autour d'un point, est égale à
quatre angles droits;* car, si l'on mène une droite quelconque par ce point, la somme des angles qui se trouvent formés

sur chacun des côtés de cette droite, est égale à deux angles droits.

PROPOSITION 4.

THÉORÈME RÉCIPROQUE. — *Si deux angles adjacents sont supplémentaires, leurs côtés extérieurs sont en ligne droite.*

Supposons que les deux angles adjacents AOC et COB soient supplémentaires, et prolongeons AO en ligne droite ; ce prolongement OB′ étant en ligne droite avec AO, l'angle

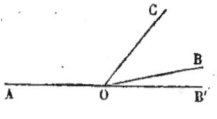

COB′ doit être le supplément de l'angle AOC, d'après ce qui vient d'être démontré. Mais, par hypothèse, l'angle COB est aussi le supplément de l'angle AOC ; par conséquent, les deux angles COB et COB′, étant l'un et l'autre le supplément du même angle, sont égaux. Il en résulte que la droite OB doit se confondre avec le prolongement de AO en ligne droite ; autrement dit, si deux angles adjacents sont supplémentaires, leurs côtés extérieurs sont en ligne droite.

DÉFINITION.

ANGLES OPPOSÉS PAR LE SOMMET. — Si deux droites se rencontrent, les angles non adjacents qu'elles forment entre elles, sont dits *opposés par le sommet.*

PROPOSITION 5.

THÉORÈME.—*Les angles opposés par le sommet sont égaux.*

Considérons les deux droites AB et CD, qui se rencontrent au point E ; l'angle BED est le supplément de AED, puisque ces deux angles sont adjacents et ont leurs côtés extérieurs en ligne droite ; pour une raison analogue, l'angle AEC est le supplément de AED ; par conséquent, les deux angles BED et AEC, étant l'un et l'autre le supplément de l'angle AED, doivent être égaux, et il en est de même des deux angles BEC et AED. Donc, les angles opposés par le sommet sont égaux.

§ 2. Triangles.

DÉFINITIONS.

TRIANGLE. — On donne le nom de *triangle* à la figure formée par trois droites qui se rencontrent deux à deux. Ces droites limitées à leurs points de rencontre sont les *côtés* du triangle; les angles que font entre eux ces côtés sont les *angles* du triangle, et les sommets de ces angles les *sommets* du triangle.

Un côté quelconque, dans un triangle, peut être considéré comme la *base* de ce triangle.

PROPOSITION 1.

THÉORÈME. — *Dans un triangle, chaque côté est plus petit que la somme des deux autres.*

Considérons, dans le triangle ABC, un côté quelconque, AC par exemple; ce côté AC, étant une ligne droite, doit être le plus court chemin du point A au point C; par conséquent il est plus petit que la somme AB + BC, et il en est de même de chaque côté du triangle. Donc, dans un triangle, chaque côté est plus petit que la somme des deux autres.

COROLLAIRE. — *Chaque côté d'un triangle est plus grand que la différence des deux autres;* car chaque côté ajouté à l'un des deux autres surpasse le troisième.

PROPOSITION 2.

Théorème. — *Si d'un point, choisi arbitrairement dans l'intérieur d'un triangle, on mène deux droites aux extrémités de la base, la somme des droites ainsi menées est plus petite que celle des deux autres côtés du triangle.*

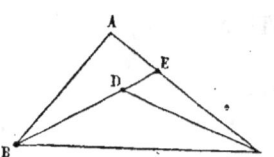

Considérons le triangle ABC, et les deux droites, DB, DC, menées du point D aux extrémités de la base BC ; on propose de démontrer que la somme des deux droites DB et DC, quelle que soit la position du point D, est plus petite que la somme des deux côtés AB et AC, ce qui se traduit par l'inégalité :

$$DB + DC < AB + AC.$$

Or, si l'on prolonge la droite BD jusqu'à sa rencontre avec AC, on forme ainsi deux triangles, BAE et DEC, auxquels on peut appliquer la Proposition 1, et qui donnent les deux inégalités :

$$BD + DE < AB + AE,$$
$$\text{et} \qquad DC < DE + EC.$$

Si l'on additionne ces inégalités membre à membre, on obtient la suivante :

$$BD + DE + DC < AB + AE + DE + EC;$$

mais, en supprimant le terme DE qui se trouve dans chaque membre, et en remarquant que la somme AE + EC égale AC, on peut remplacer cette inégalité par celle-ci :

$$BD + DC < AB + AC.$$

C'est précisément ce qu'il fallait démontrer.

PROPOSITION 3.

THÉORÈME. — *Si deux droites se rencontrent, leur somme est plus grande que celle des deux droites opposées qui joignent leurs extrémités.*

Désignons par la lettre E, le point de rencontre des deux droites AB et CD ; la figure présente deux triangles, AEC et BED, auxquels on peut appliquer la Proposition 1. On trouve ainsi les deux inégalités suivantes :

$$AC < AE + EC,$$

et
$$BD < EB + ED.$$

En additionnant ces deux inégalités, membre à membre, on obtient :

$$AC + BD < AE + EC + EB + ED ;$$

puis, si l'on remarque que $AE + EB$ égale AB, et que $EC + ED$ égale CD, on peut remplacer l'inégalité obtenue par cette autre :

$$AC + BD < AB + CD.$$

Donc, si deux droites se rencontrent, leur somme est plus grande que celle des deux droites opposées qui joignent leurs extrémités.

Cas d'égalité des triangles.

TRIANGLES ÉGAUX. — Deux triangles sont dits *égaux*, si l'un des deux peut être placé sur l'autre de manière à le recouvrir exactement, c'est-à-dire si les deux triangles sont *superposables*.

PROPOSITION 4.

Théorème. — *Deux triangles sont égaux, s'ils ont un côté égal adjacent à (compris entre) des angles égaux chacun à chacun.*

Considérons les deux triangles ABC et A'B'C'. Supposons que le côté AB soit égal A'B', que les deux angles A

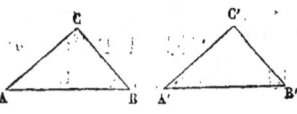

et B soient égaux respectivement aux deux angles A' et B', et qu'on ait porté le triangle A'B'C' sur l'autre, de manière à ce que les deux côtés AB et A'B', qui sont égaux, coïncident : la droite A'C' prendra la direction de AC, puisque l'angle A est égal à A'; de même, la droite B'C' prendra la direction de BC, puisque l'angle B est égal à B'; il en résulte que le sommet C', qui se trouve à la fois sur A'C' et sur B'C', devra tomber à la fois sur AC et sur BC, c'est-à-dire au point C; par conséquent, les deux triangles se recouvriront exactement. Donc, deux triangles sont égaux, s'ils ont un côté égal adjacent à des angles égaux chacun à chacun.

PROPOSITION 5.

Théorème. — *Deux triangles sont égaux, s'ils ont un angle égal compris entre des côtés égaux chacun à chacun.*

Considérons les deux triangles ABC et A'B'C'. Supposons que l'angle A soit égal à

A', que les deux côtés AB et AC soient égaux respectivement aux deux côtés A'B' et A'C', et qu'on ait porté le triangle A'B'C' sur l'autre, de manière à ce que les côtés AB et A'B', qui sont égaux, coïncident : la droite A'C' prendra la direction de AC, puisque l'angle A est

égal à A′, et le point C′ tombera au point C, car les deux côtés
AC et A′C′ sont égaux.; par conséquent, les deux triangles se
recouvriront exactement. Donc, deux triangles sont égaux,
s'ils ont un angle égal compris entre des côtés égaux chacun
à chacun.

PROPOSITION 6.

Lemme. — *Si deux triangles ont un angle inégal compris
entre des côtés égaux chacun à chacun, leurs troisièmes côtés
sont inégaux, et le plus petit est celui qui est opposé au plus
petit angle.*

Considérons les deux triangles ABC et A′B′C′. Supposons que les côtés AB et AC soient égaux respectivement
aux côtés A′B′ et A′C′, que l'an-
gle A′ soit plus petit que l'angle
A, et qu'on ait porté le triangle A′B′C′ sur le triangle ABC,

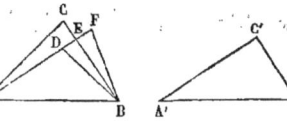

de manière à ce que les deux côtés AB et A′B′, qui sont égaux,
coïncident ; le côté A′C′ tombera dans l'angle A, et le triangle
A′B′C′ prendra nécessairement l'une des trois positions :
ADB, AEB, AFB.

Dans le premier cas, on aura (12) :

$$AD + BD < AC + BC,$$

et, en supprimant de part et d'autre les termes AD et AC,
qui sont égaux, par hypothèse, on trouve :

$$BD < BC.$$

Dans le second cas, on a évidemment :

$$BE < BC.$$

Dans le troisième cas, on a encore (13) :

$$AC + BF < AF + BC;$$

et, en supprimant de part et d'autre les termes AC et AF,
qui sont égaux, par hypothèse, on obtient :

$$BF < BC.$$

Donc, quelle que soit la position que prenne le triangle
A'B'C', le côté B'C' de ce triangle est plus petit que le côté
BC du triangle ABC.

PROPOSITION 7.

THÉORÈME. — *Deux triangles sont égaux, s'ils ont leurs
trois côtés égaux chacun à chacun.*

Supposons que, dans les deux triangles ABC et A'B'C',
les trois côtés AB , AC, BC, soient égaux respectivement

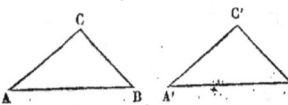

aux trois côtés A'B', A'C',
B'C'. L'angle A' doit égaler
l'angle A ; autrement, le côté
B'C' ne serait pas égal à BC,
d'après le lemme précédent. Il en résulte que les deux
triangles, A'B'C' et ABC, ont un angle égal compris entre des
côtés égaux chacun à chacun, et, par suite, que ces deux
triangles sont égaux. Donc, deux triangles sont égaux, s'ils
ont leurs trois côtés égaux chacun à chacun.

Remarque. — Dans deux triangles égaux, les angles égaux
se trouvent opposés aux côtés égaux, et *réciproquement.*

Triangle isocèle. Triangle équilatéral.

DÉFINITIONS.

TRIANGLE ISOCÈLE. — Un triangle est dit *isocèle,* si deux de
ses côtés sont égaux ; lorsqu'un triangle est isocèle, on prend
particulièrement pour sommet du triangle celui de l'angle

formé par les deux côtés égaux, et pour sa base le côté opposé.

TRIANGLE ÉQUILATÉRAL. — Un triangle est dit *équilatéral*, si ses trois côtés sont égaux, et *équiangle*, si ses trois angles sont égaux.

PROPOSITION 8.

THÉORÈME. — *Dans un triangle isocèle, les deux angles opposés aux côtés égaux sont égaux.*

Supposons que le triangle ABC soit isocèle, c'est-à-dire que les deux côtés AB et AC soient égaux, et qu'on ait mené du sommet A une droite AD au milieu de la base. Les deux triangles ADC et ADB ainsi formés doivent être égaux, car ils ont leurs trois côtés égaux chacun à chacun, savoir : le côté AC est égal à AB, par hypothèse ; le côté CD est égal 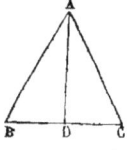 à BD, par construction, et AD est un côté commun aux deux triangles. Puisque les deux triangles ADC et ADB sont égaux, les deux angles B et C doivent être égaux ; par conséquent, dans un triangle isocèle, les deux angles opposés aux côtés égaux sont égaux.

COROLLAIRE 1. — *Dans un triangle équilatéral, les trois angles sont égaux*, et le triangle est équiangle.

COROLLAIRE 2. — *La droite, menée du sommet d'un triangle isocèle au milieu de la base, est perpendiculaire à la base, et divise l'angle au sommet en deux parties égales.* En effet, puisque les deux triangles ADC et ADB sont égaux, les deux angles adjacents, ADC et ADB, doivent être égaux, ainsi que les deux angles CAD et BAD ; donc, la droite AD est perpendiculaire à la base du triangle, et divise l'angle au sommet en deux parties égales.

2

PROPOSITION 9.

Théorème réciproque. — *Si deux angles d'un triangle sont égaux, les côtés opposés à ces angles égaux sont égaux, et le triangle est isocèle.*

Supposons que dans le triangle ABC l'angle C soit égal à B, qu'on ait prolongé, au delà du sommet, le côté CA d'une longueur AC′ égale à CA et le côté BA d'une longueur AB′ égale à AB, et qu'on ait mené la droite C′B′. Le triangle AB′C′ ainsi formé est égal à ABC ; car ces deux triangles ont, par construction, un angle égal compris entre des côtés égaux chacun à chacun. Il en résulte que l'angle B′ est égal à B ; mais, par hypothèse, l'angle B est égal à C ; donc, les deux angles B′ et C sont égaux, et les deux angles C′ et B le sont aussi, pour une raison analogue. Or, si l'on applique le triangle AB′C′ sur le triangle ABC, de manière à ce que, le point B′ tombant en C, le côté B′C′ coïncide avec le côté CB qui lui est égal, ces deux triangles se recouvriront exactement, car on pourra les considérer comme ayant un côté commun adjacent à des angles égaux chacun à chacun. Puisque les triangles ainsi placés se recouvrent exactement, le côté AB′ doit égaler AC ; et, comme il est, par construction, égal à AB, les deux côtés AC et AB sont égaux. Donc, si deux angles d'un triangle sont égaux, les côtés opposés à ces angles égaux sont égaux, et le triangle est isocèle.

Corollaire. — *Dans un triangle équiangle, les trois côtés sont égaux*, et le triangle est équilatéral.

PROPOSITION 10.

Théorème. — *Dans un triangle quelconque, au plus petit angle est opposé le plus petit côté.*

Considérons le triangle ABC; si l'angle C est plus petit que l'angle A, on pourra mener, dans l'angle A, une droite AD qui fasse avec AC un angle égal à C; on aura formé ainsi un triangle ACD, qui doit être isocèle, car les deux angles ACD et CAD sont égaux; d'ailleurs, le côté AB du triangle ABD est plus petit que la somme BD + DA, et la somme BD + DA est la même que BD + DC ou BC;

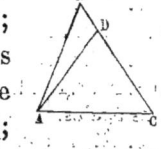

par conséquent, le côté AB est plus petit que le côté BC. Donc, dans un triangle quelconque, au plus petit angle est opposé le plus petit côté.

COROLLAIRE. — *Dans un triangle, l'angle opposé au plus petit côté doit être le plus petit ;* autrement, il ne serait pas opposé au plus petit côté.

Exercices.

1. Étant donnés deux points sur une droite, on en marque un troisième à la suite des deux autres, et l'on propose de démontrer que la distance de ce troisième point au milieu des deux autres est égale à la demi-somme de ses distances aux deux autres.

2. Démontrer que si l'on mène, par le sommet commun de deux angles adjacents et supplémentaires, une droite qui divise chacun de ces angles en deux parties égales, les droites ainsi menées sont perpendiculaires entre elles.

3. On joint un point quelconque, situé dans l'intérieur d'un triangle, aux trois sommets, et l'on demande de démontrer que la somme des trois droites ainsi menées est plus petite que la somme des trois côtés du triangle et plus grande que leur demi-somme.

4. Démontrer que la droite qui joint le sommet d'un triangle au milieu de sa base, est plus petite que la demi-somme des deux autres côtés du triangle.

5. Trouver le plus court chemin qu'il faut suivre pour aller d'un point à un autre situé du même côté d'une droite, en touchant cette droite.

6. Quatre points quelconques, A, B, C, D, étant marqués sur une

ligne, prouver qu'on a toujours, entre leurs distances mutuelles, la relation suivante :

$$AC \times BD = AB \times CD + BC \times AD.$$

7. Prouver qu'un triangle est isocèle, si la droite qui va du sommet au milieu de la base est perpendiculaire sur la base.

8. Démontrer qu'un triangle est isocèle, si la droite qui va du sommet au milieu de la base divise l'angle au sommet en deux parties égales.

9. Étant donné un triangle BAC, on prolonge un des côtés, au-delà du sommet A, d'une longueur AD égale à l'autre côté AC, et l'on joint l'extrémité D au point C; prouver que l'angle ADC ainsi formé n'est que la moitié de l'angle A du triangle donné.

CHAPITRE II

§ 1er. Perpendiculaire et obliques menées d'un point à une droite.

PROPOSITION 1.

THÉORÈME. — *Par un point, situé hors d'une droite, on peut mener une perpendiculaire à cette droite, et l'on n'en peut mener qu'une.*

Soient AB la droite, et O un point situé hors de cette droite. Faisons tourner autour de cette droite, comme autour d'une charnière, la partie du plan qui contient le point O, jusqu'à ce que ce point tombe en O′ de l'autre côté de la droite; remettons ensuite le point O à sa place, et menons la droite OO′. Cette droite OO′ est perpendiculaire à AB; en effet,

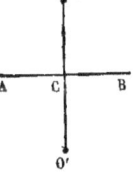

puisque le point O tombe en O′ lorsqu'on plie la figure autour de AB, les deux angles adjacents ACO et ACO′ sont égaux, et, par suite, les deux droites AB et OO′ sont perpendiculaires entre elles. Donc, par un point situé hors d'une droite, on peut mener une perpendiculaire à cette droite.

De plus, *on n'en peut mener qu'une.* Supposons, en effet, qu'on ait pu mener du point O deux perpendiculaires à AB, telles que OC et OD, et qu'on ait plié, comme précédemment, la figure autour de la droite AB; le point O tombe quelque part en O', et les deux droites, OC et OD, tombent en CO' et DO'. Or, les deux angles ACO et ADO sont droits,

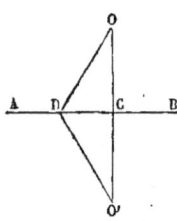

puisque les deux droites, OC et OD, sont supposées l'une et l'autre perpendiculaires à AB ; les deux angles ACO' et ADO' sont donc aussi des angles droits. Il en résulte que les lignes OCO' et ODO' doivent être toutes les deux des lignes droites, ce qui est impossible, car, d'un point à un autre on ne peut mener qu'une seule ligne droite. Donc, par un point situé hors d'une droite, on ne peut mener qu'une perpendiculaire à cette droite.

Remarque. — On spécifie, dans le langage géométrique, si une perpendiculaire à une droite est menée par un point situé *sur* cette droite ou par un point situé *hors* de la droite, en disant *sans exception* que la perpendiculaire est *élevée* du point *sur* la droite, lorsque le point est situé sur la droite, et qu'elle est *abaissée* du point *sur* la droite, lorsque le point est situé hors de la droite.

DÉFINITION.

PIED D'UNE DROITE. — Si d'un point O, situé hors d'une droite AB, on abaisse une perpendiculaire OC sur cette droite, le point de rencontre de cette droite avec la perpendiculaire s'appelle le *pied de la perpendiculaire;* le *pied d'une oblique* se définit de la même manière : le point C est le pied de la perpendiculaire OC; le point D est le pied de l'oblique OD.

On exprime que la distance CD du pied de la perpendiculaire et du pied d'une oblique est plus ou moins grande, en disant que *l'oblique s'écarte plus ou moins de la perpendiculaire;* on considère, d'ailleurs, dans ce qui va suivre, la perpendiculaire et l'oblique comme terminées à leurs pieds.

PROPOSITION 2.

Théorème. — *La perpendiculaire abaissée d'un point sur une droite est plus courte que toute oblique menée de ce point à la droite.*

Considérons la droite AB, la perpendiculaire OC et l'oblique OD. Si l'on prolonge la perpendiculaire OC au delà de la droite d'une longueur CO' égale à OC, et si l'on joint le point O' au point D, on forme ainsi deux triangles, CDO et CDO', qui sont égaux, car ils ont un angle égal compris entre des côtés égaux chacun à chacun, savoir : l'angle DCO égale l'angle DCO', comme angle droit ; le côté CD est commun aux deux triangles, et les

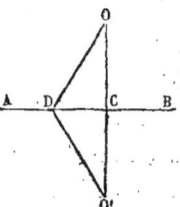

côtés CO et CO' sont égaux, par construction. Mais, dans le triangle ODO', la somme OC + CO', ou 2OC, est plus petite que la somme OD + DO', ou 2OD. Il en résulte que la perpendiculaire OC est plus courte que l'oblique OD, menée du même point à la même droite.

DÉFINITION.

Distance d'un point a une droite. — La plus courte des lignes droites, et, par suite, de toutes les lignes qu'on peut mener d'un point à une droite, est la perpendiculaire abaissée de ce point sur la droite : la longueur de cette perpendiculaire se nomme la *distance du point à la droite.*

PROPOSITION 3.

Théorème. — *Si l'on mène d'un point à une droite une perpendiculaire et deux obliques, les deux obliques sont*

*égales, lorsqu'elles s'écartent également de la perdendicu-
laire, et, lorsqu'elles s'écartent inégalement de la perpendiculaire, celle qui s'en écarte le plus est la plus longue.*

Considérons d'abord les deux obliques AC et AG, qui s'é-
cartent également de la perpendiculaire AB, et supposons
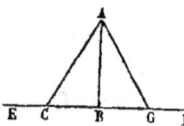
qu'elles soient situées de part et d'autre
de la perpendiculaire, car, si elles étaient
situées du même côté, la proposition serait évidente. Les deux triangles ABC et
ABG sont égaux, car ils ont un angle égal compris entre deux
côtés égaux chacun à chacun, savoir : l'angle CBA égale l'angle
GBA comme angle droit ; le côté AB est commun aux deux
triangles, et les côtés BC et BG sont égaux, par hypothèse.
Il en résulte que le côté AC doit égaler le côté AG. Donc, si
deux obliques s'écartent également de la perpendiculaire,
elles sont égales.

Considérons maintenant les deux obliques AC et AH,
qui s'écartent inégalement de la perpendiculaire AB,
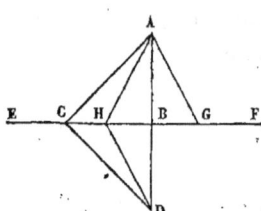
et supposons qu'elles soient si-
tuées du même côté de la perpendiculaire, car, si elles tombaient
de part et d'autre, comme AC et
AG, on pourrait mener, du même
côté que la première, une oblique qui s'écartât de la perpendi-
culaire autant que la seconde, et qui, par suite, lui fût
égale. Si l'on prolonge la perpendiculaire AB au delà de la
droite EF, d'une longueur BD égale à AB, et si l'on joint
le point D aux points C et H, les deux obliques AC et DC
sont égales, d'après ce qui précède ; les deux obliques
AH et DH le sont aussi. Mais, dans le triangle CAD, la
somme AH + HD, ou 2AH, est plus petite que la somme
AC + CD, ou 2AG (12) ; par conséquent, l'oblique AH

est plus courte que l'oblique AC. Donc, si deux obliques s'écartent inégalement de la perpendiculaire, celle qui s'en écarte le plus est la plus longue.

COROLLAIRE 1. — *Si deux obliques menées d'un point à une droite sont égales, elles doivent s'écarter également de la perpendiculaire abaissée de ce point sur la droite;* autrement, celle qui s'en écarterait le plus, devrait être la plus longue.

COROLLAIRE 2.—*D'un point, situé hors d'une droite, on ne peut mener à cette droite plus de deux obliques égales;* car, si l'on pouvait en mener trois, par exemple, il y en aurait deux au moins qui tomberaient d'un même côté de la perpendiculaire; et ces deux obliques, étant égales, devraient s'écarter également de la perpendiculaire; par conséquent, elles devraient se confondre en une seule.

PROPOSITION 4.

THÉORÈME. — *Tout point situé sur la perpendiculaire élevée au milieu d'une droite, est à distance égale des deux extrémités de la droite, et tout point situé hors de la perpendiculaire, est plus rapproché d'une extrémité de la droite que de l'autre.*

Supposons que le point C soit situé sur la perpendiculaire élevée au milieu de AB ; les deux obliques CA et CB, s'écartant également de la perpendiculaire, doivent être égales; par conséquent, le point C est à distance égale des deux extrémités de la droite AB.

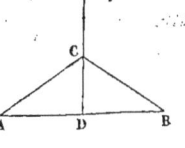

Supposons que le point C soit situé d'un côté ou de l'autre de la perpendiculaire élevée au milieu de AB; la droite CA doit rencontrer cette perpendiculaire, et le point

de rencontre E doit être à distance égale des deux extrémités de AB, d'après ce qui vient d'être démontré. Mais, si

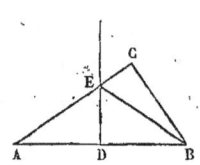

l'on mène la droite EB, on reconnaît
que la droite CB est plus petite que la
somme CE + EB; donc, en remplaçant
dans le discours EB par EA, qui est une
ligne égale, on peut conclure que la
droite CB est plus petite que la somme
CE + EA, c'est-à-dire plus petite que CA; par conséquent,
le point C est plus rapproché d'une extrémité de la droite AB
que de l'autre.

COROLLAIRE 1. — *Tout point qui est à distance égale des
deux extrémités d'une droite, appartient à la perpendiculaire élevée au milieu de cette droite;* autrement, il serait
plus rapproché d'une extrémité de cette droite que de l'autre.

COROLLAIRE 2. — *La droite qui passe par deux points,
situés chacun à distance égale des extrémités d'une droite,
est perpendiculaire au milieu de cette droite;* car chacun
des deux points appartient à la perpendiculaire élevée au
milieu de cette droite.

COROLLAIRE 3. — *La perpendiculaire élevée au milieu
d'une droite est le lieu des points qui sont à égale distance
des extrémités de cette droite;* car la perpendiculaire élevée au milieu d'une droite contient tous les points qui sont
à distance égale des extrémités de cette droite, et n'en contient pas d'autres.

§ 2. Triangles rectangles.

DÉFINITION.

TRIANGLE RECTANGLE. — Un triangle est dit *rectangle*, si
l'un de ses angles est droit, et le côté opposé à l'angle droit

se nomme l'*hypoténuse* du triangle. Si le triangle ABC, est rectangle en A, le côté BC est l'hypoténuse ; évidemment, l'hypoténuse BC est plus grande que le côté AB et que le côté AC, car l'oblique menée d'un point à une droite est plus longue que la perpendiculaire abaissée de ce point sur la droite. Il en résulte, à cause d'un théorème précédent (18), que les deux angles B et C du triangle doivent être plus petits que l'angle droit A, et, par suite, que ces deux angles B et C sont aigus.

PROPOSITION 1.

Théorème. — *Deux triangles rectangles sont égaux, s'ils ont l'hypoténuse égale et un angle aigu égal.*

Considérons les deux triangles ABC, A'B'C', rectangles en A et A'. Supposons que les hypoténuses BC et B'C' soient égales, que l'angle C soit égal à C', 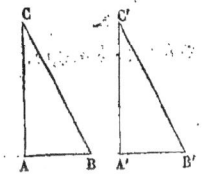 et qu'on ait porté le triangle A'B'C' sur l'autre, de manière à ce que les deux hypoténuses BC et B'C', qui sont égales, coïncident : le côté C'A' prendra la direction de CA, car les deux angles aigus C et C' sont égaux, par hypothèse ; les deux droites BA et B'A' se confondront en une seule, puisqu'elles partent du même point et sont perpendiculaires à la même droite ; par conséquent, les deux triangles se recouvriront exactement. Donc, deux triangles rectangles sont égaux, s'ils ont l'hypoténuse égale et un angle aigu égal.

PROPOSITION 2.

Théorème. — *Deux triangles rectangles sont égaux, s'ils ont l'hypoténuse égale et un côté de l'angle droit égal.*

Considérons les deux triangles ABC, A′B′C′, rectangles en A et A′. Supposons que les hypoténuses BC et B′C′ soient égales, que le côté AC soit égal à A′C′, et qu'on ait

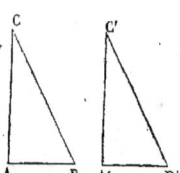

porté le triangle A′B′C′ sur l'autre, de manière à ce que les deux côtés AC et A′C′, qui sont égaux, coïncident : le côté A′B′ prendra la direction de AB, puisque les deux angles A et A′ sont droits; le point B′ tombera au point B, car les deux obliques BC et B′C′, qui, par hypothèse, sont égales, doivent s'écarter également de la perpendiculaire; par conséquent, les deux triangles se recouvriront exactement. Donc, deux triangles rectangles sont égaux, s'ils ont l'hypoténuse égale et un côté de l'angle droit égal.

DÉFINITION.

Bissectrice. — Une droite qui, partant du sommet d'un angle, divise cet angle en deux parties égales, est dite *bissectrice* de l'angle.

PROPOSITION 3.

* **Théorème.** — *Tout point situé sur la bissectrice d'un angle est à distance égale des deux côtés de l'angle, et tout point, intérieur à un angle, qui n'est pas situé sur la bissectrice de l'angle, est plus rapproché d'un côté de cet angle que de l'autre.*

Supposons que le point D soit situé sur la bissectrice de l'angle BAC, et qu'on ait abaissé de

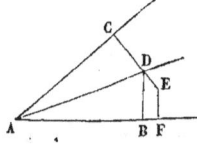

ce point les perpendiculaires DB, DC, sur les deux côtés de l'angle. Les deux triangles rectangles DAC et DAB ainsi formés, sont égaux entre eux, car ils ont l'hypoténuse égale et un angle aigu égal, savoir : l'hypoténuse AD est commune aux deux triangles ; l'angle DAC est égal à DAB, puisque la droite AD est supposée bissectrice de l'angle BAC. Il résulte de l'égalité des deux triangles que la distance DC doit égaler DB.

Supposons que le point E soit intérieur à l'angle BAC, mais situé d'un côté ou de l'autre de la bissectrice, et qu'on ait abaissé de ce point les perpendiculaires EF, EC, sur les deux côtés de l'angle ; la perpendiculaire EC rencontre la bissectrice en un point D, qui est à égale distance des deux côtés de l'angle, d'après ce qui précède. Mais la perpendiculaire EF est plus petite que la somme ED + DB (23) ; par conséquent, si l'on remplace DB par DC, qui est une ligne égale, on peut conclure que la perpendiculaire EF est plus petite que la somme ED + DC, c'est-à-dire plus petite que EC.

COROLLAIRE 1. — *Tout point, intérieur à un angle, qui est à distance égale des deux côtés de l'angle, appartient à la bissectrice de cet angle ;* autrement, il serait plus rapproché d'un côté de cet angle que de l'autre.

COROLLAIRE 2. — *La bissectrice d'un angle est le lieu des points, intérieurs à cet angle, qui sont à distance égale des deux côtés de l'angle ;* car, cette bissectrice contient tous les points, intérieurs à cet angle, qui sont à égale distance des deux côtés de l'angle, et n'en contient pas d'autres.

Exercices.

1. Prouver que les perpendiculaires élevées au milieu des trois côtés d'un triangle doivent se rencontrer au même point.

2. Étant donné un triangle, ou même la bissectrice de chaque angle, on demande de prouver que les bissectrices des trois angles de ce triangle se rencontrent au même point.

3. Prouver que les perpendiculaires abaissées des deux extrémités de la base d'un triangle isocèle sur les côtés opposés sont égales entre elles.

4. Démontrer que dans un triangle isocèle, la somme des perpendiculaires abaissées d'un point quelconque de la base sur les deux autres côtés, est constante, quel que soit ce point. (Examiner ce que devient le théorème, quand le point est sur le prolongement de la base.)

5. Dans un triangle équilatéral, la somme des perpendiculaires abaissées sur les trois côtés d'un point quelconque, pris dans l'intérieur du triangle, est constante, quel que soit ce point.

6. Par le sommet A d'un triangle ABC, on mène une perpendiculaire à la bissectrice de l'angle A, et l'on joint un point quelconque M de cette perpendiculaire aux deux extrémités B et C de la base du triangle. Démontrer que le périmètre (somme des trois côtés) du triangle BMC ainsi formé est plus grand que le périmètre du triangle ABC.

7. Étant donné un point dans l'intérieur d'un angle droit, on demande de trouver sur un des côtés de l'angle un autre point qui soit également éloigné du point donné et du second côté de l'angle.

8. Par un point donné dans l'intérieur d'un angle, on propose de mener une droite qui rencontre les deux côtés de l'angle à égale distance du sommet.

9. Quel est le lieu des points qui sont également éloignés de deux points donnés.

CHAPITRE III

§ 1er. Théorie des parallèles.

DÉFINITION.

PARALLÈLES. — Deux droites qui, menées dans un plan, ne peuvent pas se rencontrer, si loin qu'on les suppose prolongées, sont dites *parallèles ;* deux droites AB et CD, perpendiculaires à une troisième en des points différents, sont nécessairement parallèles, car, si ces droites prolongées pouvaient se rencontrer, il serait possible d'abaisser, de leur point de rencontre, deux perpendiculaires sur la même droite (21).

L'espace compris entre deux parallèles, qu'on suppose indéfiniment prolongées, est indéfini. Cet espace est susceptible, quoique indéfini, d'augmenter ou de diminuer ; il suffit pour cela que l'une des parallèles restant fixe, AB par exemple, l'autre se déplace en restant constamment perpendiculaire à AC.

PROPOSITION 1.

THÉORÈME ET POSTULATUM. — *Par un point quelconque, situé hors d'une droite, on peut mener une parallèle à cette droite, et l'on n'en peut mener qu'une.*

Soient AB la droite donnée, et C un point situé hors

de cette droite. On peut, de ce point, abaisser une perpendiculaire CA sur la droite donnée, et, du même point, élever

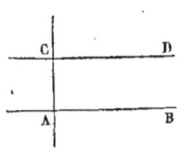

une perpendiculaire CD sur la droite CA; la droite ainsi menée CD doit être parallèle à AB, car CD et AB sont perpendiculaires à la même droite en des points différents. Donc, par un point quelconque, situé hors d'une droite, on peut mener une parallèle à cette droite.

De plus, *on n'en peut mener qu'une.* Il est aisé de reconnaître d'abord que le procédé par lequel on vient de mener une parallèle à AB, par le point C, n'en peut donner qu'une ; car on ne peut abaisser, du point C, qu'une perpendiculaire sur la droite AB, et l'on ne peut élever, du même point, qu'une perpendiculaire sur la droite CA. Mais, comme il peut y avoir d'autres procédés pour mener une parallèle à AB, par le point C, il reste à démontrer que tout autre procédé qu'on suivra doit donner la même parallèle ; en d'autres termes, qu'on ne peut mener qu'une parallèle à AB, par le point C, quel que soit le procédé qu'on emploie. Nous *demanderons* qu'on nous accorde comme vraie cette partie de la Proposition, non pas qu'elle soit évidente, ni que la démonstration en soit impossible, mais uniquement parce que cette démonstration s'éloigne des considérations ordinaires de la géométrie élémentaire : c'est ce qu'on nomme un *postulatum.*

COROLLAIRE. — *Si deux droites sont parallèles, toute droite qui rencontre la première doit aussi rencontrer la seconde*, autrement, l'on pourrait mener, par le point de rencontre de cette droite et de la première, deux parallèles à la seconde.

PROPOSITION 2.

THÉORÈME. — *Si deux droites sont parallèles, toute droite perpendiculaire à l'une est aussi perpendiculaire à l'autre.*

Supposons que AB et CD soient deux droites parallèles, et que CA soit perpendiculaire à AB. La droite CA doit rencontrer CD, d'après le corollaire précédent; de plus, cette droite doit être perpendiculaire à CD; car, si l'on élevait au point C une perpendiculaire sur CA, cette perpendiculaire devrait être parallèle à AB, et, par suite, se confondre avec CD, qui est aussi, par hypothèse, parallèle à AB; donc, CD est perpendiculaire à CA. Donc, si deux droites sont parallèles, toute droite perpendiculaire à l'une est aussi perpendiculaire à l'autre.

COROLLAIRE 1. — *Si deux droites*, AB *et* CD, *sont parallèles, leurs perpendiculaires respectives*, A'B' *et* C'D', *le sont aussi*; car, chacune des perpendiculaires A'B' et C'D' doit être à la fois perpendiculaire aux deux droites AB et CD.

COROLLAIRE 2. — *Si deux droites*, AB *et* CD, *se rencontrent, leurs perpendiculaires respectives*, A'B' *et* C'D', *doivent aussi se rencontrer*; autrement, les deux perpendiculaires A'B' et C'D' seraient parallèles, et les deux droites AB et CD le seraient aussi.

PROPOSITION 3.

THÉORÈME. — *Deux droites parallèles à une troisième sont parallèles entre elles.*

Supposons que les deux droites AB et CD soient l'une et l'autre parallèles à EF, et qu'on ait mené, par un point quelconque, une droite GH perpendiculaire sur EF; la droite GH ainsi menée doit être per-

pendiculaire à AB et à CD, puisque AB et CD sont des
droites parallèles à EF ; donc, les deux droites AB et CD
sont perpendiculaires l'une et l'autre à GH, et, par suite,
sont parallèles entre elles.

DÉFINITIONS.

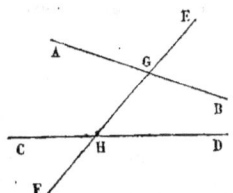

Lorsque deux droites, AB et CD, sont rencontrées par
une *sécante* EF, celle-ci forme avec
chacune des droites quatre angles,
qui sont deux à deux adjacents ou
opposés par le sommet. Mais, *si l'on
compare les angles formés autour du
point* H *avec ceux qui sont formés
autour du point* G, on donne alors à
ces angles, groupés deux à deux, des dénominations par-
ticulières qui rappellent leur position relative.

ANGLES ALTERNES-INTERNES. — Deux angles, tels que AGH
et GHD, situés entre les deux droites et de part et d'autre
de la sécante, sont dits *alternes-internes*.

ANGLES CORRESPONDANTS. — Deux angles, tels que EGB et
GHD, dont l'un est intérieur et l'autre extérieur aux deux
droites, et qui sont situés du même côté de la sécante, sont
appelés *correspondants*.

ANGLES ALTERNES-EXTERNES. — Deux angles, tels que EGB
et CHF, situés en dehors des deux droites et de part et d'autre de la sécante, se nomment *alternes-externes*.

PROPOSITION 4.

THÉORÈME. — *Si deux droites parallèles sont rencontrées
par une sécante, deux angles alternes-internes, correspondants ou alternes-externes, sont égaux.*

Considérons d'abord les deux angles AGH et GHD, qui

sont alternes-internes, et abaissons du point O, milieu
de HG, une droite perpendiculaire sur AB ; cette droite OK
prolongée doit être perpendiculaire à CD, puisque AB et CD
sont, par hypothèse, des droites paral-
lèles. Or, les deux triangles rectangles,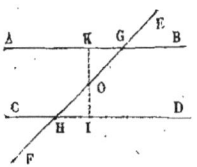
OKG et OIH, ainsi formés sont égaux ;
car ils ont l'hypoténuse égale et un angle
aigu égal, savoir : l'hypoténuse OG est
égale à OH, par construction ; les deux
angles en O sont égaux, comme opposés par le sommet. Puisque ces deux triangles, OKG et OIH, sont égaux, leurs angles
G et H doivent être égaux ; en d'autres termes, les deux angles
alternes-internes, AGH et GHD, sont égaux.

Les deux angles correspondants, EGB et GHD, sont aussi
égaux ; car le premier de ces deux angles est égal à AGH,
qui lui est opposé par le sommet, et le second est égal à AGH,
puisque AGH et GHD sont alternes-internes ; les deux angles
correspondants, EGB et GHD, sont donc égaux.

Il en est de même des deux angles alternes-externes, EGB
et CHF. Donc, si deux droites parallèles sont rencontrées
par une sécante, deux angles alternes-internes, correspondants ou alternes-externes, sont égaux.

PROPOSITION 5.

THÉORÈME RÉCIPROQUE. — *Si deux droites sont rencontrées
par une sécante, de manière à former deux angles alternes-
internes, correspondants ou alternes-externes, qui soient
égaux, ces deux droites sont parallèles.*

Supposons que les deux angles alternes-internes AGH et
GHD soient égaux, puis abaissons du point O, milieu
de HG, une droite perpendiculaire sur AB, et prolongeons cette droite en OI. Les deux triangles, OIH et OKG, ainsi

formés sont égaux, car ils ont un côté égal adjacent à des angles égaux chacun à chacun, savoir : le côté OG est égal à

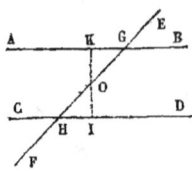

OH, par construction; les deux angles OGK et IHO sont égaux, par hypothèse, et les deux angles en O sont égaux, comme opposés par le sommet. Puisque ces deux triangles sont égaux, leurs angles OKG et OIH doivent être égaux ; mais le premier de ces deux angles est droit, par construction ; donc, l'angle OIH est aussi un angle droit, et les deux droites AB et CD, étant perpendiculaires à la même droite, doivent être parallèles.

Il en est de même, si l'on suppose remplie l'une des autres conditions de l'hypothèse; car l'égalité de deux angles alternes-externes ou correspondants entraîne celle des angles alternes-internes, et, par suite, le parallélisme des deux droites.

PROPOSITION 6.

THÉORÈME. — *Deux angles, qui ont leurs côtés parallèles, sont égaux ou supplémentaires.*

Soient un angle BAC, et deux droites quelconques, DD', FF', respectivement parallèles aux deux côtés de l'angle BAC; ces deux droites forment, au-

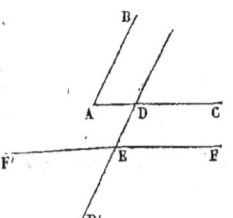

tour de leur point de rencontre E, quatre angles dont les côtés sont parallèles à ceux de l'angle BAC, savoir : DEF, D'EF', DEF' et D'EF.

L'angle DEF est égal à BAC; en effet, si l'on prolonge la droite DD' suffisamment, cette droite doit rencontrer le côté AC (32), et les deux angles DEF et ADE sont égaux, comme alternes-internes; mais, les deux angles ADE et BAC sont aussi égaux, pour la même raison; donc l'angle DEF est égal à BAC.

L'angle D'EF' est aussi égal à BAC; car l'angle D'EF' est égal à DEF, qui lui est opposé par le sommet, et l'angle DEF est égal à BAC, d'après ce qui précède.

Quant aux angles DEF' et D'EF, ils sont tous deux supplémentaires de BAC, car ils sont tous deux supplémentaires de DEF, et l'angle DEF est égal à BAC.

Donc, deux angles, qui ont leurs côtés parallèles, sont égaux ou supplémentaires.

Remarque. — Lorsque deux angles ont leurs côtés parallèles, ces angles *sont égaux*, si les côtés parallèles sont dirigés deux à deux dans le même sens, ou deux à deux en sens contraire; ces angles *sont supplémentaires*, si les côtés parallèles sont dirigés deux dans le même sens et deux en sens contraire.

PROPOSITION 7.

Théorème. — *Deux angles, qui ont leurs côtés perpendiculaires chacun à chacun, sont égaux ou supplémentaires.*

Soit un angle BAC, et deux droites quelconques, DD', FF', dont l'une est perpendiculaire à AB et l'autre à AC; ces deux droites forment, autour de leur point de rencontre E, quatre angles dont les côtés sont perpendiculaires chacun à chacun sur ceux de l'angle BAC, savoir : DEF, D'EF', DEF' et D'EF.

L'angle DEF est égal à BAC; en effet, si l'on mène, par le point E, les deux droites EG et EH, parallèles aux côtés de l'angle BAC et dirigées dans le même sens, l'angle GEH ainsi formé est égal à BAC. Mais cet angle GEH est le complément de l'angle DEG, car, la droite DE, étant perpendiculaire sur AC, par hypothèse, l'est aussi sur EH, qui est parallèle à AC; de même, l'angle DEF est le complément de l'angle DEG; donc, les deux angles GEH et DEF, qui sont complémentaires du même angle DEG, sont égaux entre eux, et, par suite, l'angle DEF est égal à BAC.

L'angle D'EF' est aussi égal à BAC; car l'angle D'EF' est égal à DEF, qui lui est opposé par le sommet, et l'angle DEF est égal à BAC, d'après ce qui précède.

Quant aux angles DEF' et D'EF, ils sont tous deux supplémentaires de l'angle BAC, car ils sont tous deux supplémentaires de l'angle DEF, et l'angle DEF est égal à BAC.

Donc, deux angles, qui ont leurs côtés perpendiculaires chacun à chacun, sont égaux ou supplémentaires.

Remarque. — Lorsque deux angles ont leurs côtés perpendiculaires chacun à chacun, ces angles *sont égaux*, s'ils sont tous deux aigus ou tous deux obtus, car, dans ce cas, ils ne peuvent être supplémentaires; ces angles *sont supplémentaires*, si l'un est aigu et l'autre obtus, car, dans ce cas, ils ne peuvent être égaux.

§ 2. Conséquences de la théorie des parallèles.

Somme des angles d'un polygone.

PROPOSITION 1.

THÉORÈME. — *La somme des angles d'un triangle égale deux angles droits.*

Considérons le triangle ABC; supposons qu'on ait prolongé le côté AB en BD, et qu'on ait mené par le point B la droite BE parallèle à AC. Les deux droites AC et BE étant parallèles, l'angle A du triangle doit égaler l'angle EBD, car ces deux angles sont correspondants; de même, l'angle C du triangle doit égaler l'angle CBE, car ces deux angles sont alternes-internes. Comme l'angle B du triangle est le même que l'angle ABC, il en résulte que les trois angles du triangle sont égaux chacun à chacun aux trois angles formés, autour du point B, sur le même côté de la droite AD. Or, la somme des trois

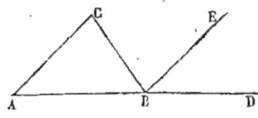

angles formés autour du point B est égale à deux angles droits ; donc, la somme des trois angles du triangle égale deux angles droits.

COROLLAIRE 1. — *Dans un triangle rectangle*, c'est-à-dire qui a un angle droit, *les deux angles aigus sont complémentaires ;* car la somme de ces deux angles aigus doit égaler un droit.

COROLLAIRE 2. — *Si deux triangles ont deux angles égaux chacun à chacun, ils en ont trois ;* en effet, le troisième angle de chaque triangle est ce qui manque à la somme des deux autres pour égaler deux angles droits.

COROLLAIRE 3. — *Tout angle extérieur au sommet d'un triangle,* c'est-à-dire qui est formé par un côté de ce triangle et par le prolongement d'un autre, comme CBD, *est égal à la somme des deux angles du triangle qui ne lui sont pas adjacents ;* en effet, l'angle CBD peut se décomposer, d'après le théorème précédent, en deux parties, EBD et CBE, qui sont égales respectivement aux deux angles A et C du triangle.

DÉFINITIONS.

POLYGONE. — On donne le nom de *polygone* à la figure formée par plusieurs droites, qui se rencontrent deux à deux. Ces droites, limitées à leur point de rencontre, sont les *côtés* du polygone, et leur somme constitue le *périmètre* de la figure ; les angles qu'elles forment entre elles sont les *angles* du polygone, et les sommets de ces angles, les *sommets* du polygone.

Un triangle est un polygone de trois côtés. Un polygone reçoit le nom de *quadrilatère*, s'il a quatre côtés ; de *pentagone*, s'il en a cinq ; d'*hexagone*, s'il en a six ; et ainsi de suite, s'il a un plus grand nombre de côtés.

Lorsqu'un polygone est tout entier situé du même côté de chacun de ses côtés prolongés indéfiniment, il est dit *convexe ;* il est dit *concave*, dans le cas contraire. Nous supposerons que tous les polygones dont il est question dans la suite sont convexes.

DIAGONALE. — Deux sommets d'un polygone sont dits *consécutifs*, s'ils sont situés aux extrémités d'un même côté, et l'on nomme *diagonale*, toute droite qui joint deux sommets non consécutifs.

PROPOSITION 2.

THÉORÈME. — *La somme des angles d'un polygone égale autant de fois deux angles droits qu'il y a de côtés, moins deux, dans le polygone.*

Soient un polygone ABCDEF, et AC, AD, AE, les diagonales qui aboutissent au sommet A ; ces diagonales décom-

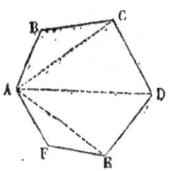

posent le polygone en autant de triangles qu'il y a de côtés, moins deux ; car, chacun des côtés de la figure sert de base à l'un des triangles qui ont pour sommet commun le point A, excepté les deux côtés AB et AF ; de plus, la somme des angles de ces triangles est la même que celle des angles du polygone. Or, la somme des trois angles de chaque triangle égale deux angles droits ; donc, la somme des angles du polygone égale autant de fois deux angles droits qu'il y a de côtés, moins deux, dans le polygone.

Remarque. — Si l'on désigne par S la somme des angles d'un polygone, et par *n* le nombre des côtés, cette somme est exprimée, en prenant l'angle droit pour unité d'angle, par la formule suivante :

$$S = 2(n-2),$$

ou

$$S = 2n-4.$$

Parallélogrammes.

DÉFINITION.

Parallélogramme. — On donne le nom de *parallélogramme* à un quadrilatère, dont les côtés opposés sont parallèles.

PROPOSITION 3.

Théorème. — *Dans tout parallélogramme, les angles opposés sont égaux.*

Soit ABCD un parallélogramme. Les deux angles A et C, qui ont leurs côtés parallèles et dirigés deux à deux en sens contraire, sont égaux ; il en est de même des angles B et D. Donc, dans tout parallélogramme, les angles opposés sont égaux.

PROPOSITION 4.

Théorème. — *Dans tout parallélogramme, les côtés opposés sont égaux.*

Soit le parallélogramme ABCD. Si l'on mène la diagonale AC, on forme deux triangles ABC et ACD, qui sont égaux, comme ayant un côté égal adjacent à des angles égaux chacun à chacun, savoir : AC est un côté commun aux deux triangles ; l'angle BAC est égal à l'angle ACD, car ces deux angles sont alternes-internes, et l'angle BCA est égal à l'angle CAD, pour la même raison. Puisque ces deux triangles ABC et ACD sont égaux, le côté BC doit égaler AD, et le côté CD doit égaler AB. Donc, dans tout parallélogramme, les côtés opposés sont égaux.

PROPOSITION 5.

THÉORÈME RÉCIPROQUE. — *Tout quadrilatère, dans lequel deux côtés opposés sont égaux et parallèles, est un parallélogramme.*

Supposons que, dans le quadrilatère ABCD, les deux côtés BC et AD soient égaux et parallèles, et qu'on ait mené, par le point C, la droite CD′ parallèle à AB. La figure ABCD′ ainsi formée est un parallélogramme ; par conséquent, le côté BC doit être égal à AD′.

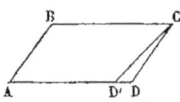

Mais le côté BC est égal à AD, par hypothèse ; donc les deux droites AD′ et AD doivent être égales, et leurs extrémités D et D′ doivent tomber au même point. Il en résulte que la droite CD se confond avec CD′, qui est parallèle à AB, et que, par suite, les quatre côtés du quadrilatère sont parallèles deux à deux ; en d'autres termes, ce quadrilatère est un parallélogramme.

PROPOSITION 6.

THÉORÈME. — *Dans tout parallélogramme, les deux diagonales se coupent l'une l'autre en parties égales.*

Considérons le parallélogramme ABCD, dont les deux diagonales AC et BD se coupent au point E. Les deux triangles BEC et AED, formés par ces diagonales, sont égaux, car ils ont un côté égal adjacent à des angles égaux chacun à chacun, savoir : le côté AD est égal à BC, d'après la proposition 4 (41) ; les deux angles EBC et EDA sont égaux,

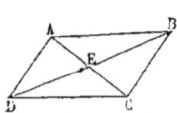

comme alternes-internes ; les deux angles ECB et EAD le sont aussi, pour la même raison. Puisque ces deux triangles, BEC et AED, sont égaux, le côté BE doit égaler ED, et le côté EC doit égaler EA. Donc, dans tout parallélogramme, les deux diagonales se coupent l'une l'autre en parties égales.

DÉFINITION.

RECTANGLE. — Un parallélogramme se nomme *rectangle*, si l'un de ses angles est droit.

Remarquons que, si l'angle A est droit, l'angle B l'est aussi, puisque les côtés opposés AD et BC, dans un parallélogramme, sont des droites parallèles ; l'angle D et l'angle C le sont également ; les quatre angles d'un rectangle sont donc des angles droits.

PROPOSITION 7.

THÉORÈME. — *Dans un rectangle, les deux diagonales sont égales.*

Considérons un rectangle ABCD, dont les diagonales sont AC et BD. Les deux triangles ABD et DCA doivent être égaux, car ils sont un angle égal compris entre deux côtés égaux chacun à chacun, savoir : l'angle BAD est égal à CAD, puisque ces deux angles sont droits ; les côtés AB et CD sont égaux, comme côtés opposés d'un parallélogramme, et le côté AD est commun aux deux triangles. Puisque les deux triangles ABD et DCA sont égaux, leurs côtés AC et BD doivent être égaux ; donc, dans un rectangle, les deux diagonales sont égales.

DÉFINITION.

LOSANGE. — Un parallélogramme se nomme *losange*, si deux côtés consécutifs de la figure sont égaux.

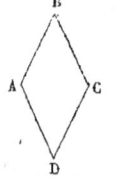

Remarquons que, si le côté BC est égal à AB, le côté CD lui est aussi égal, d'après la proposition 4 (41), et qu'il en est de même du côté AD ; les quatre côtés d'un losange sont donc égaux entre eux.

PROPOSITION 8.

THÉORÈME. — *Dans un losange, les deux diagonales sont perpendiculaires entre elles.*

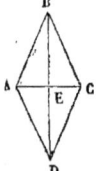

Supposons que le parallélogramme ABCD soit un losange. Les deux points B et D sont chacun à distance égale des extrémités de AC, d'après la définition qui précède; par conséquent, la droite BD est perpendiculaire sur AC (26). Donc, dans un losange, les deux diagonales sont perpendiculaires entre elles.

DÉFINITION.

CARRÉ. — Un parallélogramme prend le nom de *carré*, s'il a un angle droit compris entre des côtés égaux, c'est-à-dire s'il est à la fois rectangle et losange.

Il est à remarquer, d'après cela, que les quatre angles d'un carré ABCD sont droits et que ses quatre côtés sont égaux entre eux.

PROPOSITION 9.

THÉORÈME. — *Dans un carré, les deux diagonales sont égales et perpendiculaires entre elles.*

Soit le carré ABCD. Ce carré étant rectangle, les deux diagonales AC et BD doivent être égales; ce carré étant losangé, les deux diagonales AC et BD doivent être perpendiculaires entre elles. Donc, dans un carré, les deux diago- 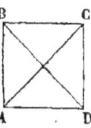 nales sont égales et perpendiculaires entre elles.

Exercices.

1. Prouver que si l'on mène une droite quelconque, par un point également éloigné de deux droites parallèles, cette droite se divise aux parallèles en deux parties égales.

2. Trouver le lieu des points dont la somme des distances à deux droites données est constante.

3. Prouver que toute droite menée par le milieu d'une diagonale, dans un parallélogramme, se divise aux côtés opposés en deux parties égales.

4. Prouver que, si deux droites sont parallèles, leur distance est la même en tous leurs points, et *réciproquement*.

5. Au milieu des quatre côtés d'un parallélogramme, on élève des perpendiculaires, et on les prolonge jusqu'à ce qu'elles se rencontrent. Prouver que la figure ainsi formée est un parallélogramme. Que devient la figure ainsi formée, si le parallélogramme donné est un losange?

6. Démontrer que si deux droites quelconques se coupent en parties égales, la figure formée en joignant deux à deux leurs extrémités, est un parallélogramme.

7. Faire voir qu'un parallélogramme dont les deux diagonales sont égales, est un rectangle.

8. Prouver qu'un parallélogramme dont les diagonales sont égales et perpendiculaires entre elles, est un carré.

9. Démontrer que la somme des angles extérieurs à un polygone quelconque, est égale à quatre angles droits.

10. Prouver que les diagonales de deux parallélogrammes *inscrits l'un dans l'autre*, c'est-à-dire tels que les sommets de l'un soient situés sur les côtés de l'autre, passent par un même point.

LIVRE II
CIRCONFÉRENCE

CHAPITRE PREMIER

ARCS ET CORDES.

DÉFINITIONS.

Cercle. Circonférence. — On appelle *circonférence* une ligne courbe fermée dont tous les points sont à la même distance d'un point intérieur, nommé *centre*.

Le *cercle* est la portion de plan comprise dans l'intérieur d'une circonférence.

Les deux expressions *cercle* et *circonférence* ne sont pas synonymes ; cependant, il est permis, dans le langage ordinaire, d'employer l'une pour l'autre, toutes les fois qu'on peut le faire sans qu'il y ait amphibologie.

Rayon. Diamètre. — Une droite menée d'un point de la circonférence au centre se nomme *rayon*, et toute droite qui va d'un point de la circonférence à un autre, en passant par le centre, s'appelle *diamètre*. Il est clair que tous les rayons d'un cercle sont égaux, ainsi que tous ses diamètres.

Remarquons que *deux circonférences sont égales, si elles ont le même rayon ;* car, si l'on porte l'une des deux sur l'autre, de manière à ce que leurs centres coïncident, chacun des points de la première tombera sur la seconde, et réciproquement ; par conséquent, les deux circonférences sont égales.

ARC. CORDE. — On nomme *arc de cercle* une partie quelconque de la circonférence, et *corde d'un arc*, la droite qui
joint les deux extrémités de cet arc.

Toute corde correspond d'ailleurs, dans un cercle, à deux
arcs différents; mais, quand il est question de l'arc *sous-
tendu* par une corde, on suppose qu'il s'agit *exclusivement*
du plus petit de ces deux arcs.

PROPOSITION 1.

THÉORÈME. — *Par trois points, qui ne sont pas situés en
ligne droite, on peut faire passer une circonférence, et on
n'en peut faire passer qu'une.*

Considérons trois points A, B, C, qui ne sont pas situés
en ligne droite. Si l'on mène les deux droites AB, BC,
et si l'on élève au milieu de ces droites les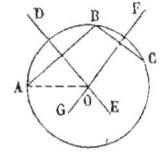
perpendiculaires DE et FG, ces perpendicu-
laires doivent se rencontrer (33). Mais,
d'une part, leur point de rencontre O doit
être à égale distance des deux points A et
B (25); d'autre part, ce point O doit être à égale distance
des deux points B et C; par conséquent, le point O se trouve
également éloigné des trois points A, B, C. Donc, si l'on
décrit, du point O comme centre, une circonférence qui ait
OA pour rayon, cette circonférence passera par les trois points
considérés. Il en résulte qu'on peut faire passer une circonférence par trois points qui ne sont pas situés en ligne droite.

De plus, *on n'en peut faire passer qu'une*. En effet, toute
circonférence passant par les deux points A et B, doit avoir
son centre sur la perpendiculaire DE élevée au milieu
de AB (26); de même, toute circonférence passant par les
deux points B et C doit avoir son centre sur la perpendiculaire FG élevée au milieu de BC; donc, toute circonférence
passant à la fois par les trois points A, B, C, doit avoir son

centre au point de rencontre O de ces deux perpendiculaires. Il en résulte qu'il n'y a qu'un seul point qui puisse être le centre d'une circonférence passant par les trois points considérés ; en d'autres termes, on ne peut faire passer qu'une circonférence par trois points qui ne sont pas situés en ligne droite.

Remarque.— La double conclusion qui précède s'exprime quelquefois plus simplement, en disant que *trois points, qui ne sont pas situés en ligne droite*, déterminent *une circonférence*.

PROPOSITION 2.

THÉORÈME. — *Dans un cercle, toute corde est plus petite qu'un diamètre.*

Supposons que le point O soit le centre d'un cercle, que AB soit une corde, et BC le diamètre qui passe par

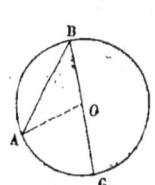

une des extrémités de cette corde. Si l'on mène le rayon OA, on forme un triangle AOB, dans lequel le côté AB est plus petit que la somme OB + OA ; mais le rayon OA est égal à OC ; par conséquent, la corde AB est plus petite que la somme OB + OC, c'est-à-dire plus petite que le diamètre BC. Donc, la corde AB est plus petite qu'un diamètre quelconque du cercle.

PROPOSITION 3.

THÉORÈME. — *Tout diamètre d'un cercle divise sa circonférence en deux parties égales.*

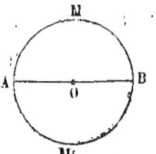

Soit AB un diamètre du cercle qui a pour centre le point O. Si l'on plie la figure autour de ce diamètre, chacun des points de l'arc AMB tombera sur l'arc AM'B, et réciproquement ; par conséquent, les deux arcs AMB et AM'B sont égaux.

PROPOSITION 4.

Théorème. — *Dans un cercle ou dans deux cercles de même rayon, deux arcs égaux sont sous-tendus par des cordes égales, et de deux arcs inégaux, le plus grand est sous-tendu par une plus grande corde.*

Supposons que, dans le cercle O, les deux arcs AB et A'B' soient égaux, et qu'on ait plié la figure autour du diamètre CD qui passe par le milieu de l'arc AA';
le point A' tombera évidemment au point A, et le point B' tombera au point B, puisque les deux arcs AB et A'B' sont égaux, d'après l'hypothèse ; par conséquent, les deux cordes AB et A'B', ayant les mêmes extrémités, devront coïncider. Donc, dans un cercle ou dans deux cercles de même rayon, deux arcs égaux sont sous-tendus par des cordes égales.

Supposons maintenant que l'arc AB soit plus grand que l'arc A'B', et qu'on ait pris l'arc AC égal à A'B'; la corde AC doit égaler, d'après ce qui précède, la corde A'B'. Mais,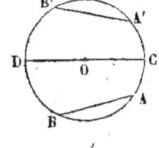
si l'on mène les rayons OB et OC, on forme une figure dans laquelle les deux droites OC et AB se coupent, ce qui donne l'inégalité suivante (13) :

$$OC + AB > OB + AC;$$

en supprimant de part et d'autre les termes OC et OB, qui sont égaux, on obtient :

$$AB > AC.$$

Cette inégalité exprime précisément que la corde AB est plus grande que AC ou A'B'; donc, dans un cercle ou dans deux cercles de même rayon, de deux arcs inégaux le plus grand est sous-tendu par une plus grande corde.

COROLLAIRE. — *Dans un cercle ou dans deux cercles de même rayon, 1° deux arcs sous-tendus par des cordes égales sont égaux ;* autrement, ils seraient sous-tendus par des cordes inégales ; 2° *de deux arcs sous-tendus par des cordes inégales, celui qui est sous-tendu par la plus grande corde est le plus grand ;* autrement, il ne serait pas sous-tendu par la plus grande corde.

PROPOSITION 5.

THÉORÈME. — *Tout rayon perpendiculaire à une corde divise cette corde, et l'arc qu'elle sous-tend, en deux parties égales.*

Supposons qu'on ait mené le rayon OC, perpendiculaire à la corde AB, et qu'on ait joint le centre O aux extrémités A

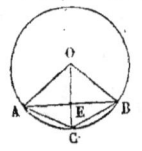

et B. Les deux droites ainsi menées, OA et OB, sont deux obliques égales qui doivent s'écarter également de la perpendiculaire OE ; donc, la corde AB est divisée au point E en deux parties égales. D'autre part, le point C est à égale distance des points A et B, puisqu'il appartient à la perpendiculaire qui passe par le milieu de AB ; donc, les deux cordes, et, par suite, les deux arcs, AC et BC, sont égaux. Il en résulte que le rayon OC divise la corde AB, et l'arc qu'elle sous-tend, en deux parties égales.

COROLLAIRE. — *La perpendiculaire, élevée au milieu d'une corde, doit passer par le centre du cercle et par le milieu de l'arc sous-tendu par la corde ;* en effet, si l'on abaisse du centre d'un cercle une perpendiculaire sur une corde, cette perpendiculaire tombe au milieu de la corde, d'après le théorème qui précède, et, par suite, se confond avec la perpendiculaire élevée au milieu de cette corde.

PROPOSITION 6.

Théorème. — *Dans un cercle ou dans deux cercles de même rayon, deux cordes éalges sont à égale distance du centre, et, de deux cordes inégales, la plus petite est à une plus grande distance du centre.*

Supposons que, dans le cercle O, les cordes AB et CD soient égales, et qu'on ait abaissé du centre O une perpendiculaire sur AB et une sur CD. Si l'on mène les deux rayons OB et OD, on forme ainsi deux triangles rectangles OHB et OKD, qui sont égaux : en effet, leurs hypoténuses OB et OD sont égales, comme rayons du même cercle ; le côté BH est égal à DK, car ces côtés sont les moitiés de deux cordes égales, d'après le théorème précédent. Les deux triangles rectangles, OHB et OKD, sont donc égaux, puisqu'ils ont l'hypoténuse égale et un côté égal, et, par suite, les deux perpendiculaires, OH et OK, sont égales. Donc, dans un cercle ou dans deux cercles de même rayon, deux cordes égales sont à égale distance du centre.

Supposons maintenant que la corde BG soit plus grande que CD ; l'arc BEG doit être plus grand que l'arc CD. Prenons alors l'arc BEA égal à l'arc CD ; la corde BA se trouvera égale à CD et à la même distance du centre, d'après ce qui précède. Or, si l'on abaisse du point O des perpendiculaires OH et OF sur les deux cordes AB et BG, on reconnaît que l'oblique OI est plus grande que la perpendiculaire OF abaissée du centre sur la même droite ; à plus forte raison, la distance OH doit-elle être plus grande que OF. Donc, dans un cercle ou dans deux cercles de même rayon, de deux cordes inégales la plus petite est à une plus grande distance du centre.

COROLLAIRE. — *Dans un cercle ou dans deux cercles de même rayon*, 1° *si deux cordes sont à égale distance du centre, elles sont égales*; autrement, elles ne seraient pas à égale distance du centre; 2° *si deux cordes sont à inégale distance du centre, la plus rapprochée du centre doit être la plus grande;* autrement, elle ne serait pas la plus rapprochée du centre.

Exercices.

1. Démontrer que toute droite qui divise une circonférence en deux parties égales, est un diamètre de cette circonférence.

2. Déterminer la plus petite et la plus grande distance d'un point donné à une circonférence de cercle.

3. Étant donné un point entre deux droites parallèles, on propose de mener une circonférence qui passe par ce point et qui soit tangente aux deux droites.

4. Trois points étant donnés, non en ligne droite, on propose de tracer une circonférence qui ait un rayon donné et qui passe à égale distance des trois points. Trouver le centre de cette circonférence.

5. Déterminer la plus grande et la plus petite corde qu'on puisse mener dans un cercle, par un point intérieur au cercle.

6. Quel est lieu géométrique des milieux de toutes les cordes, égales à une longueur donnée, qu'on peut inscrire dans une circonférence.

7. Par tous les points d'une circonférence on mène des droites parallèles entre elles, et on prend sur chacune d'elles une longueur donnée. Trouver le lieu des extrémités de toutes ces droites.

8. Trouver le point d'un arc de cercle qui est le plus éloigné de la corde qui sous-tend cet arc.

9. Démontrer que, si l'on mène par un point intérieur à un cercle deux cordes quelconques et le diamètre qui passe par ce point, les deux cordes sont égales, si elles sont également inclinées sur le diamètre, et, si elles ne sont pas également inclinées sur le diamètre, celle qui l'est le plus est la plus grande.

CHAPITRE II

§ 1er. Position relative d'une droite et d'un cercle.

PROPOSITION 1.

THÉORÈME. — *Une droite ne peut avoir plus de deux points communs avec la circonférence d'un cercle.*

Supposons, en effet, que les trois points A, B, C, appartiennent à la même droite, et que le point O soit le centre d'une circonférence passant par ces trois points. Si l'on mène les rayons OA, OB, OC, ces trois lignes doivent être égales entre elles ; or, il est impossible de mener du même point à la même droite plus de deux obliques égales (25) ; par conséquent, il est impossible que le point O soit le centre d'une circonférence passant par les trois points A, B, C, si ces trois points appartiennent à la même droite. Donc, une droite ne peut avoir plus de deux points communs avec la circonférence d'un cercle.

DÉFINITIONS.

SÉCANTE. — Lorsqu'une droite a deux points communs avec la circonférence d'un cercle, elle est dite *sécante* au cercle, et la partie comprise entre les deux points d'intersection est une corde ou un diamètre, suivant que la sécante passe ou ne passe pas par le centre.

Tangente. — Une droite peut n'avoir qu'un seul point commun avec la circonférence d'un cercle : il suffit, en effet, d'imaginer qu'une sécante quelconque tourne autour d'un de ses points d'intersection, ou se déplace en restant parallèle à elle-même, jusqu'à ce que son second point d'intersection vienne se confondre avec le premier ; la droite n'aura plus alors qu'un seul point commun avec la circonférence du cercle. Lorsqu'une droite n'a qu'un seul point commun avec la circonférence d'un cercle, elle est dite *tangente* au cercle, et le point commun se nomme le *point de contact*. Un cercle est évidemment situé tout entier d'un même côté de sa tangente.

Extérieure. — Une droite peut n'avoir pas de point commun avec la circonférence d'un cercle ; dans ce cas, elle est complétement *extérieure* au cercle.

PROPOSITION 2.

Théorème. — *Toute droite qui est perpendiculaire à l'extrémité d'un rayon d'un cercle est tangente au cercle, et* Réciproquement.

Supposons que la droite AT soit perpendiculaire à l'extrémité du rayon OA, et qu'on ait joint le centre à un point

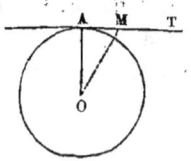

quelconque M de la droite AT, autre que le point A ; la droite OM ainsi menée est oblique à AT, et, par suite, plus grande que le rayon OA. Il en résulte que le point M doit être situé hors du cercle ; par conséquent, la droite AT n'a que le point A de commun avec la circonférence du cercle. Donc, toute droite qui est perpendiculaire à l'extrémité d'un rayon d'un cercle est tangente au cercle.

RÉCIPROQUEMENT, *toute droite qui est tangente à un cercle, est perpendiculaire à l'extrémité d'un rayon du cercle.*

Supposons que la droite AT soit tangente au cercle qui a pour centre le point O, qu'on ait mené le rayon OA aboutissant au point de contact, et qu'on ait joint le centre à un point quelconque M de la droite AT, autre que le point A; la droite OM ainsi menée est plus grande que le rayon OA, car le point M appartient à la tangente AT, et, par suite, se se trouve hors du cercle. Il en résulte que le rayon OA est plus petit que toute autre droite menée du centre à la tangente, et, par suite, que ce rayon OA est perpendiculaire à la tangente. Donc, toute droite qui est tangente à un cercle, est perpendiculaire à l'extrémité d'un rayon du cercle.

COROLLAIRE. — *La perpendiculaire abaissée du centre d'un cercle, sur une tangente au cercle, doit passer par le point de contact;* car, si l'on joint par une droite le point de contact au centre, la droite ainsi menée doit, d'après le théorème qui précède, être perpendiculaire à la tangente, et, par suite, se confondre avec la perpendiculaire abaissée du centre sur cette tangente.

PROPOSITION 3.

THÉORÈME. — *Dans un cercle, les arcs compris entre deux droites parallèles sont égaux.*

Supposons d'abord que les deux droites parallèles soient les sécantes, BC et DE, et qu'on ait mené le rayon OA perpendiculaire sur BC; ce rayon doit être aussi perpendiculaire sur DE,

puisque les deux sécantes BC et DE sont parallèles. Il en résulte qu'on doit avoir les deux égalités suivantes :

$$\text{arc AB} = \text{arc AC} \quad \text{et} \quad \text{arc AD} = \text{arc AE},$$

et, par suite, celle-ci :

$$\text{arc AD} - \text{arc AB} = \text{arc AE} - \text{arc AC},$$

ou

$$\text{arc BD} = \text{arc CE} ;$$

donc, les arcs compris entre les deux parallèles sont égaux.

Supposons maintenant que l'une des parallèles soit la sécante BC, et que l'autre soit la tangente FG ; le rayon OA, perpendiculaire sur BC, doit l'être aussi sur la tangente FG, qui est parallèle à BC, et, par suite, aboutir au point de contact de la tangente. Or, il divise, en ce point, l'arc BC en deux parties égales ; donc, les arcs compris entre les deux parallèles sont égaux.

Supposons enfin que les deux parallèles soient les tangentes FG et KL ; si l'on abaisse du centre O une perpendiculaire sur KL, la droite OH ainsi menée doit être perpendiculaire sur FG, qui est parallèle à KL, et, par suite, aboutir aux deux points de contact, A et H, des tangentes ; cette droite AH est donc un diamètre du cercle, et l'on sait que tout diamètre d'un cercle divise sa circonférence en deux parties égales.

Scolie. — *Si deux tangentes menées à un cercle sont parallèles, leurs points de contact sont situés aux extrémités d'un même diamètre.*

§ 7. Position relative de deux cercles.

DÉFINITION.

Position relative de deux cercles. — Deux cercles quelconques peuvent occuper sur un plan diverses positions, l'un par rapport à l'autre ; cependant, quelle que soit la position des deux cercles, leurs circonférences ne peuvent avoir plus de deux points communs, car, si elles en ont trois, ces trois points ne sauraient être en ligne droite (53), et, s'ils ne sont pas en ligne droite, on ne peut faire passer par ces trois points qu'une seule circonférence (47). Deux circonférences distinctes ne peuvent donc avoir que *deux* points communs, ou *un* seul, ou *aucun*.

PROPOSITION 1.

THÉORÈME. — *Deux circonférences qui ont un point commun, d'un côté de la ligne des centres, en ont un second de l'autre côté.*

Supposons que les points O et O′ soient les centres de deux circonférences, et que le point A, situé d'un côté de la droite OO′, soit un point commun aux deux circonférences. Si du point A nous abaissons AC perpendiculaire sur OO′, et si nous prolongeons cette perpendiculaire d'une longueur CB égale à AC, le point O devra se trouver à égale distance des deux points A et B ; par suite, la circonférence dont le point O est le centre et qui passe au point A, doit aussi passer au point B. De même, le point O′ devant se trouver à égale distance des deux points A et B, la circonférence dont le point O′ est le centre et qui passe au point A, doit aussi passer au point B. Donc, deux circonférences qui ont un point commun, d'un côté de la ligne des centres, en ont un second de l'autre côté.

COROLLAIRE. — *Si deux circonférences n'ont qu'un point commun, ce point doit être situé sur la ligne des centres;* autrement, les deux circonférences auraient deux points communs.

DÉFINITIONS.

CIRCONFÉRENCES SÉCANTES. — Deux circonférences qui ont deux points communs, sont dites *sécantes;* la droite qui joint leurs deux points d'intersection est une *corde commune* aux circonférences, et la ligne de leurs centres est perpendiculaire au milieu de la corde commune. Les deux centres peuvent d'ailleurs être situés de part et d'autre ou d'un même côté de la corde commune.

CIRCONFÉRENCES TANGENTES. — Deux circonférences qui n'ont qu'un seul point commun sont dites *tangentes*, et le point commun se nomme *point de contact* des circonférences. Le point de contact peut être situé entre les deux centres ou ne pas l'être ; on distingue ces deux cas en disant que les deux circonférences sont tangentes *extérieurement* ou *intérieurement*.

CIRCONFÉRENCES INTÉRIEURES OU EXTÉRIEURES. — Deux circonférences qui n'ont aucun point commun, sont dites *intérieures* ou *extérieures* l'une à l'autre, suivant que l'une est tout entière contenue dans l'autre, ou tout entière en dehors.

PROPOSITION 2.

THÉORÈME. — *Si deux circonférences sont sécantes, la distance des centres est plus petite que la somme et plus grande que la différence des rayons.*

Soit OO′ la distance des centres, et AB la corde commune à deux circonférences sécantes. Si l'on mène les deux rayons AO et AO′, on forme un triangle AOO′, dans lequel le côté OO′ est plus petit que la somme AO + AO′, et plus grand que la différence AO — AO′ ; donc, si deux circonférences sont sécantes, la distance des centres est plus petite que la somme et plus grande que la différence des rayons.

PROPOSITION 3.

THÉORÈME. — *Si deux circonférences sont tangentes exté-*
rieurement, la distance des centres est égale à la somme des
rayons.

En effet, si deux circonférences sont tangentes extérieurement, le point de contact A est situé sur
la ligne des centres OO′ et entre les deux
centres; par conséquent, la distance OO′
est égale à la somme AO + AO′. Donc, si
deux circonférences sont tangentes extérieurement, la distance des centres est égale à la somme des rayons.

PROPOSITION 4.

THÉORÈME. — *Si deux circonférences sont tangentes inté-*
rieurement, la distance des centres est égale à la différence
des rayons.

En effet, si deux circonférences sont tangentes intérieurement, le point de contact A est situé
sur la ligne des centres OO′, mais pas
entre les deux centres; par conséquent,
la distance OO′ est égale à la différence
AO—AO′. Donc, si deux circonférences sont tangentes intérieurement, la distance des centres est égale à la différence
des rayons.

PROPOSITION 5.

THÉORÈME. — *Si deux circonférences sont intérieures l'une*
à l'autre, la distance des centres est plus petite que la diffé-
rence des rayons.

En effet, si deux circonférences sont intérieures l'une à l'autre, le rayon A'O' est plus petit que AO', et la distance OO' est moindre que la différence AO — A'O', de toute la longueur AA'. Donc, si deux circonférences sont intérieures l'une à l'autre, la distance des centres est plus petite que la différence des rayons.

PROPOSITION 6.

THÉORÈME. — *Si deux circonférences sont extérieures l'une à l'autre, la distance des centres est plus grande que la somme des rayons.*

En effet, si les deux circonférences sont extérieures l'une à

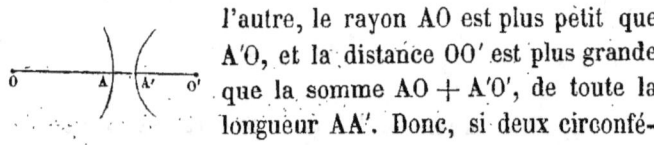

l'autre, le rayon AO est plus petit que A'O, et la distance OO' est plus grande que la somme AO + A'O', de toute la longueur AA'. Donc, si deux circonférences sont extérieures l'une à l'autre, la distance des centres est plus grande que la somme des rayons.

COROLLAIRE. — Les théorèmes RÉCIPROQUES des cinq derniers théorèmes sont vrais et se démontrent de la même manière. Supposons, par exemple, que la distance des centres de deux circonférences soit plus grande que la somme des rayons, les deux circonférences doivent être extérieures l'une à l'autre ; autrement, la distance des centres ne serait pas plus grande que la somme des rayons.

Exercices.

1. Démontrer que si deux droites, partant du même point, sont tangentes à un cercle, 1° les distances de ce point aux deux points de contact sont égales entre elles ; 2° la droite menée de ce point au centre est perpendiculaire au milieu de la corde des contacts.

2. Prouver que, si un quadrilatère a ses quatre côtés tangents à un cercle, la somme de deux côtés opposés est égale à celle des deux autres, et *réciproquement*.

3. Démontrer que, si les quatre côtés d'un parallélogramme sont tangents au même cercle, ce parallélogramme est un losange.

4. Étant donné un cercle tangent aux deux côtés d'un angle, on mène une tangente au cercle par un point quelconque de l'arc compris entre les deux points de contact. Démontrer que, 1° le périmètre du triangle, formé par cette tangente et par les deux côtés de l'angle, est constant, quelle que soit la position de la tangente ; 2° l'angle qui a pour sommet le centre du cercle, et pour côtés les droites aboutissant aux extrémités de la tangente mobile, est aussi constant.

5. Étant donnés un cercle et une tangente au cercle, on mène par le centre O un rayon quelconque OA, qu'on prolonge en dehors du cercle d'une longueur AB égale à OA, et de l'extrémité B on abaisse une perpendiculaire BD sur la tangente. On demande de prouver que l'angle OAD est le triple de l'angle ADB.

6. Déterminer la plus grande et la plus petite droite qui soient interceptées entre deux circonférences, extérieures ou intérieures l'une à l'autre.

7. Quel est le point d'une circonférence qui est le plus rapproché ou le plus éloigné d'une circonférence donnée ?

8. Si deux circonférences sont tangentes, la perpendiculaire élevée au point de contact, sur la ligne des centres, est tangente à la fois aux deux circonférences. On propose de prouver que si, d'un point quelconque pris sur cette tangente commune, on mène une seconde tangente à l'une et à l'autre circonférence, les deux tangentes ainsi menées sont égales entre elles.

9. Étant donnés deux cercles sécants, si l'on mène par un des points d'intersection une parallèle à la ligne des centres, la somme des cordes interceptées par cette parallèle, dans les deux cercles, est le double de la distance des centres.

CHAPITRE III

MESURE DES ANGLES.

§ 1ᵉʳ. Mesure d'un angle au centre. Angle inscrit.

DÉFINITIONS.

RAPPORT DE DEUX GRANDEURS. — On appelle *rapport* de deux grandeurs le nombre par lequel il faut multiplier la seconde pour trouver la première.

Lorsqu'une des deux grandeurs contient exactement l'autre, ou l'une de ses parties aliquotes, le rapport des deux grandeurs est un nombre entier ou fractionnaire : on obtient *exactement* ce rapport en formant une fraction avec les deux nombres entiers qui indiquent combien de fois cette partie aliquote est contenue dans l'une et dans l'autre.

Lorsqu'une des deux grandeurs ne contient pas exactement l'autre, ni aucune de ses parties aliquotes, si petites que soient ces parties aliquotes, le rapport des deux grandeurs n'est pas un nombre entier, ni un nombre fractionnaire : on obtient ce rapport *approximativement*, sous forme fractionnaire, et avec une approximation aussi grande qu'on veut, en divisant arbitrairement la seconde grandeur en parties égales, et en formant une fraction avec les deux nombres qui indiquent combien de fois cette partie aliquote est contenue dans l'une et dans l'autre.

Dans le premier cas, le rapport des deux grandeurs est dit

commensurable; dans le second cas, il est dit *incommensurable.*

⁎ **Principe.** — *Si des nombres fractionnaires, pouvant différer d'aussi peu qu'on voudra, comprennent entre eux deux rapports quelconques, ces deux rapports doivent être égaux.*

En effet, s'il y avait entre ces rapports une différence, si petite qu'elle fût, on pourrait faire que la différence des nombres fractionnaires entre lesquels ils sont compris, fût encore plus petite, puisque ces nombres peuvent différer l'un de l'autre d'aussi peu qu'on voudra ; ces nombres ne pourraient plus alors comprendre entre eux les deux rapports ; donc, ces deux rapports doivent être égaux.

Mesure d'un angle. — *Mesurer un angle*, c'est trouver le rapport de cet angle à un autre angle, choisi pour unité ; de même, la *mesure d'un arc* est le rapport de cet arc à un autre arc du même cercle, choisi pour unité ; la mesure d'une grandeur quelconque se définit d'une manière analogue.

Il y a entre la mesure d'un angle et celle des arcs interceptés par les côtés de cet angle sur une circonférence quelconque, certaines relations, dont l'ensemble constitue l'objet de la théorie géométrique de la mesure des angles.

Angle au centre. Angle inscrit. — On appelle *angle au centre* tout angle dont le sommet est situé au centre d'un cercle ; *angle inscrit*, tout angle dont le sommet est situé sur la circonférence d'un cercle. Un angle inscrit peut avoir pour côté un diamètre, une corde, ou une tangente ; il peut être formé par deux cordes.

Nous ne donnerons pas de nom particulier à un angle dont le sommet n'est pas situé au centre, ni sur la circonférence d'un cercle.

PROPOSITION 1.

LEMME. — *Dans un même cercle ou dans des cercles égaux,
deux angles au centre égaux comprennent entre leurs côtés
des arcs égaux, et* RÉCIPROQUEMENT.

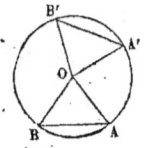

Supposons que les angles au centre AOB
et A'OB' soient égaux, et qu'on ait mené les
cordes AB, A'B'. Les deux triangles OAB et
OA'B' doivent être égaux, car ils ont un angle
égal compris entre des côtés égaux chacun à
chacun ; donc, les deux cordes, et, par suite, les deux arcs,
AB et A'B', sont égaux (50).

RÉCIPROQUEMENT, *si les arcs* AB *et* A'B' *sont égaux, les angles au centre* AOB *et* A'OB' *sont égaux.* — En effet, les arcs
AB et A'B' étant égaux, les cordes AB et A'B' le sont aussi (49);
on en conclut que les deux triangles OAB et OA'B' doivent être
égaux, comme ayant leurs trois côtés égaux chacun à chacun,
et, par suite, que les angles au centre, AOB et A'OB', sont
égaux.

PROPOSITION 2.

LEMME. — *Dans un même cercle ou dans des cercles
égaux, deux angles au centre, quels qu'ils soient, ont
entre eux le même rapport que les arcs compris entre
leurs côtés.*

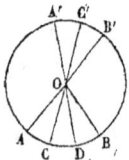

Considérons les deux angles AOB et A'OB',
qui comprennent entre leurs côtés les arcs
AB et A'B'; je dis qu'on aura la proportion :

$$\frac{A'OB'}{AOB} = \frac{arc\ A'B'}{arc\ AB}.$$

Supposons que le rapport des arcs A'B' et AB soit commensurable et égal, par exemple, à la fraction $\frac{2}{3}$, ce qui se traduit par la proportion :

$$\frac{arc\ A'B'}{arc\ AB} = \frac{2}{3}.$$

D'après cette hypothèse, l'arc A'B' doit contenir deux fois le tiers de l'arc AB ; par conséquent, si l'on conçoit l'arc AB divisé, aux points C et D, en trois parties égales, et l'arc A'B' divisé, au point C', en deux parties égales, les cinq arcs AC, CD, DB, A'C', C'B', doivent être égaux entre eux. Mais, si l'on joint les points D, C, C', au centre O, on forme ainsi cinq angles au centre, qui comprennent entre leurs côtés des arcs égaux, et qui doivent être égaux entre eux. L'angle A'OB' contient ainsi deux fois le tiers de l'angle AOB ; par conséquent, le rapport des deux angles, A'OB' et AOB, est égal à $\frac{2}{3}$, ce qui donne la proportion :

$$\frac{A'OB'}{AOB} = \frac{2}{3}.$$

Il en résulte que le rapport $\dfrac{arc\ A'B'}{arc\ AB}$, s'il est commensurable, est égal à $\dfrac{A'OB'}{AOB}$, et qu'on aura la proportion :

$$\frac{A'OB'}{AOB} = \frac{arc\ A\ B'}{arc\ AB}.$$

★ Supposons que le rapport des arcs A'B' et AB soit incommensurable, et qu'en l'évaluant en nombre fractionnaire, à moins d'une partie aliquote quelconque de l'unité, on l'ait trouvé compris entre les deux fractions $\dfrac{m}{n}$ et $\dfrac{m+1}{n}$, ce qui se traduit par l'inégalité suivante :

$$\frac{m}{n} < \frac{arc\ A'B'}{arc\ AB} < \frac{m+1}{n}.$$

D'après cette hypothèse, si l'on conçoit l'arc AB divisé en n parties égales, l'arc A'B' doit contenir m de ces parties et pas $m+1$. Mais, si l'on joint au centre O tous les points de division de l'arc AB et de l'arc A'B', l'angle AOB se trouvera divisé en n parties égales; l'angle A'OB' contiendra m de ces parties et pas $m+1$; par conséquent, le rapport des deux angles, A'OB' et AOB, est compris, comme celui des deux arcs, A'B' et AB, entre les deux fractions $\frac{m}{n}$ et $\frac{m+1}{n}$, ce qui se traduit par l'inégalité suivante :

$$\frac{m}{n} < \frac{\text{A'OB'}}{\text{AOB}} < \frac{m+1}{n}.$$

Or, la différence des deux fractions, $\frac{m}{n}$ et $\frac{m+1}{n}$, est une partie aliquote de l'unité aussi petite que l'on veut; il en résulte que le rapport $\frac{arc\,\text{A'B'}}{arc\,\text{AB}}$, s'il est incommensurable (63), doit égaler $\frac{\text{A'OB'}}{\text{AOB}}$, et qu'on aura la proportion :

$$\frac{\text{A'OB'}}{\text{AOB}} = \frac{arc\,\text{A'B'}}{arc\,\text{AB}}.$$

Donc, dans un même cercle ou dans des cercles égaux, deux angles au centre, quels qu'ils soient, ont entre eux le même rapport que les arcs compris entre leurs côtés.

PROPOSITION 3.

THÉORÈME. — *Dans un cercle quelconque, tout angle au centre a pour mesure l'arc compris entre ses côtés.*

Supposons qu'un angle au centre ait pour côtés les rayons OA et OB, et que l'angle COD soit l'unité d'angle. D'après la proposition précédente, le rapport de l'angle AOB à COD, doit égaler le rapport de l'arc AB à CD, ce qui se traduit par la proportion :

$$\frac{AOB}{COD} = \frac{arc\ AB}{arc\ CD}.$$

Puisque l'angle COD est supposé être l'unité d'angle, le rapport $\frac{AOB}{COD}$ n'est autre chose (63) que la mesure de l'angle AOB, par définition ; donc, la mesure de l'angle AOB est égale à celle de l'arc AB, si l'arc CD est l'unité d'arc. Il en résulte que la mesure d'un angle au centre est la même que celle de l'arc compris entre ses côtés, *si l'on choisit, pour unité d'arc, l'arc compris entre les côtés de l'unité d'angle.* C'est ce qu'on exprime et ce qu'on sous-entend, quand on dit, d'une manière abrégée : *dans un cercle quelconque, tout angle au centre a pour mesure l'arc compris entre ses côtés.*

Remarque. — Le théorème précédent n'est vrai que si l'on choisit, pour unité d'arc, l'arc compris entre les côtés de l'unité d'angle ; cette restriction, qui fait partie de l'hypothèse, ne se trouve pas indiquée dans l'énoncé. Il faut remarquer cette sorte de théorème dont l'énoncé habituel est incomplet, comme tous ceux des théorèmes relatifs à la mesure des angles.

PROPOSITION 4.

Théorème. — *Tout angle peut s'évaluer en degrés, minutes, secondes, etc.*

En effet, si l'on décrit du sommet d'un angle comme centre et avec un rayon arbitraire, une circonférence de cercle, la mesure de cet angle au centre peut être remplacée, d'après ce qui précède, par celle de l'arc compris entre ses côtés. Or, l'unité principale servant à mesurer les arcs est le quart de la circonférence, qu'on appelle *quadrant ;* les unités plus petites sont : 1 la 90e partie du quadrant, qu'on nomme *degré ;*

2° des subdivisions du degré, qui sont de 60 en 60 fois plus petites les unes que les autres, et qu'on désigne par les mots de *minute, seconde*, etc. On peut donc évaluer en degrés, minutes, secondes, etc. l'arc compris entre les côtés de l'angle considéré, et, par dérivation, l'angle qui comprend cet arc entre ses côtés.

COROLLAIRE. — *Tout angle droit a pour mesure un quadrant*, ou 90 *degrés;* car, si l'on décrit du sommet de cet angle comme centre, avec un rayon arbitraire, une circonférence de cercle, l'arc compris entre les côtés sera le quart de la circonférence. De même, *deux angles droits ont pour mesure la demi-circonférence*, ou 180 *degrés*, et *quatre angles droits ont pour mesure la circonférence entière*, ou 360 *degrés*.

PROPOSITION 5.

PROBLÈME. — *Trouver en degrés, minutes, secondes, etc., la mesure d'un angle donné.*

Soit proposé de trouver la mesure de l'angle AOK. On place le centre d'un *rapporteur* au sommet de l'angle, et on fait

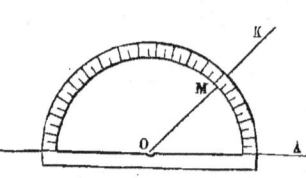

tourner l'instrument autour de ce point jusqu'à ce que son diamètre coïncide avec un des côtés de l'angle; on lit ensuite, en degrés, la division M à laquelle correspond le second côté de l'angle. Le résultat est la mesure de l'arc compris entre les côtés de l'angle, et, par suite, celle de l'angle. Si le second côté de l'angle tombe à la 60ᵉ division, la mesure de l'angle est de 60 degrés; si le second côté de l'angle tombe entre la 60ᵉ et la 61ᵉ division, on estime alors la fraction de degré, ou, ce qui revient au même, le nombre de minutes, secondes, etc., qu'il faut ajouter à 60°, pour avoir la mesure de l'angle.

Remarque. — Comme les quarts de degré sont marqués sur la plupart des rapporteurs, et qu'on prend aisément, à simple vue, la moitié ou le tiers d'une petite longueur, il en résulte qu'on peut trouver de la sorte la mesure d'un angle, à 2 ou 3 minutes près.

PROPOSITION 6.

THÉORÈME. — *Dans un cercle quelconque, tout angle inscrit, formé par une corde et un diamètre, a pour mesure la moitié de l'arc compris entre la corde et le diamètre.*

Supposons qu'un angle inscrit ait pour côtés la corde AB et le diamètre AC, et qu'on ait mené le diamètre DE parallèle à AB. L'arc AE doit égaler l'arc BD, puisque les deux droites AB et DE sont parallèles; il doit aussi égaler l'arc CD, puisque les deux angles au centre AOE et COD sont égaux; donc, les deux arcs BD et CD sont égaux, ou, en d'autres termes, l'arc CD est la moitié de l'arc BC. Mais, l'angle inscrit BAC est égal à l'angle au centre COD, car ces deux angles sont correspondants et les deux droites AB et DE sont parallèles; d'ailleurs, l'angle au centre COD a pour mesure l'arc CD, c'est-à-dire la moitié de l'arc BC; par conséquent, l'angle inscrit BAC a aussi pour mesure la moitié de l'arc BC. Donc, dans un cercle quelconque, tout angle inscrit formé par une corde et un diamètre a pour mesure la moitié de l'arc compris entre la corde et le diamètre.

PROPOSITION 7.

THÉORÈME. — *Dans un cercle quelconque, tout angle inscrit, formé par deux cordes, a pour mesure la moitié de l'arc compris entre les deux cordes.*

Supposons qu'un angle inscrit ait pour côtés les cordes AB et AC, et qu'on ait mené le diamètre AD qui passe par le som-

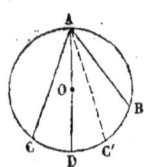

met de l'angle. L'angle inscrit CAD ainsi formé a pour mesure la moitié de l'arc CD compris entre la corde et le diamètre; de même, l'angle inscrit BAD a pour mesure la moitié de l'arc BD ; par conséquent, l'angle BAC, qui est la somme des angles BAD et CAD, doit avoir pour mesure la moitié de l'arc BC.

On démontrerait de la même manière que l'angle BAC', qui est la différence des angles BAD et C'AD, doit avoir pour mesure la moitié de l'arc BC'. Donc, dans un cercle quelconque, tout angle inscrit formé par deux cordes a pour mesure la moitié de l'arc compris entre les deux cordes.

COROLLAIRE 1. — *Un angle inscrit, formé par une corde et une tangente, a pour mesure la moitié de l'arc que sous-tend cette corde dans l'intérieur de l'angle;* car, si l'on suppose, dans le théorème précédent, que la sécante AB tourne autour du point A, jusqu'à ce que ses deux points d'intersection se confondent en un seul, cette sécante deviendra une tangente au point A, sans que la proposition actuelle ait cessé d'être vraie.

COROLLAIRE 2. — Tous les angles *inscrits dans le même arc de cercle* ACDEB, tels que ACB, ADB, AEB, etc., sont égaux entre eux; car, ils ont tous pour mesure la moitié du même arc AB, compris entre leurs côtés.

DÉFINITION.

SEGMENT CAPABLE. — Un arc ou un *segment* de cercle est dit *capable* d'un angle, si tous les angles qu'on peut inscrire dans ce segment sont égaux à cet angle. Un segment de cercle est capable d'un angle droit, aigu ou obtus, suivant que ce segment est égal à un demi-cercle, plus grand ou plus petit qu'un demi-cercle.

PROPOSITION 8.

THÉORÈME. — *Dans un cercle quelconque, tout angle a pour mesure la demi-somme ou la demi-différence des arcs qu'il comprend entre ses côtés, suivant que son sommet est intérieur ou extérieur à la circonférence.*

Supposons qu'un angle ABC ait pour sommet le point B intérieur à un cercle, et qu'on ait mené la corde CD. L'angle ABC est égal à la somme des deux angles inscrits ADC et DCE, comme angle extérieur au triangle BCD. Or, l'angle inscrit ADC a pour mesure la moitié de l'arc AC, et l'angle inscrit DCE a pour mesure la moitié de l'arc DE ; donc, l'angle ABC a pour mesure la demi-somme des arcs, AC et DE, qu'il comprend entre ses côtés.

Supposons qu'un angle ABC ait pour sommet le point B extérieur à un cercle, et qu'on ait mené la corde CD. L'angle ABC est égal à la différence des deux angles inscrits ADC et DCE, car l'angle ADC est extérieur au triangle BCD. Or, l'angle inscrit ADC a pour mesure la moitié de l'arc AC, et l'angle inscrit DCE a pour mesure la moitié de l'arc DE ; donc, l'angle ABC a pour mesure la demi-différence des arcs, AC et DE, qu'il comprend entre ses côtés.

COROLLAIRE 1. — Si l'on suppose que la sécante AB tourne autour du point B, jusqu'à ce que ses deux points d'intersection se confondent en un seul, cette sécante deviendra une tangente issue du point B, sans que la proposition actuelle ait cessé d'être vraie, et il en serait de même de la sécante BC; par conséquent, on peut conclure la proposition suivante :

Un angle quelconque, formé par deux droites, toutes deux tangentes au cercle ou dont l'une est tangente et l'autre sécante au cercle, a pour mesure la demi-différence des arcs compris entre les deux droites.

COROLLAIRE 2. — *Le segment de cercle* ACDEB *est, d'un côté de la droite* AB, *le* lieu *des points d'où l'on voit la droite* AB *sous un angle égal à* ACB; car, tout angle qui aurait son sommet en dedans ou en dehors du segment ACDEB serait, d'après le théorème précédent, plus grand ou plus petit que l'angle ACB.

§ 2. Applications.

Les applications qui suivent sont des PROBLÈMES qu'il s'agit de résoudre avec la règle et le compas, en s'appuyant sur les propriétés géométriques démontrées auparavant.

PROPOSITION 1.

PROBLÈME. — *Par un point d'une droite, mener une autre droite qui fasse avec la première un angle égal à un angle donné.*

Supposons qu'on ait proposé de mener, par le point A, une droite qui fasse avec BC un angle égal à DOE. Je décris du point O comme centre, avec un rayon arbitraire, l'arc DE terminé aux deux côtés de l'angle donné ; puis, du point A comme centre et avec le même rayon, je décris un arc indéfini FG. Je prends ensuite une ouverture de compas égale à la corde de l'arc DE, et du point F comme centre, avec cette

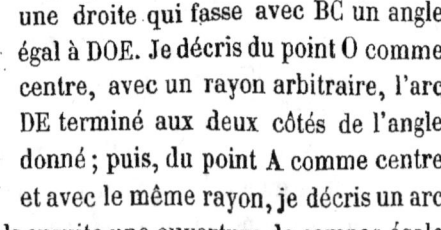

ouverture de compas pour rayon, je trace un petit arc de cercle qui coupe l'arc indéfini FG au point H; je joins le point H au point A par une droite, et la droite AH ainsi menée est la droite demandée. En effet, les deux arcs FH et DE appartiennent à des cercles égaux, d'après la construction, et sont sous-tendus par des cordes égales ; donc, ces deux arcs, et, par suite, les deux angles au centre, DOE et FAH, qui comprennent ces arcs entre leurs côtés, sont égaux. Donc, la droite AH est la droite demandée.

COROLLAIRE. — *Par un point d'une droite, mener une autre droite qui fasse avec la première un angle double, triple ou un multiple quelconque d'un angle donné.*

On répétera la construction précédente un nombre de fois suffisant, en ayant soin de prendre chaque fois, pour la droite donnée, celle qu'on vient de déterminer.

PROPOSITION 2.

PROBLÈME. — *Connaissant deux angles d'un triangle, trouver le troisième.*

Si les deux angles qu'on connaît sont respectivement égaux à A et B, on trace une droite indéfinie MN, puis, par un point quelconque O de cette droite, on en mène deux autres, OP et OQ, qui fassent avec la première et en sens contraire des angles respectivement égaux à A et B. L'angle POQ, compris entre ces deux droites, est le troisième angle du triangle, car cet angle est le supplément de la somme des deux autres.

PROPOSITION 3.

PROBLÈME. — *Construire un triangle, dont on connaît deux côtés et l'angle compris.*

Supposons que les deux côtés connus soient égaux aux lignes a et b, et que l'angle compris soit l'angle C. On cons-

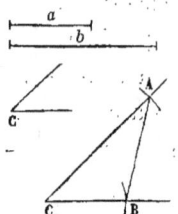

truira, où l'on voudra, un angle BCA égal à C, et, à partir du sommet, on prendra sur les deux côtés des longueurs, CB et CA, qui soient respectivement égales à a et b. La figure ABC, formée en joignant les deux points A et B, est le triangle demandé.

Remarque. — La construction, quelles que soient les données, est toujours possible : elle ne présente d'ailleurs qu'une solution pour le problème, car deux triangles sont égaux, s'ils ont un angle égal compris entre des côtés égaux chacun à chacun.

PROPOSITION 4.

PROBLÈME. — *Construire un triangle dont on connaît un côté et deux angles.*

Supposons que le côté connu soit égal à la ligne a, et que

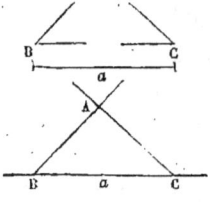

les deux angles connus soient les angles B et C.

Si les deux angles B et C doivent être adjacents au côté connu, on prendra sur une droite indéfinie une longueur BC égale à a, et, aux extrémités de cette longueur, on formera avec BC deux angles qui soient respectivement égaux à B et C. La figure ainsi construite, ABC, est le triangle demandé.

Si les deux angles B et C doivent être, l'un adjacent et l'autre opposé au côté connu, on commencera par trouver le troisième angle du triangle (73), qui doit être adjacent au côté connu, et on achèvera la construction comme dans le cas précédent.

Remarque. — Pour que la construction soit possible avec de pareilles données, choisies arbitrairement, il faut et il suffit que les deux angles donnés fassent une somme moindre que deux angles droits : elle ne présente d'ailleurs qu'une solution pour le problème, car deux triangles sont égaux, s'ils ont un côté égal adjacent à des angles égaux chacun à chacun.

PROPOSITION 5.

PROBLÈME. — *Construire un triangle dont on connaît les trois côtés.*

Supposons que les trois côtés connus soient égaux aux lignes *a*, *b* et *c*. On prend sur une droite indéfinie une longueur BC qui soit égale à l'un des trois côtés connus, égale à *a*, par exemple ; puis, des extrémités C et B comme centres, on décrit deux arcs de cercle qui aient pour rayons respectifs les lignes *b* et *c*.

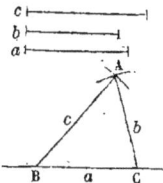

La figure ABC, formée en joignant le point de rencontre de ces arcs aux points C et B, est le triangle demandé.

Remarque. — Pour que la construction soit possible avec de pareilles données, choisies arbitrairement, il faut et il suffit que les deux arcs de cercle se rencontrent, c'est-à-dire qu'un quelconque des trois côtés donnés soit plus petit que la somme des deux autres et plus grand que leur différence : cette condition sera nécessairement remplie, si le plus grand des trois côtés est plus petit que la somme des autres. La construction ne présente d'ailleurs qu'une solution pour le problème, car deux triangles sont égaux, s'ils ont leurs trois côtés égaux chacun à chacun.

PROPOSITION 6.

* **Problème.** — *Construire un triangle dont on connaît deux côtés et l'angle opposé à l'un d'eux.*

Supposons que les deux côtés soient égaux aux lignes a et c, et que l'angle opposé au côté a doive égaler A. On construit, où l'on veut, un angle BAC égal à A, et, à partir du sommet, on prend sur l'un des côtés de cet angle une longueur AB égale à c; puis, du point B comme centre, on dé-crit un arc de cercle qui ait la longueur a pour rayon. En joignant le point C, où cet arc de cercle rencontre le second côté de l'angle, au point B, on forme une figure ABC qui est le triangle demandé.

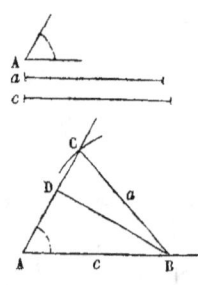

Remarque.— Pour que la construction soit possible avec de pareilles données, choisies arbitrairement, il faut évidemment que l'arc de cercle auxiliaire rencontre le second côté de l'angle, c'est-à-dire que la ligne a ait une longueur au moins égale à celle de la perpendiculaire BD abaissée du point B sur le second côté de l'angle.

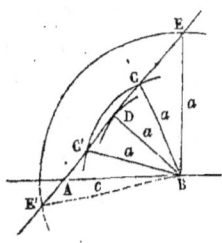

Supposons que cette condition soit remplie.

Si l'angle A est aigu, la construction ne donne qu'une solution, ABD, pour le problème, lorsque la longueur a est égale à BD; elle en donne deux, ABC et ABC′, lorsque la longueur a est plus grande que BD et plus petite que AB ; elle n'en donne plus qu'une, ABE, lorsque la longueur a est plus grande que AB, car le triangle ABE′ ne ré-pond pas à la question.

Si l'angle A est droit ou obtus, la construction ne donne qu'une solution, ABC, pour le pro-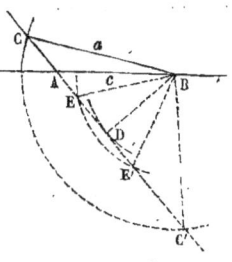blème, lorsque la longueur *a* est plus grande que AB, car le triangle ABC' ne répond pas à la question ; elle ne donne pas de solution admissible, lorsque la longueur *a* est égale à AB ; elle n'en donne pas non plus, lorsque la longueur *a* est plus petite que AB, car les deux triangles ABE et ABE' ne répondent ni l'un ni l'autre à la question.

PROPOSITION 6.

Problème. — *Élever, d'un point donné sur une droite, une perpendiculaire à cette droite.*

Soit proposé d'élever du point C une perpendiculaire à la droite AB. Je prends d'abord, à droite et à gauche du point C, deux longueurs arbitraires CA et CB, égales entre elles ; puis, des points A et B comme centres, avec un rayon plus grand que la moitié de AB, je décris deux arcs de cercle qui se coupent au point D, et je joins le point D au point C par une droite.

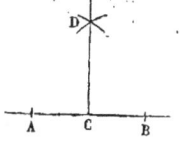

La droite ainsi menée, CD, est la perpendiculaire demandée : en effet, le point D est, d'après la construction, à distance égale des points A et B, et il en est de même du point C ; donc, la droite CD, qui passe par ces deux points, doit être perpendiculaire sur AB (26).

PROPOSITION 8.

Problème. — *Abaisser, d'un point donné hors d'une droite, une perpendiculaire sur cette droite.*

Soit proposé d'abaisser du point C une perpendiculaire sur la droite AB. Je détermine d'abord, sur la droite AB, deux points A et B, également éloignés du point C, en décri-

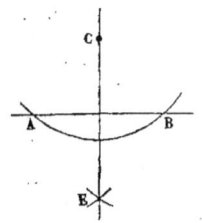

vant du point C comme centre un arc de cercle qui rencontre la droite AB; puis, des points A et B comme centres, avec un rayon plus grand que la moitié de AB, je décris deux autres arcs de cercle qui se coupent au point E, et je joins le point E au point C par une droite. La droite ainsi menée CE est la perpendiculaire demandée : en effet, le point E est, d'après la construction, à distance égale des points A et B, et il en est de même du point C; donc la droite CE, qui passe par ces deux points, doit être perpendiculaire sur AB (26).

PROPOSITION 9.

PROBLÈME. — *Diviser une droite donnée en deux parties égales.*

Soit à diviser la droite AB en deux parties égales. Je décris d'abord, des points A et B comme centres et avec un rayon plus grand que la moitié de AB, deux

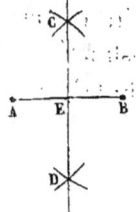

arcs de cercle qui se coupent au point C; j'en décris de même deux autres qui se coupent au point D, et je joins le point C au point D. La droite CD ainsi menée divise AB en deux parties égales : en effet, le point C est, d'après la construction, à distance égale des extrémités de la droite AB; il en est de même du point D; par conséquent, la droite CD, qui passe par ces deux points, doit être perpendiculaire au milieu de AB (26). Donc, la droite AB est divisée au point E en deux parties égales.

COROLLAIRE. — *Diviser une droite donnée en 4, 8, 16, ou un nombre quelconque de deux en deux fois plus grand de parties égales.*

On commence par diviser la droite donnée en deux parties égales, puis chaque partie en deux autres ; on aura ainsi divisé la droite en 4 parties égales. En appliquant la même construction à chacune des parties obtenues, on aura divisé la droite en 8 parties égales ; on la divisera de même en 16 ou un nombre quelconque de deux en deux fois plus grand de parties égales.

PROPOSITION 10.

PROBLÈME. — *Diviser un arc ou un angle donné en deux parties égales.*

1° Soit donné l'arc BC ; je mène la corde BC qui sous-tend cet arc, et j'élève au milieu de cette corde une perpendiculaire. Cette perpendiculaire divise l'arc BC en deux parties égales (51).

2° Soit donné l'angle BAC ; je décris, du point A comme centre et avec un rayon arbitraire, un arc de cercle BC ; puis, je divise cet arc en deux parties égales, au point D, en appliquant la construction précédente, et je mène la droite AD. La droite ainsi menée divise l'angle BAC en deux parties égales (64).

COROLLAIRE. — *Diviser un arc ou un angle donné en 4, 8, 16, ou un nombre quelconque de deux en deux fois plus grand de parties égales.*

On commence par diviser l'arc ou l'angle donné en deux parties égales, puis on divise chaque partie en deux autres ; on aura ainsi divisé l'arc ou l'angle en 4 parties égales. En appliquant la même construction à chacune des parties obtenues, on l'aura divisé en 8 parties égales; on le divisera de même en 16 ou un nombre quelconque de deux en deux fois plus grand de parties égales.

PROPOSITION 11.

Problème. — *Par un point donné, mener une parallèle à une droite.*

Soient A le point donné, et BC la droite. Je trace, par le

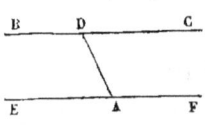

point A, une droite quelconque qui rencontre la droite donnée en D ; puis je mène par le point A une autre droite qui fasse avec la première un angle DAE égal à CDA. La droite ainsi menée, EF, est parallèle à BC, car les deux angles égaux DAE et CDA sont alternes-internes (35).

PROPOSITION 12.

Problème. — *Tracer une circonférence qui passe par trois points donnés.*

La solution de cette question, quand elle est possible, est renfermée dans la réponse faite à la proposition 1, page 47.

Corollaire. — *Déterminer le centre d'un cercle, dont la circonférence est tracée, en tout ou en partie.*

On marque trois points sur la circonférence, et on cherche le centre du cercle passant par ces trois points.

PROPOSITION 13.

Problème. — *Décrire, sur une droite donnée, un segment de cercle capable d'un angle donné.*

Supposons que AB soit la droite donnée, et qu'on ait mené par le point B une autre droite CD qui fasse avec la première un angle ABC égal à l'angle donné. On élève au point B, sur cette droite CD, la perpendiculaire BO ; puis, au milieu de AB, la perpendiculaire EO ; ces deux perpendiculaires se coupent au point O (33). Si l'on décrit ensuite, du point O comme centre et avec OB pour 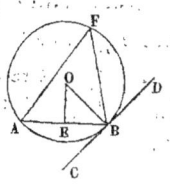 rayon, l'arc de cercle AFB, le segment ainsi décrit est capable de l'angle donné : en effet, tout angle AFB inscrit dans ce segment a pour mesure la moitié de l'arc AB compris entre ses côtés ; mais l'angle inscrit ABC a aussi pour mesure la moitié de l'arc AB, car cet angle a pour un de ses côtés la corde AB, et son autre côté est la droite CD, qui se trouve, par construction, perpendiculaire à l'extrémité du rayon OB, et, par suite, tangente au cercle ; donc, l'angle AFB est égal à l'angle ABC, c'est-à-dire à l'angle donné.

Remarque. — Si l'angle donné est droit, la construction précédente revient à décrire sur la droite donnée comme diamètre une demi-circonférence, c'est-à-dire à tracer une demi-circonférence qui ait pour centre le milieu de la droite et pour rayon la moitié de cette droite.

PROPOSITION 14.

PROBLÈME. — *Par un point donné, mener une tangente à un cercle.*

1° Supposons que le point A soit donné sur la circonférence du cercle. On joint ce 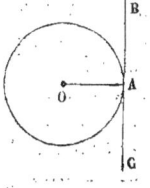 point au centre par un rayon, et l'on élève au point A une perpendiculaire sur le rayon OA. Cette perpendiculaire BC est la tangente demandée : en effet, elle passe par le point donné, et elle est tangente au cercle, puisqu'elle est perpendiculaire à l'extrémité d'un rayon de ce cercle.

Le problème proposé ne peut admettre qu'une solution, si le point est donné sur la circonférence du cercle, car toute tangente au cercle, au point A, doit être perpendiculaire à l'extrémité du rayon OA (54), et, par l'extrémité du rayon OA, on ne peut élever qu'une perpendiculaire à ce rayon.

2° Supposons que le point A soit donné hors du cercle. On joint ce point au centre par une droite, puis on décrit sur 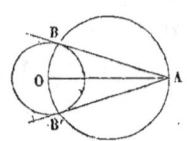 cette droite comme diamètre une demi-circonférence qui coupe le cercle au point B, et l'on mène la droite AB. La droite ainsi menée est la tangente demandée : en effet, si l'on joint le point B au centre du cercle donné, on forme un angle OBA qui est droit, car il est inscrit dans une demi-circonférence ; donc, la droite AB est perpendiculaire à l'extrémité du rayon OB, et, par suite, tangente au cercle.

On démontrerait de même que la droite AB' est perpendiculaire à l'extrémité du rayon OB', et, par suite, tangente au cercle. Le problème proposé admet donc deux solutions distinctes, si le point est donné hors du cercle.

Exercices.

1. Démontrer que, dans un triangle rectangle, la droite qui va du sommet de l'angle droit au milieu de l'hypoténuse est la moitié de l'hypoténuse, et *réciproquement*.

2. Par le point de contact de deux cercles tangents, on mène deux sécantes quelconques, et l'on joint leurs points d'intersection dans le même cercle. Prouver que les deux cordes ainsi déterminées sont parallèles.

3. Prouver que si un quadrilatère a ses quatre sommets sur la circonférence d'un cercle, ses angles opposés sont supplémentaires, et *réciproquement*.

4. Étant donnés un cercle et une corde quelconque AB, on la prolonge en dehors du cercle d'une longueur BC égale au rayon

du cercle, et, par l'extrémité C, on mène un diamètre CDE. On propose de démontrer que l'arc AE est le triple de l'arc BD.

5. Étant donné un arc de cercle AB, trouver sur cet arc un point M tel que la somme AM + MB soit la plus grande possible.

6. Construire un triangle rectangle dont on connaît l'hypoténuse et un côté.

7. Étant donné un triangle, tracer une circonférence, 1° qui passe par les trois sommets; 2° qui soit tangente aux trois côtés.

8. Mener à un cercle une tangente qui soit parallèle à une droite donnée.

9. Étant donné un cercle, on propose de le couper par une sécante qui intercepte une corde d'une longueur donnée, et qui passe par un point donné ou soit parallèle à une droite donnée.

10. Par un point donné sur la circonférence d'un cercle, mener une corde qui intercepte un segment de cercle capable d'un angle donné.

11. Même question, pour un point intérieur ou extérieur à un cercle. Le problème admet-il toujours une solution? Combien en admet-il?

12. Quel est le lieu des milieux d'une droite de longueur donnée, qui se meut en s'appuyant constamment par ses extrémités sur deux droites perpendiculaires entre elles?

13. Trouver le lieu des milieux de toutes les cordes qui passent dans un cercle par un point donné.

14. Étant donnés deux cercles qui se coupent, on propose de mener par un des points d'intersection une droite telle que la partie interceptée entre les deux circonférences ait une longueur donnée.

15. Construire un triangle, connaissant la base, l'angle opposé à la base, et la somme ou la différence des deux autres côtés.

16. Du centre d'un cercle, on abaisse sur une corde une perpendiculaire, et l'on demande quelle condition doit remplir cette corde pour que la somme faite de cette corde et de la perpendiculaire ait une longueur donnée.

LIVRE III

POLYGONES

CHAPITRE PREMIER

POLYGONES SEMBLABLES.

§ 1ᵉʳ. Lignes proportionnelles.

DÉFINITIONS.

LIGNES PROPORTIONNELLES. — Si deux lignes, comparées chacune à chacune avec deux autres, forment ensemble deux rapports égaux, c'est-à-dire une proportion, ces deux lignes sont dites *proportionnelles aux deux autres*. On exprime la même chose en disant que les quatre lignes sont *proportionnelles entre elles*, ou simplement *proportionnelles*.

Si un nombre quelconque de lignes, comparées chacune à chacune avec autant d'autres, forment ensemble une suite de rapports égaux, c'est-à-dire une proportion multiple, les premières de chaque rapport sont dites *proportionnelles aux autres*. On exprime la même chose en disant que toutes ces lignes sont *proportionnelles entre elles*, ou simplement *proportionnelles*.

Toutes les propriétés des proportions, qu'on démontre dans le cours d'arithmétique, sont évidemment applicables aux lignes proportionnelles. Ainsi, par exemple :

1° *Dans toute proportion, le produit des termes extrêmes est égal à celui des moyens, et réciproquement.*

2° *Toute proportion peut s'écrire de huit manières équivalentes.*

3° *Si deux proportions ont leurs trois premiers termes égaux chacun à chacun, leurs quatrièmes termes le sont aussi.*

4° *Dans une proportion, la somme ou la différence des numérateurs forme avec la somme ou la différence des dénominateurs un rapport égal à chacun des rapports de la proportion.*

PROPOSITION 1.

Théorème. — *Si des droites parallèles à la base d'un triangle déterminent sur l'un des côtés du triangle des segments égaux entre eux, les segments qu'elles déterminent sur l'autre côté sont aussi égaux entre eux.*

Supposons que les droites FK, GL, DE et HM soient parallèles à la base du triangle ABC, et qu'elles déterminent sur le côté AC des segments égaux entre eux.

Si l'on mène, par deux quelconques des points de division du côté AB, des droites, FN et GO, parallèles à AC, on forme ainsi deux triangles, NGF et ODG, qui sont égaux : en effet, le côté NF est 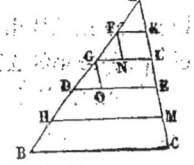 égal à OG, car ces deux côtés sont égaux chacun à chacun aux segments KL et LE, comme côtés opposés d'un parallélogramme, et les segments KL et LE sont égaux, par hypothèse ; l'angle N est égal à l'angle O, puisque ces angles ont leurs côtés parallèles et dirigés dans le même sens ; enfin, les deux angles F et G sont égaux, comme correspondants ; par conséquent, les deux triangles NGF et ODG, qui ont un côté égal adjacent à des angles égaux chacun à chacun, sont égaux. Il en résulte que les deux segments FG et GD sont égaux, et, par suite, que tous les segments du côté AB sont égaux entre eux.

PROPOSITION 2.

THÉORÈME. — *Toute droite parallèle à la base d'un triangle divise les deux autres côtés en parties proportionnelles entre elles.*

Soit un triangle ABC, et une droite DE parallèle à la base BC ; je dis qu'on aura la proportion :

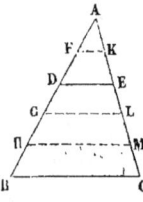

$$\frac{AD}{DB} = \frac{AC}{EC}.$$

Supposons que le rapport des segments AD et DB soit commensurable, et égal, par exemple, à la fraction $\frac{2}{3}$, ce qui se traduit par la proportion :

$$\frac{AD}{DB} = \frac{2}{3}.$$

D'après cette hypothèse, le segment AD doit contenir deux fois le tiers de DB ; par conséquent, si l'on conçoit le segment DB divisé, aux points H et G, en trois parties égales, et le segment AD divisé, au point F, en deux parties égales, les cinq segments AF, FD, DG, GH et HB doivent être égaux entre eux. Mais, si l'on mène par les points F, G, H, trois droites parallèles à BC, ces trois droites sont aussi parallèles à DE et parallèles entre elles, et les cinq segments que ces parallèles déterminent sur le côté AC doivent être égaux entre eux (85). Le segment AE contient ainsi deux fois le tiers du segment EC ; par conséquent, le rapport des segments AE et EC est égal à $\frac{2}{3}$, ce qui se traduit par la proportion :

$$\frac{AE}{EC} = \frac{2}{3}.$$

Il en résulte que le rapport $\frac{AD}{DB}$, s'il est commensurable, est égal à $\frac{AE}{EC}$, et qu'on aura la proportion :

$$\frac{AD}{DB} = \frac{AE}{EC}.$$

⋆ Supposons que le rapport des segments AB et DB soit in-commensurable, et qu'en l'évaluant en nombre fraction-naire, à moins d'une partie aliquote quelconque de l'unité, on l'ait trouvé compris entre les deux fractions $\frac{m}{n}$ et $\frac{m+1}{n}$, ce qui se traduit par l'inégalité suivante :

$$\frac{m}{n} < \frac{AD}{DB} < \frac{m+1}{n}.$$

D'après cette hypothèse, si l'on conçoit le segment DB di-visé en n parties égales, le segment AD doit contenir m de ces parties, et pas $m+1$. Mais, si l'on mène, par tous les points de division du côté AB, des droites parallèles à BC, le segment EC se trouvera divisé en n parties égales, le seg-ment AE contiendra m de ces parties, et pas $m+1$; par conséquent, le rapport des segments AE et EC est compris, comme celui de AD à DB, entre les deux fractions $\frac{m}{n}$ et $\frac{m+1}{n}$, ce qui s'exprime par l'inégalité suivante :

$$\frac{m}{n} < \frac{AE}{EC} < \frac{m+1}{n}.$$

Or, la différence des deux fractions $\frac{m}{n}$ et $\frac{m+1}{n}$ est une partie aliquote de l'unité aussi petite que l'on veut ; il en résulte que le rapport $\frac{AD}{DB}$, s'il est incommensurable, doit égaler $\frac{AE}{EC}$ (63), et qu'on aura la proportion :

$$\frac{AD}{DB} = \frac{AE}{EC}.$$

Donc, toute droite parallèle à la base d'un triangle divise les deux autres côtés en parties proportionnelles entre elles.

CorollaIre. — *Si une droite est parallèle à la base d'un triangle, les segments qu'elle détermine sur les autres côtés sont non-seulement proportionnels entre eux, mais encore proportionnels aux côtés du triangle.* Je dis, par exemple, qu'on aura la proportion :

$$\frac{AB}{AC} = \frac{AD}{AE},$$

si la droite DE est parallèle à la base BC. En effet, puisque la droite DE est parallèle à la base BC, elle divise les deux autres côtés en parties proportionnelles entre elles, et l'on peut poser comme vraie la proportion suivante :

$$\frac{AD}{AE} = \frac{DB}{EC}.$$

Mais, d'après une propriété connue des proportions, on en déduit :

$$\frac{AD + DB}{AE + EC} = \frac{AD}{AE} \quad ou \quad \frac{AB}{AC} = \frac{AD}{AE};$$

c'est précisément la proportion qu'il s'agit de démontrer.

PROPOSITION 3.

THÉORÈME RÉCIPROQUE. — *Toute droite qui divise deux côtés d'un triangle en parties proportionnelles entre elles ou proportionnelles à ces deux côtés, est parallèle au troisième côté du triangle.*

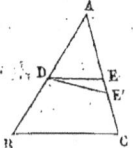

Considérons le triangle ABC, et la droite DE, que je suppose tracée de telle sorte qu'on ait la proportion :

$$\frac{AD}{AE} = \frac{DB}{EC},$$

ou celle-ci, qui en est une conséquence :

$$\frac{AB}{AC} = \frac{AD}{AE}.$$

Si l'on mène, par le point D, une droite DE' parallèle à la base BC du triangle, cette droite doit diviser les deux autres côtés en parties proportionnelles à ces côtés (88), ce qui se traduit par la proportion :

$$\frac{AB}{AC} = \frac{AD}{AE}.$$

Or, les deux dernières proportions, ayant leurs trois premiers termes égaux chacun à chacun, ne peuvent être exactes que si leurs quatrièmes termes sont égaux ; par conséquent, le segment AE doit égaler AE', et la droite DE doit se confondre avec DE', qui est parallèle à la base BC. Donc, toute droite qui divise deux côtés d'un triangle en parties proportionnelles entre elles ou proportionnelles à ces deux côtés, est parallèle au troisième côté du triangle.

CoROLLAIRE. — *Toute droite qui joint les milieux de deux côtés d'un triangle est parallèle au troisième côté de ce triangle ;* car, cette droite divise évidemment les deux premiers côtés du triangle en parties proportionnelles entre elles.

PROPOSITION 4.

THÉORÈME. — *La bissectrice de l'angle d'un triangle divise le côté opposé en deux parties proportionnelles aux côtés adjacents du triangle.*

Considérons le triangle ABC, et supposons que la droite BD soit bissectrice de l'angle B, c'est-à-dire telle que l'angle ABD égale l'angle DBC. Si l'on mène, par une des extrémités de la base AC, une droite parallèle à 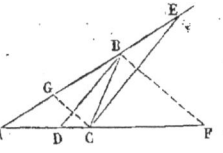 la bissectrice BD, la droite CE ainsi menée rencontre le prolongement du côté AB et forme un triangle CBE, qui est isocèle : en effet, l'angle E de ce triangle est égal à l'angle ABD, car ces deux angles sont correspondants ; l'angle C du même triangle, est égal à l'angle DBC, car ces deux angles sont alternes-internes ; or, l'angle ABD égale l'angle DBC, par hypothèse ; par conséquent, les deux angles E et C sont égaux, et, par suite, le triangle CBE est isocèle.

Mais, dans le triangle AEC, la droite BD étant parallèle à CE divise les deux autres côtés en parties proportionnelles entre elles (86), ce qui donne :

$$\frac{AD}{AB} = \frac{CD}{BE};$$

et, en remplaçant dans cette proportion BE par BC, qui est une ligne égale, on obtient la suivante :

$$\frac{AD}{AB} = \frac{CD}{BC}.$$

Donc, la bissectrice de l'angle d'un triangle divise le côté opposé en deux parties proportionnelles aux côtés adjacents du triangle.

Remarque. — La bissectrice de l'angle extérieur au sommet B rencontre le prolongement de la base AC au point F. Si l'on mène, par une des extrémités de la base AC, une droite CG parallèle à cette bissectrice, et si l'on répète le raisonnement qui précède, on obtient la proportion suivante :

$$\frac{AF}{AB} = \frac{CF}{BC}.$$

Cette dernière proportion exprime que la bissectrice de l'angle extérieur au sommet d'un triangle détermine, sur le côté opposé, deux segments *dont la différence est égale à ce côté*, et qui sont proportionnels aux côtés adjacents du triangle. Cette propriété de la bissectrice de l'angle extérieur est analogue à celle de la bissectrice de l'angle intérieur ; on distingue d'ailleurs, dans l'usage, les segments que détermine la bissectrice de l'angle intérieur par l'épithète d'*additifs*, et les deux autres par celle de *soustractifs*.

§ 2. Triangles et polygones semblables.

DÉFINITIONS.

TRIANGLES SEMBLABLES. — Deux triangles sont dits *semblables*, si leurs angles sont égaux chacun à chacun, et si leurs côtés *homologues* sont proportionnels.

On entend par *côtés homologues* ceux qui, dans les deux triangles, sont opposés aux mêmes angles. On donne aussi le nom de *sommets homologues* aux sommets des mêmes angles, et de *hauteurs homologues* aux perpendiculaires abaissées de deux sommets homologues sur les côtés opposés.

PROPOSITION 1.

THÉORÈME. — *Si l'on coupe un triangle par une droite parallèle à sa base, le second triangle qu'on forme ainsi est semblable au premier.*

Supposons qu'on ait coupé le triangle ABC par une droite DE parallèle à la base BC, et qu'on ait ainsi formé le triangle ADE.

1° Les trois angles du triangle ADE sont égaux chacun à chacun aux trois angles du triangle ABC : en effet, l'angle A est commun aux deux triangles, et, puisque les deux droites DE et BC sont parallèles, les deux angles ADE et ABC doivent être égaux, comme correspondants ; les deux angles AED et ACB doivent l'être aussi (34).

2° Les trois côtés du triangle ADE sont proportionnels à leurs homologues du triangle ABC : en effet, puisque les deux droites DE et BC sont parallèles, les segments AD et AE doivent être proportionnels aux côtés AB et AC (88) ; ce qui se traduit par la proportion :

$$\frac{AD}{AB} = \frac{AE}{AC}.$$

De plus, si l'on mène la droite EF parallèle à AB, le segment BF est égal au côté DE, car la figure BDEF est un parallélogramme ; d'ailleurs, les deux segments AE et BF doivent être proportionnels aux côtés AC et BC (88), ce qui s'exprime par la proportion suivante :

$$\frac{AE}{AC} = \frac{BF}{BC}.$$

Les deux proportions obtenues, ayant un rapport commun, équivalent à la suivante :

$$\frac{AD}{AB} = \frac{AE}{AC} = \frac{BF}{BC};$$

et, comme le segment BF est égal au côté DE, cette proportion double exprime précisément que les trois côtés du triangle ADE sont proportionnels à leurs homologues du triangle ABC.

Donc, si l'on coupe un triangle par une droite parallèle à sa base, le second triangle qu'on forme ainsi est semblable au premier.

PROPOSITION 2.

Théorème. — *Deux triangles sont semblables, s'ils ont deux angles égaux chacun à chacun.*

Supposons que, dans les deux triangles ABC et A'B'C', l'angle A soit égal à A', que l'angle B soit égal à B', et qu'a-

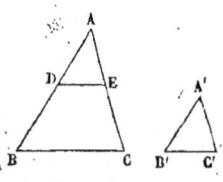

près avoir pris AD égal à A'B', on ait mené par le point D la droite DE parallèle à BC; le triangle ADE qu'on forme ainsi doit être semblable à ABC. Mais ce triangle ADE est égal à A'B'C' : en effet, le côté AD est égal à A'B', par construction ; les deux angles A et A' sont égaux, d'après l'hypothèse, et les deux angles D et B' sont aussi égaux entre eux, car ils sont égaux chacun à l'angle B ; donc, le triangle ADE et le triangle A'B'C' sont égaux, comme ayant un côté égal adjacent à des angles égaux chacun à chacun, et, par suite, les deux triangles ABC et A'B'C' sont semblables.

Corollaire. — *Deux triangles qui ont leurs côtés parallèles ou perpendiculaires chacun à chacun sont semblables.* En effet, dans l'une ou l'autre de ces hypothèses, les angles du premier triangle doivent être respectivement égaux aux angles du second ou en être supplémentaires (36) : or, il est impossible que les trois angles du premier soient supplémentaires chacun à chacun des angles du second, car la somme des six angles des deux triangles ne peut égaler six droits ; il est, de même, impossible que deux des trois angles du premier triangle soient supplémentaires chacun à chacun de deux angles du second, car la somme des six angles des deux triangles ne peut surpasser quatre droits ; donc, les deux triangles ont au moins deux angles égaux chacun à chacun, et, par suite, sont semblables.

Remarque. — Les côtés homologues de deux triangles qui ont leurs côtés parallèles ou perpendiculaires chacun à chacun, sont ceux qui sont parallèles ou perpendiculaires entre eux.

PROPOSITION 3.

THÉORÈME. — *Deux triangles sont semblables, s'ils ont un angle égal compris entre des côtés proportionnels.*

Considérons les deux triangles ABC, A′B′C′ ; supposons que l'angle A soit égal à A′, que les deux côtés AB et AC soient proportionnels à A′B′ et A′C′, et qu'on ait pris sur AB et sur AC deux longueurs, AD et AE, qui soient égales respectivement à A′B′ et A′C′. Si l'on mène la droite DE, la droite ainsi menée est parallèle à BC (88),

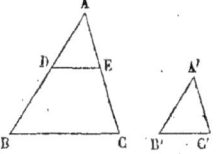

et le triangle ADE est semblable à ABC (91). Mais les triangles ADE et A′B′C′ sont égaux, comme ayant un angle égal compris entre des côtés égaux chacun à chacun, d'après la construction ; donc, les deux triangles ABC et A′B′C′ sont semblables.

PROPOSITION 4.

THÉORÈME. — *Deux triangles sont semblables, s'ils ont leurs trois côtés proportionnels.*

Considérons les deux triangles ABC, A'B'C' ; supposous que les trois côtés AB, BC, AC, soient proportionnels aux côtés A'B', B'C', A'C', et qu'on ait pris sur AB et sur AC deux longueurs, AD et AE, qui soient respectivement égales à A'B' et

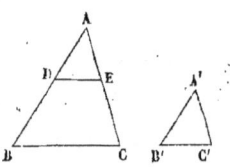

A'C'. Si l'on mène la droite DE, la droite ainsi menée est parallèle à BC (88), et le triangle ADE est semblable à ABC (91). Mais les triangles ADE et A'B'C' sont égaux : en effet, le côté AD est égal à A'B' par construction ; le côté AE est égal à A'C', pour la même raison ; d'autre part, il faut qu'on ait la proportion :

$$\frac{AB}{AD} = \frac{BC}{DE},$$

puisque les deux triangles ABC et ADE sont semblables ; et l'on a aussi, par hypothèse, la proportion suivante :

$$\frac{AB}{A'B'} = \frac{BC}{B'C'};$$

ces deux proportions, ayant leurs trois premiers termes égaux deux à deux, ne peuvent être exactes que si le côté DE est égal à B'C' ; donc, les deux triangles ADE et A'B'C' sont égaux, comme ayant leurs trois côtés égaux chacun à chacun, et, par suite, les deux triangles ABC et A'B'C' sont semblables.

PROPOSITION 5.

THÉORÈME. — *Dans des triangles semblables, les hauteurs homologues sont proportionnelles aux côtés homologues.*

Considérons deux triangles semblables ABC, A'B'C', et supposons que CD et C'D' soient dès
hauteurs homologues. Puisque les deux triangles ABC et
A'B'C' sont semblables, l'an-
gle A doit égaler l'angle A' ; d'ailleurs, l'angle ADC et
l'angle A'D'C' sont droits, par construction ; les deux triangles ACD et A'C'D' sont donc semblables, comme ayant deux
angles égaux chacun à chacun. Il en résulte qu'on a la proportion suivante :

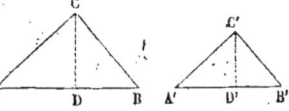

$$\frac{CD}{AC} = \frac{C'D'}{A'C'} ;$$

cette proportion exprime précisément que les deux hauteurs
homologues CD, C'D', sont proportionnelles aux côtés homologues AC, A'C'.

DÉFINITIONS.

POLYGONES SEMBLABLES. — Deux polygones sont dits *sem-*
blables, si leurs angles sont égaux chacun à chacun, et si
leurs côtés *homologues* sont proportionnels.

On entend par *côtés homologues* ceux qui, dans les deux
polygones, sont adjacents aux mêmes angles. On donne aussi
le nom de *sommets homologues* aux sommets des mêmes
angles, et de *diagonales homologues* à celles qui joignent
des sommets homologues.

PROPOSITION 6.

THÉORÈME. — *Deux polygones, composés d'un même*
nombre de triangles semblables chacun à chacun et disposés
dans le même ordre, sont semblables.

Supposons que les triangles qui composent le polygone
ABCDE et ceux qui composent le polygone A'B'C'D'E' soient

semblables chacun à chacun et disposés dans le même ordre.

1° L'angle B du premier polygone est égal à l'angle B′ du second ; car ces deux angles appartiennent à des triangles ABC, A′B′C′, qui sont semblables, par hypothèse, et y sont opposés à des côtés homologues. L'angle C du premier polygone est égal à l'angle C′ du second, car les angles BCA et ACD, dont la somme forme l'angle C, sont égaux chacun à chacun, d'après l'hypothèse, aux angles

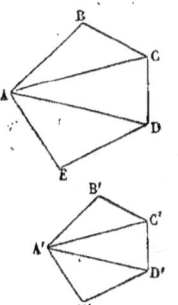

B′C′A′ et A′C′D′, dont la somme forme l'angle C′. Il en est de même des angles D et D′, des angles E et E′, des angles A et A′ ; par conséquent, tous les angles du polygone ABCDE sont égaux respectivement à ceux du polygone A′B′C′D′E′.

2° Les côtés du triangle ABC sont proportionnels à leurs homologues du triangle A′B′C′, puisque ces triangles sont semblables, par hypothèse ; la même chose pouvant se dire de tous les triangles qui composent les deux polygones, il en résulte la proportion suivante :

$$\frac{AB}{A'B'} = \frac{BC}{B'C'} = \frac{AC}{A'C'} = \frac{CD}{C'D'} = \frac{AD}{A'D'} = \frac{DE}{D'E'} = \frac{AE}{A'E'}.$$

Or, si l'on fait abstraction des rapports formés par deux diagonales homologues, cette proportion exprime précisément que les côtés homologues des deux polygones sont proportionnels.

Donc, deux polygones composés d'un même nombre de triangles semblables chacun à chacun et disposés dans le même ordre, sont semblables.

PROPOSITION 7.

THÉORÈME RÉCIPROQUE. — *Deux polygones semblables peuvent être décomposés en un même nombre de triangles, semblables chacun à chacun et disposés dans le même ordre.*

Supposons que les deux polygones ABCDE et A'B'C'D'E' soient semblables, et qu'on ait mené toutes les diagonales qui aboutissent au sommet A dans le premier, ainsi que leurs homologues dans le second.

1° Les deux triangles ABC et A'B'C' ainsi formés sont semblables, car ils ont, par hypothèse, un angle égal compris entre des côtés proportionnels.

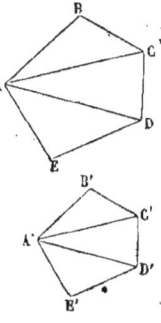

2° Les deux triangles ACD et A'C'D' sont aussi semblables : en effet, on déduit de la similitude des triangles ABC et A'B'C' que les deux angles BCA et B'C'A' sont égaux ; mais, par hypothèse, les deux angles BCD et B'C'D' sont aussi égaux ; par conséquent, la différence BCD — BCA ou ACD doit égaler la différence D'C'D' — B'C'A' ou A'C'D' ; les deux triangles ACD et A'C'D' ont donc un angle égal. De plus, il résulte de la similitude des triangles ABC et A'B'C' qu'on doit avoir la proportion suivante :

$$\frac{BC}{B'C'} = \frac{AC}{A'C'},$$

et l'on a, par hypothèse, cette autre proportion :

$$\frac{BC}{B'C'} = \frac{CD}{C'D'};$$

on peut en conclure cette troisième proportion :

$$\frac{AC}{A'C'} = \frac{CD}{C'D'},$$

7

qui exprime précisément que les deux triangles ACD et A'C'D' ont des côtés proportionnels entre eux ; par conséquent, ces deux triangles sont semblables, comme ayant un angle égal compris entre des côtés proportionnels ; et il en est de même des autres triangles qui composent les deux polygones.

Donc, deux polygones semblables peuvent être décomposés en un même nombre de triangles semblables chacun à chacun et disposés dans le même ordre.

Scolie. — *Dans deux polygones semblables, deux diagonales homologues sont proportionnelles à deux côtés homologues.*

PROPOSITION 8.

Théorème. — *Si deux polygones sont semblables, leurs périmètres sont proportionnels à deux côtés homologues.*

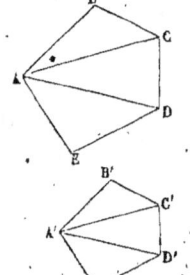

Considérons les deux polygones semblables ABCDE et A'B'C'D'E'. On aura, d'après l'hypothèse, la proportion suivante :

$$\frac{AB}{A'B} = \frac{BC}{B'C} = \frac{CD}{C'D} = \frac{DE}{D'E} = \frac{EA}{E'A'}$$

Or, si l'on fait la somme des numérateurs et celle des dénominateurs, on obtient un nouveau rapport qui doit égaler chacun des rapports de la proportion ; donc, on peut conclure cette autre proportion :

$$\frac{AB + BC + CD + DE + EA}{A'B' + B'C' + C'D' + D'E' + E'A'} = \frac{AB}{A'B} = \frac{BC}{B'C} = etc.$$

Cette proportion exprime précisément que les périmètres des deux polygones considérés sont proportionnels à deux côtés homologues.

Exercices.

1. Prouver que si deux droites, qui ne se coupent pas sur la figure, sont rencontrées par trois droites parallèles, les segments interceptés par les parallèles sont proportionnels.

2. Démontrer que, si l'on coupe un triangle par une droite parallèle à la base, toute droite menée du sommet à la base divise cette parallèle et la base en parties proportionnelles.

3. Démontrer que, si l'on mène par les trois sommets d'un triangle une parallèle au côté opposé, le second triangle qu'on forme ainsi a ses trois côtés doubles de ceux du premier. En conclure que les trois hauteurs d'un triangle se rencontrent au même point.

4. Prouver que la figure formée en joignant les milieux des côtés consécutifs d'un quadrilatère quelconque, est un parallélogramme. A quelles conditions doit satisfaire le quadrilatère pour que le parallélogramme formé soit un rectangle, un losange, un carré?

5. Prouver que le produit de deux côtés quelconques d'un triangle est égal au diamètre du cercle circonscrit multiplié par la hauteur qui correspond au troisième côté du triangle.

6. Démontrer que, si les trois côtés d'un triangle font respectivement avec les trois côtés d'un autre triangle des angles égaux, ces deux triangles sont semblables.

7. Construire un polygone semblable à un polygone donné et dont le périmètre ait une longueur donnée.

8. Etant donné un triangle ABC, on propose d'y inscrire un triangle semblable à un autre triangle, et qui ait pour sommet un point donné sur l'un des côtés du triangle ABC.

9. Démontrer que, si l'on mène par les trois sommets d'un triangle des droites aboutissant chacune au milieu de la base opposée, ces droites (qui se nomment les *médianes* du triangle), se coupent mutuellement au tiers de leur longueur, à partir de la base. En conclure que les trois médianes d'un triangle se coupent au même point.

10. On mène d'un point à une droite une infinité de sécantes terminées à la droite, et l'on partage chacune d'elles, à partir de ce point, en parties proportionnelles à deux lignes données. On propose de trouver le lieu des points de division ainsi obtenus.

11. Prouver que si l'on coupe un triangle par une transversale quelconque, on détermine sur les côtés six segments (additifs ou soustractifs), tels que le produit de trois segments qui n'ont aucune extrémité commune est égal au produit des trois autres. La proposition réciproque est-elle vraie?

12. Une bille est placée sur un billard circulaire, et l'on demande dans quelle direction il faut lancer cette bille pour qu'elle revienne passer au point de départ après avoir frappé deux fois la bande.

13. Inscrire un carré dans un triangle donné.

14. Étant donné un triangle ABC, on mène les trois hauteurs, et l'on sait qu'elles se rencontrent au même point O; on circonscrit ensuite un cercle au triangle AOB, au triangle BOC, au triangle AOC et au triangle donné ABC. Démontrer que les quatre cercles circonscrits sont égaux entre eux.

15. On sait que, dans un triangle, la base est constante, ainsi que l'angle au sommet, et l'on demande le lieu des points de rencontre des trois hauteurs.

16. On mène par le centre de deux circonférences tangentes des droites parallèles à une droite quelconque, ce qui donne un diamètre dans chaque cercle. Prouver que les extrémités de ces diamètres sont deux à deux en ligne droite avec le point de contact.

17. Étant donné un polygone, on mène d'un point quelconque, intérieur ou extérieur à ce polygone, des droites aboutissant à tous les sommets, et l'on divise dans le même rapport toutes les droites ainsi menées. Prouver qu'en joignant deux à deux les points de division, on forme un second polygone semblable au premier.

CHAPITRE II

§ 1ᵉʳ. Relations entre les côtés d'un triangle.

DÉFINITION.

MOYENNE PROPORTIONNELLE. — Une ligne est dite *moyenne proportionnelle* ou *moyenne géométrique* entre deux autres, si elle est le moyen terme d'une proportion dans laquelle les deux autres lignes sont les extrêmes. Il résulte de la propriété fondamentale des proportions que le produit de deux lignes quelconques doit égaler le carré de leur moyenne proportionnelle.

PROPOSITION 1.

THÉORÈME. — *Dans un triangle rectangle, 1° la perpendiculaire abaissée du sommet de l'angle droit sur l'hypoténuse est moyenne proportionnelle entre les deux segments de l'hypoténuse ; 2° chaque côté de l'angle droit est moyenne proportionnelle entre l'hypoténuse et le segment adjacent.*

Soit un triangle ABC rectangle en A, et AD la perpendiculaire abaissée du sommet A sur l'hypoténuse.

1° Les deux triangles ABD et ACD sont semblables, car leurs côtés sont perpendiculaires chacun à chacun (92). Il en résulte que les côtés homologues de ces deux triangles doivent être proportionnels, ce qui donne :

$$\frac{BD}{AD} = \frac{AD}{DC} ;$$

donc, la perpendiculaire AD est moyenne proportionnelle entre les deux segments BD et DC de l'hypoténuse.

2° Les deux triangles ABD et ABC sont semblables : en effet, ils sont rectangles, l'un en A, l'autre en D, et l'angle aigu B leur est commun ; ces deux triangles, ayant deux angles égaux chacun à chacun, sont donc semblables (92). Il en résulte que leurs côtés homologues doivent être proportionnels, ce qui donne :

$$\frac{BD}{AB} = \frac{AB}{BC} ;$$

donc, le côté AB est moyenne proportionnelle entre l'hypoténuse BC et le segment adjacent BD.

On démontrerait de même que les deux triangles ADC et ABC sont semblables, et, par suite, que le côté AC est moyenne proportionnelle entre l'hypoténuse BC et le segment adjacent DC.

PROPOSITION 2.

Théorème. — *Dans un triangle rectangle, le carré de l'hypoténuse est égal à la somme des carrés des deux côtés de l'angle droit.*

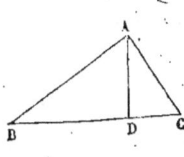

Soit le triangle rectangle ABC, dont BC est l'hypoténuse. Si l'on abaisse du sommet A une perpendiculaire sur l'hypoténuse, et si l'on applique à chaque côté de l'angle droit la proposition précédente, on obtient les deux proportions suivantes :

$$\frac{BD}{AB} = \frac{AB}{BC} \quad \text{et} \quad \frac{DC}{AC} = \frac{AC}{BC} ,$$

d'où l'on tire :

$$BD \times BC = \overline{AB}^2 \quad \text{et} \quad DC \times BC = \overline{AC}^2.$$

Or, si l'on ajoute membre à membre ces deux dernières égalités, et si l'on met BC en facteur commun dans la première somme, on trouve :

$$BC(BD + DC) = \overline{AB}^2 + \overline{AC}^2,$$

ou

$$\overline{BC}^2 = \overline{AB}^2 + \overline{AC}^2.$$

Donc, dans un triangle rectangle, le carré de l'hypoténuse est égal à la somme des carrés des deux côtés de l'angle droit.

COROLLAIRE. — *Dans un triangle rectangle, le carré de chaque côté de l'angle droit est égal au carré de l'hypoténuse, moins le carré de l'autre côté.*

DÉFINITIONS.

PROJECTION. — On nomme *projection d'un point* sur une droite le pied de la perpendiculaire abaissée de ce point sur la droite, et *projection d'une droite* sur une autre la distance des projections des deux extrémités de cette droite sur l'autre.

PROPOSITION 3.

THÉORÈME. — *Dans tout triangle, le carré d'un côté opposé à un angle obtus est égal à la somme des carrés des deux autres côtés, plus le double produit de l'un de ces côtés par la projection de l'autre sur le premier.*

Soit un triangle ABC, dont l'angle A est obtus, et dans lequel AD est la projection de AB sur AC. Le triangle BCD étant rectangle en D, on doit avoir :

$$\overline{BC}^2 = \overline{BD}^2 + \overline{CD}^2.$$

Mais, d'une part, on trouve dans le triangle rectangle ABD :

$$\overline{BD}^2 = \overline{AB}^2 - \overline{AD}^2;$$

et, d'autre part, la ligne CD étant la somme des deux lignes AC et AD, on sait que le carré de CD se compose de trois parties, qui sont données par l'égalité suivante :

$$\overline{CD}^2 = \overline{AC}^2 + 2AC \times AD + \overline{AD}^2.$$

Si l'on additionne membre à membre les deux dernières égalités, en remplaçant la première somme par le terme $\overline{BC}^2$, qui lui est égal, et simplifiant la seconde, on obtient cette autre égalité :

$$\overline{BC}^2 = \overline{AB}^2 + \overline{AC}^2 + 2AC \times AD;$$

cette égalité exprime précisément que le carré du côté opposé à l'angle obtus A du triangle est égal à la somme des carrés des deux autres côtés, plus le double produit de l'un de ces côtés par la projection de l'autre sur le premier.

SCOLIE. — *Dans tout triangle, le carré opposé à un angle obtus est plus grand que la somme des carrés des deux autres côtés.*

PROPOSITION 4.

THÉORÈME. — *Dans tout triangle, le carré d'un côté opposé à un angle aigu est égal à la somme des carrés des deux autres côtés, moins le double produit de l'un de ces côtés par la projection de l'autre sur le premier.*

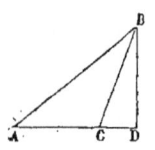

Soit un triangle ABC, dont l'angle A est supposé aigu. Il peut arriver que la perpendiculaire BD tombe dans l'intérieur du triangle, ou qu'elle tombe en dehors; dans les deux cas, la démonstration se fait de la même manière. Le triangle BCD étant rectangle en D, on doit avoir :

$$\bullet \quad \overline{BC}^2 = \overline{BD}^2 + \overline{CD}^2.$$

Mais, d'une part, on trouve dans le triangle rectangle ABD :

$$\overline{BD}^2 = \overline{AB}^2 - \overline{AD}^2 \, ;$$

et, d'autre part, la ligne CD étant la différence des deux lignes AC et AD, on sait que le carré de CD se compose de trois parties, qui sont données par l'égalité suivante :

$$\overline{CD}^2 = \overline{AC}^2 - 2AC \times AD + \overline{AD}^2$$

Si l'on additionne membre à membre les deux dernières égalités, en remplaçant la première somme par le terme $\overline{BC}^2$, qui lui est égal, et simplifiant la seconde, on obtient cette autre égalité :

$$\overline{BC}^2 = \overline{AB}^2 + \overline{AC}^2 - 2AC \times AD \, ;$$

cette égalité exprime précisément que le carré du côté opposé à l'angle aigu A du triangle est égal à la somme des carrés des deux autres côtés, moins le double produit de l'un de ces côtés par la projection de l'autre sur le premier.

SCOLIE. — *Dans tout triangle, le carré d'un côté opposé à un angle aigu est plus petit que la somme des carrés des deux autres côtés.*

PROPOSITION 5.

PROBLÈME. — *Reconnaître si un triangle, dont on connaît les trois côtés, a un angle droit ou obtus, ou s'il n'a que des angles aigus.*

On forme le carré de chacun des trois côtés, puis la somme des deux plus petits de ces carrés : si le plus grand carré est égal à la somme des deux autres, le triangle a un

angle droit ; s'il est plus grand, le triangle a un angle obtus ;
s'il est plus petit, le triangle n'a que des angles aigus. En
effet, dans le premier cas, l'angle opposé au plus grand côté
ne peut pas être obtus, ni aigu ; dans le second cas, l'angle
opposé au plus grand côté ne peut pas être droit, ni aigu ;
dans le troisième cas, l'angle opposé au plus grand côté ne
peut pas être droit, ni obtus.

PROPOSITION 6.

*Théorème. — *Dans tout triangle, la somme des carrés
de deux côtés quelconques est égale au double du carré de
la moitié du troisième côté et du carré de la droite qui joint
le sommet opposé au milieu de ce côté.*

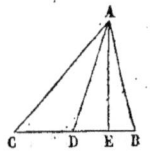

Considérons le triangle ABC, et supposons que la droite AD soit menée du sommet A au milieu de BC. Cette droite partage le triangle ABC en deux autres, ABD
et ADC, auxquels on peut appliquer les
propositions précédentes ; on trouve ainsi :

$$\overline{AB}^2 = \overline{AD}^2 + \overline{BD}^2 - 2BD \times DE,$$

et

$$\overline{AC}^2 = \overline{AD}^2 + \overline{CD}^2 + 2CD \times DE.$$

Si l'on additionne membre à membre ces deux égalités, en
remarquant que la ligne BD est égale à CD, et simplifiant la
seconde somme, on obtient cette autre égalité :

$$\overline{AB}^2 + \overline{AC}^2 = 2\overline{AD}^2 + 2\overline{BD}^2 ;$$

cette égalité exprime que, dans le triangle considéré, la
somme des carrés des deux côtés, AB et AC, est égale au
double du carré de la droite qui joint le sommet A au milieu
de BC et du carré de la moitié de ce côté.

PROPOSITION 7.

THÉORÈME. — *Dans un parallélogramme, la somme des carrés des quatre côtés est égale à celle des carrés des deux diagonales.*

En effet, si l'on applique au triangle ABC le théorème précédent, on trouve :

$$\overline{AB}^2 + \overline{BC}^2 = 2\overline{BE}^2 + 2\overline{AE}^2,$$

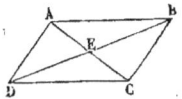

et, en doublant les termes :

$$2\overline{AB}^2 + 2\overline{BC}^2 = 4\overline{BE}^2 + 4\overline{AE}^2,$$

ou, ce qui est la même chose :

$$\overline{AB}^2 + \overline{CD}^2 + \overline{BC}^2 + \overline{AD}^2 = \overline{BD}^2 + \overline{AC}^2.$$

C'est précisément l'égalité qu'il fallait démontrer.

COROLLAIRE. — *Dans un carré, le carré de chaque côté est la moitié du carré d'une diagonale;* car, les quatre côtés d'un carré sont égaux, et les deux diagonales sont égales entre elles.

§ 2. Lignes proportionnelles dans le cercle.

PROPOSITION 1.

THÉORÈME. — *Dans un cercle, 1° la perpendiculaire abaissée d'un point quelconque de la circonférence sur un diamètre est moyenne proportionnelle entre les deux segments qu'elle détermine sur ce diamètre; 2° une corde quelconque est moyenne proportionnelle entre le diamètre qui passe par une de ses extrémités et sa projection sur ce diamètre.*

Considérons un cercle dont la droite BC est un diamètre.

1° Supposons que AD soit une perpendiculaire abaissée

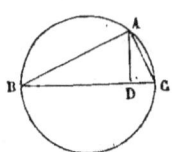

d'un point quelconque de la circonférence sur le diamètre BC, et qu'on ait joint le point A aux deux extrémités B et C de ce diamètre ; le triangle ABC ainsi formé est rectangle en A, car l'angle BAC est droit, comme inscrit dans une demi-circonférence ; donc, la perpendiculaire AD est moyenne proportionnelle entre les deux segments BD et DC (101).

2° Supposons que AB soit une corde quelconque, et que BD soit la projection de cette corde sur le diamètre qui passe par son extrémité B. Si l'on joint le point A au point C, on forme ainsi un triangle ABC, qui est rectangle en A, et dont BC est l'hypoténuse ; par conséquent, la corde AB est moyenne proportionnelle entre le diamètre BC qui passe par une de ses extrémités et sa projection BD sur ce diamètre (101).

PROPOSITION 2.

THÉORÈME. — *Si l'on mène par un point une tangente et une sécante à un cercle, la tangente est moyenne proportionnelle entre la sécante entière et sa partie extérieure.*

Supposons qu'on ait mené, par le point A, une tangente AB

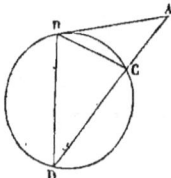

à un cercle, et une sécante AD. Si l'on joint le point de contact B de la tangente aux deux points C et D d'intersection de la sécante avec le cercle, on forme ainsi deux triangles, ABC et ABD, qui sont semblables, car ils ont deux angles égaux chacun à chacun, savoir : l'angle A est commun aux deux triangles, et les deux angles inscrits ABC et BDC sont égaux, comme ayant chacun pour mesure la moitié de l'arc BC.

Puisque les deux triangles ABC et ABD sont semblables, leurs côtés homologues doivent être proportionnels, ce qui donne :

$$\frac{AC}{AB} = \frac{AB}{AD}.$$

Cette proportion exprime précisément que la tangente menée du point A est moyenne proportionnelle entre la sécante entière, issue du même point, et sa partie extérieure.

PROPOSITION 3.

THÉORÈME. — *Si l'on mène par un point des sécantes à un cercle, le produit des distances de ce point aux deux points d'intersection de chaque sécante avec le cercle est constant, quelle que soit la sécante.*

Considérons d'abord le point A, intérieur à un cercle, et supposons qu'on ait mené, par ce point, les deux sécantes BC et DE. Si l'on trace les deux cordes CD et BE, on forme ainsi deux triangles, CAD et BAE, qui sont semblables, car ils ont deux angles égaux chacun à chacun, savoir : l'angle CAD est égal à BAE, qui lui est opposé par le sommet, et les deux angles inscrits, DCA et BEA, sont égaux, comme ayant chacun pour mesure la moitié de l'arc BD. Puisque les deux triangles CAD et BAE sont semblables, leurs côtés homologues doivent être proportionnels, ce qui donne :

$$\frac{AB}{AD} = \frac{AE}{AC};$$

on en tire, en vertu de la propriété fondamentale des proportions :

$$AB \times AC = AD \times AE.$$

Considérons maintenant le point A, extérieur à un cercle, et supposons qu'on ait mené, par ce point, les deux sé-

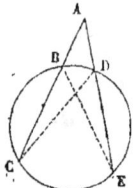

cantes AC et AE. Si l'on trace les deux cordes BE et CD, on forme ainsi deux triangles, BAE et DAC, qui sont semblables, car ils ont deux angles égaux chacun à chacun, savoir : l'angle A est commun aux deux triangles, et les deux angles inscrits, DCA et BEA, sont égaux, comme ayant chacun pour mesure la moitié de l'arc

BD. Puisque les deux triangles CAD et DAC sont semblables, leurs côtés homologues doivent être proportionnels, ce qui donne :

$$\frac{AC}{AE} = \frac{AD}{AB};$$

on en tire, en vertu de la propriété fondamentale des proportions :

$$AB \times AC = AD \times AE.$$

Donc, si l'on mène par un point des sécantes à un cercle, le produit des distances de ce point aux deux points d'intersection de chaque sécante avec le cercle, est constant, quelle que soit la sécante.

Remarque. — La Prop. 2 peut être considérée comme un cas particulier de la Prop. 3 : en effet, si l'on suppose que la sécante AE reste fixe, et que la sécante AC tourne autour du point A jusqu'à ce que les deux points B et C se rapprochent indéfiniment, la proposition relative aux sécantes est encore vraie ; mais alors, la sécante AC est devenue tangente au cercle ; les distances AB et AC sont devenues égales entre elles, et la dernière égalité exprimera précisément que la tangente menée du point A est moyenne proportionnelle entre la sécante entière, issue du même point, et sa partie extérieure.

§ 3. Applications.

PROPOSITION 1.

Problème. — *Diviser une droite donnée en un nombre quelconque de parties égales.*

Soit proposé de diviser la droite AB en trois parties égales. Je mène par le point A une droite quelconque indéfinie AP, et je prends, sur cette droite, l'une à la suite de l'autre, trois longueurs égales, AM, MN, NP ; je joins ensuite le point P au point B, et je tire, par chacun des points M et N, une parallèle à BP. Ces parallèles rencontrent la droite AB en deux points, C et D, qui la divisent en trois parties égales (85).

Remarque. — Une construction analogue permet de prendre les $\frac{2}{3}$, les $\frac{4}{5}$, ou une fraction quelconque de la droite donnée.

PROPOSITION 2.

Problème. — *Partager une droite en deux segments proportionnels à des lignes données.*

Soient AB la droite, et *m*, *n*, les deux lignes données.

Après avoir mené, par les extrémités de AB, deux droites parallèles entre elles, on prend, sur une de ces droites, une longueur AC égale à *m*, et, sur l'autre, deux longueurs BD et BE égales à *n* ; on joint alors le point C aux deux points D et E, et chacun des points G, F, ainsi obtenus donne une solution du problème. En effet, les deux triangles AGC

et BGE sont semblables d'après la construction, et donnent
la proportion (92) :

$$\frac{GA}{AC} = \frac{GB}{BE} \quad \text{ou} \quad \frac{GA}{m} = \frac{GB}{n} ;$$

donc, le point G partage la droite AB en deux segments additifs qui sont proportionnels aux deux lignes données.

De même, les deux triangles AFC et BFD sont semblables
par construction, et donnent la proportion :

$$\frac{FA}{AC} = \frac{FB}{BD} \quad \text{ou} \quad \frac{FA}{m} = \frac{FB}{n} ;$$

donc, le point F partage la droite AB en deux segments soustractifs qui sont proportionnels aux deux lignes données.

Le problème proposé est ainsi susceptible d'admettre deux
solutions.

Remarque. — Les deux points G et F, qui partagent la
droite AB en segments proportionnels à deux lignes données,
sont dits *conjugués* l'un de l'autre : tels sont les deux points
où la base d'un triangle est rencontrée par la bissectrice de
l'angle intérieur et par celle de l'angle extérieur au sommet
opposé du triangle (89). La construction qui précède permet
de trouver facilement l'un de ces points, quand on connaît
l'autre ; il est clair, du reste, qu'en renversant cette construction, on en trouverait deux autres, situés à gauche du
milieu de la droite absolument comme les deux premiers le
sont à droite.

DÉFINITIONS.

QUATRIÈME PROPORTIONNELLE. — Si quatre lignes sont proportionnelles entre elles, la dernière se nomme une *quatrième proportionnelle* aux trois autres, et, lorsque la seconde est la même que la troisième, la quatrième prend le
nom spécial de *troisième proportionnelle.*

PROPOSITION 3.

PROBLÈME. — *Construire une quatrième proportionnelle à trois lignes données.*

1re *solution.* — Soient M, N, P les trois lignes données. Je prends sur le côté d'un angle quelconque, à partir du sommet, une longueur AB égale à M, et, à la suite, une longueur BC égale à N; puis, sur l'autre côté de l'angle et à partir du sommet, une longueur AD égale à P. Je joins le point B au point D, et je trace CE parallèle à BD. Le segment DE est la quatrième proportionnelle demandée : en effet, d'après le théorème des lignes proportionnelles (85), on doit avoir la proportion

$$\frac{AB}{BC} = \frac{AD}{DE} \quad \text{ou} \quad \frac{M}{N} = \frac{P}{DE}.$$

2e *solution.* — Soient M, N, P les trois lignes données. Je prends sur le côté d'un angle quelconque, à partir du sommet, une longueur AC égale à M, et une longueur AB égale à N; puis, sur l'autre côté de l'angle, une longueur AE égale à P. Je joins le point C au point E, et je trace BD parallèle à CE. La ligne AD est la quatrième proportionnelle demandée : en effet, d'après le théorème des triangles semblables (91), on doit avoir la proportion :

$$\frac{AC}{AB} = \frac{AE}{AD} \quad \text{ou} \quad \frac{M}{N} = \frac{P}{AD}.$$

COROLLAIRE. — *Construire une troisième proportionnelle à deux lignes données.* Ce problème n'est qu'un cas particulier du précédent, dans lequel on supposera que les deux lignes N et P sont égales entre elles.

8

PROPOSITION 4.

PROBLÈME. — *Construire une moyenne proportionnelle entre deux lignes données.*

1re *solution.* — Supposons que les deux lignes données soient les droites M et N. Sur une droite indéfinie, je prends, à partir du même point A et de part et d'autre, deux longueurs, AB, AC, qui soient respectivement égales à M et N; je décris ensuite sur BC comme diamètre une demi-circonférence, et j'élève au point A une perpendiculaire à ce diamètre. Cette perpendiculaire AD est la moyenne proportionnelle demandée (107).

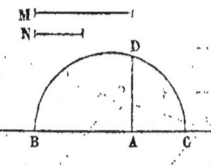

2e *solution.* — Supposons que les deux lignes données soient les droites M et N. Sur une droite indéfinie, je prends, à partir du même point B et du même côté, deux longueurs, BA, BC, qui soient respectivement égales à M et N; je décris ensuite sur BC comme diamètre une demi-circonférence, et j'élève au point A une perpendiculaire à ce diamètre. Si je joins le point D au point A, la corde ainsi menée AD est la moyenne proportionnelle demandée (107).

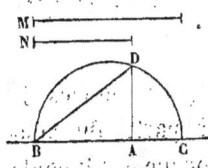

3e *solution.* — Supposons que les deux lignes données soient les droites M et N. Sur une droite indéfinie, je prends, à partir du même point A et du même côté, deux longueurs, AB, AC, qui soient respectivement égales à M et N, et je décris une circonférence quelconque passant par les deux points B et C; je mène ensuite, du point A, une tangente à cette circonférence.

La tangente AD ainsi menée est la moyenne proportionnelle demandée (108).

PROPOSITION 5.

PROBLÈME. — *Mener une tangente commune à deux cercles donnés.*

Supposons que les deux cercles donnés O et O' soient extérieurs l'un à l'autre, et que la droite AA' soit une tangente commune et intérieure à ces deux cercles. Si l'on mène les rayons OA, O'A', qui aboutissent aux points de contact de cette tangente, on forme ainsi deux triangles, OAE, O'A'E, qui sont semblables, car ils ont deux angles égaux, savoir : les angles en E sont égaux comme opposés par le sommet; l'angle A et l'angle A' sont deux angles droits, puisque la droite AA' est supposée tangente à la fois aux deux cercles; les deux triangles OAE et O'A'E sont donc semblables. Il en résulte que leurs côtés homologues doivent être proportionnels, ce qui donne :

$$\frac{OE}{OA} = \frac{O'E}{O'A'}.$$

Or, cette proportion exprime que les segments OE, O'E, dont la somme égale OO', sont proportionnels aux rayons des deux cercles donnés; donc, pour mener une tangente commune et intérieure à deux cercles, il suffit de marquer, entre les deux cercles et du côté du petit cercle, le point E qui partage la distance des centres OO' en deux segments *additifs,* proportionnels aux deux rayons, et de mener par ce point E une tangente à l'un des cercles : la droite ainsi menée est une tangente commune et intérieure aux deux cercles.

On trouvera par le même raisonnement que, pour mener

une tangente commune et extérieure à deux cercles, il suffit de marquer, au delà du petit cercle, le point F qui partage la distance des centres OO' en deux segments *soustractifs*, proportionnels aux deux rayons, et de mener par ce point F une tangente à l'un des cercles : la droite ainsi menée BB' est une tangente commune et extérieure aux deux cercles.

Remarque. — Si les deux cercles donnés sont extérieurs l'un à l'autre, comme nous l'avons supposé dans ce qui précède, le problème admet quatre solutions distinctes : en effet, on peut mener par le point E deux tangentes au même cercle, et, par suite, deux tangentes communes et intérieures aux deux cercles ; on peut aussi mener, par le point F, deux tangentes au même cercle, et, par suite, deux tangentes communes et extérieures aux deux cercles ; cela fait *quatre* solutions. Les quatre solutions se réduisent à *trois*, si les cercles donnés sont tangents extérieurement ; à *deux*, si les cercles donnés sont sécants ; à *une* seule, si les cercles donnés sont tangents intérieurement ; évidemment, il n'y a pas de solution, si les cercles donnés sont intérieurs l'un à l'autre.

Les deux points conjugués F et E se nomment : l'un, le *centre de similitude directe*, et l'autre, le *centre de similitude inverse* des deux cercles O et O'.

PROPOSITION 6.

PROBLÈME. — *Construire, sur une droite donnée, un polygone semblable à un polygone donné.*

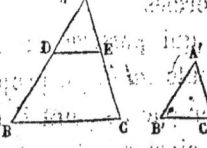

Supposons que le polygone donné soit le triangle ABC, et que la droite donnée A'B' doive être l'homologue de AB. Je prends sur AB une longueur AD égale à A'B', et je mène par le point D une parallèle à BC ; si je construis sur A'B' comme base, un triangle

A'B'C' égal à ADE, le triangle ainsi construit est le triangle demandé ; car le triangle ADE est semblable à ABC (91).

Supposons que le polygone donné soit le pentagone ABCDE, et que la droite donnée A'B' doive être l'homologue de AB. Je mène, dans le polygone donné, les dia-gonales qui aboutissent au sommet A, ce qui partage la figure en trois triangles ABC, ACD, ADE ; je construis ensuite sur A'B' comme homologue de AB, un pre-mier triangle A'B'C' semblable à ABC ; puis, sur A'C' comme homologue de AC, je construis un second triangle A'C'D' sem-blable à ACD ; enfin, sur A'D' comme ho-mologue de AD, je construis un troisième

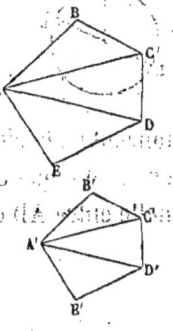

triangle A'D'E' semblable à ADE ; et ainsi de suite, s'il y a plus de trois triangles dans le polygone donné. Le po-lygone A'B'C'D'E', ainsi construit, est le polygone demandé ; car deux polygones sont semblables, s'ils sont composés d'un même nombre de triangles semblables et disposés dans le même ordre.

DÉFINITION.

Moyenne et extrême raison. — On dit qu'une ligne est partagée en *moyenne et extrême raison*, si l'un des segments de cette ligne est moyenne proportionnelle entre l'autre et la ligne entière.

PROPOSITION 7.

* Problème. — *Partager une droite donnée en moyenne et extrême raison.*

Soit AB la droite donnée.

J'élève, sur une extrémité de la droite AB, une perpendi-culaire OB égale à la moitié de cette droite ; et, du point O

comme centre, je décris avec OB pour rayon une circonférence ; puis, je joins son centre au point A. Je porte ensuite
sur la droite donnée une longueur AC, égale à AD, et le point

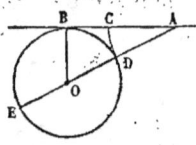

C ainsi obtenu partage
la droite donnée en
moyenne et extrême rai-
son. En effet, la droite
AB est, par construction,
tangente à la circonférence qui a pour centre le point O ; il
en résulte que cette droite AB doit être moyenne proportionnelle entre AD et AE, ce qui donne la proportion :

$$\frac{AD}{AB} = \frac{AB}{AE},$$

On en déduit aisément cette autre proportion :

$$\frac{AD}{AB} = \frac{AB - AD}{AE - AB};$$

mais, si l'on remarque que le diamètre DE est égal à AB,
on trouve que cette proportion équivaut à celle-ci :

$$\frac{AD}{AB} = \frac{CB}{AC}.$$

Cette proportion exprime précisément que, des deux segments additifs, AC et CB, le plus grand est moyenne proportionnelle entre l'autre et la ligne entière, c'est-à-dire que le
point C partage la droite donnée en moyenne et extrême
raison.

Au lieu de porter sur la droite donnée une longueur AC,
égale à AD, on aurait pu en porter une, sur son prolongement, qui fût égale à AE ; on aurait trouvé, par un raisonnement analogue, que, des deux segments soustractifs, AC'
et C'B, le plus petit est moyenne proportionnelle entre l'au-

tre et la ligne entière, c'est-à-dire que le point C' partage la droite donnée en moyenne et extrême raison.

Le problème proposé est donc susceptible d'admettre deux solutions.

Remarque. — En désignant par a la longueur de la droite donnée, et par x l'un des segments demandés, on doit avoir, d'après la définition :

$$\frac{a}{x} = \frac{x}{a-x},$$

on en déduit que x doit être racine de l'équation du second degré :

$$x^2 + ax - a^2 = 0.$$

La racine positive de cette équation est représentée par AC, et la valeur absolue de la négative par AC'; elles sont renfermées l'une et l'autre dans la double formule :

$$x = a\,\frac{-1 \pm \sqrt{5}}{2}.$$

PROPOSITION 8.

* **Problème.** — *Partager une droite en deux segments dont la moyenne proportionnelle ait une longueur donnée.*

Soit AB la droite, et M la longueur donnée.

Je décris sur AB comme diamètre une circonférence, et j'élève au point A une perpendiculaire sur AB; je prends ensuite sur cette perpendiculaire une longueur AC égale à M, et je mène par le point C une parallèle au diamètre AB. Si j'abaisse, du point D où cette parallèle rencontre la circonférence, une perpendiculaire DE sur le diamètre AB, le point E divisera la droite AB en deux segments additifs dont la moyenne proportionnelle a la longueur donnée : en effet, la somme des deux segments, EA et EB, est

égale à AB, et l'on sait que la perpendiculaire abaissée
d'un point quelconque d'une circonférence sur un diamètre
est moyenne proportionnelle entre les deux segments du diamètre, ce qui donne la proportion :

$$\frac{EA}{DE} = \frac{DE}{EB} \quad \text{ou} \quad \frac{EA}{M} = \frac{M}{EB} ,$$

De même, si l'on décrit un arc de cercle CF, du point O
comme centre et avec OC pour rayon, le point F divisera la
droite AB en deux segments soustractifs dont la moyenne
proportionnelle a la longueur donnée : en effet, la différence
des deux segments, FA et FB, est égale à AB, et, si l'on
mène la sécante CO qui passe par le centre du cercle, on
sait que la tangente CA, menée du même point C, est moyenne
proportionnelle entre la sécante entière CG' et sa partie extérieure CG, ce qui donne la proportion :

$$\frac{CG}{CA} = \frac{CA}{CG'} \quad \text{ou} \quad \frac{FA}{M} = \frac{M}{FB} ,$$

Le problème proposé est ainsi susceptible d'admettre deux
solutions.

Remarque. — La seconde solution du problème précédent
existe toujours, quelles que soient les données de la question ; pour que la première soit possible, il faut que la parallèle CD rencontre la circonférence décrite sur AB comme
diamètre, c'est-à-dire que la longueur donnée M soit plus
petite que la moitié de la droite AB. Si cette condition est
remplie, le problème admet les deux solutions ; il n'en admet
d'ailleurs pas d'autre, car les points E' et F' qu'on peut trouver à droite du centre O, donnent des segments qui ont évidemment la même longueur que les segments trouvés à
gauche.

Exercices.

1. Prouver qu'un triangle est rectangle, si la perpendiculaire abaissée d'un sommet sur le côté opposé est moyenne proportionnelle entre les deux segments qu'elle détermine sur ce côté.

2. Étant donnée une droite AB, on élève par un point déterminé de cette droite une perpendiculaire, et l'on propose de prouver que, si l'on joint un point M, choisi arbitrairement sur la perpendiculaire, aux deux extrémités A et B, la différence $MA^2 - MB^2$ est constante.

3. Démontrer que, si l'on mène par un point d'une circonférence un diamètre et deux cordes quelconques, chaque corde est moyenne proportionnelle entre l'autre et le segment de l'autre qui a même projection qu'elle sur le diamètre.

4. Démontrer que, si deux circonférences sont sécantes et qu'on mène d'un point quelconque pris sur la corde commune prolongée une tangente à chaque circonférence, les deux tangentes ainsi menées sont égales.

5. Prouver que, dans un quadrilatère quelconque, la somme des carrés des deux diagonales est le double de la somme des carrés des droites qui joignent les milieux des côtés opposés.

6. Démontrer que, si l'on mène par un point quelconque deux sécantes rectangulaires dans un cercle, la somme des carrés des distances de ce point aux quatre points d'intersection est constante.

7. Étant donnés un cercle et une droite, démontrer que si l'on mène de chaque point de la droite deux tangentes au cercle, toutes les cordes de contact correspondantes se coupent au même point, et réciproquement.

8. Calculer les hauteurs d'un triangle, en supposant connus les trois côtés.

9. Inscrire dans un triangle donné, 1° un rectangle dont le périmètre ait une longueur donnée, 2° un rectangle semblable à un rectangle donné.

10. Étant donnée une demi-circonférence, terminée par un diamètre, on demande de mener une corde parallèle à ce diamètre, de telle sorte qu'en joignant ses extrémités à celles du diamètre, on forme une ligne brisée qui ait une longueur donnée.

11. Par un point donné dans le plan d'un angle, mener une sécante qui soit divisée en ce point et aux côtés de l'angle en deux parties égales ou dans un rapport donné.

12. Étant donnés un point sur la circonférence d'un cercle, le dia-

mètre qui aboutit à ce point, et la tangente menée à l'autre extrémité de ce diamètre, on propose de mener par ce point une sécante
telle que la somme ou la différence des distances de ce point aux
points d'intersection de la sécante avec le cercle et avec la tangente ait une longueur donnée.

13. Décrire une circonférence qui passe par deux points donnés
et qui soit tangente à une droite donnée. Double solution.

14. Décrire une circonférence qui passe par un point donné, et
qui soit tangente à deux droites données. Ce problème se ramène
au précédent.

15. Étant donné un triangle, trouver sur la base un point tel
qu'en menant par ce point des parallèles aux deux autres côtés, la
somme de ces parallèles ait une longueur donnée. Discussion.

16. Étant donnés deux droites, qui ne se coupent pas sur la figure, et un point quelconque, mener par ce point une droite dont
le prolongement passe par le point de concours des deux droites
données.

17. Inscrire dans un demi-cercle un rectangle semblable à un
rectangle donné.

18. Trouver le lieu des points, situés dans un plan, dont les distances à deux points donnés dans ce plan sont proportionnelles à
deux lignes données.

19. Trouver le lieu des points d'où les tangentes menées à deux
circonférences données sont égales entre elles.

CHAPITRE III

POLYGONES RÉGULIERS.

§ 1er. Inscription des polygones réguliers.

DÉFINITIONS.

POLYGONE RÉGULIER. — Un polygone est dit *régulier*, si ses côtés sont égaux entre eux, ainsi que ses angles.

Le triangle équilatéral et le carré sont des polygones réguliers de 3 et de 4 côtés.

POLYGONE INSCRIT. POLYGONE CIRCONSCRIT. — Si tous les sommets d'un polygone sont situés sur une même circonférence de cercle, le polygone est dit *inscrit* au cercle, et si les côtés du polygone sont tous tangents à une même circonférence de cercle, le polygone est dit *circonscrit* au cercle. On exprime la même chose en disant que le cercle est, dans le premier cas, circonscrit au polygone, et, dans le second cas, inscrit au polygone.

PROPOSITION 1.

THÉORÈME. — *Dans une circonférence divisée en parties égales, si l'on joint deux à deux par des droites les points consécutifs de division, le polygone ainsi inscrit est régulier.*

Supposons que les points A,B,C,D,... divisent une circonférence en parties égales, et qu'on ait mené les droites AB,

BC, etc. Ces droites doivent être égales entre elles, car ce sont des cordes qui sous-tendent des arcs égaux dans une même circonférence ; les côtés du polygone sont donc égaux entre eux. Les angles du polygone le sont aussi : en effet,

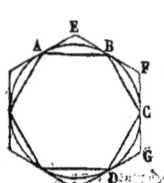

l'angle ABC a pour mesure la moitié de l'arc ADC, qu'il comprend entre ses côtés ; l'angle BCD a aussi pour mesure la moitié de l'arc BAD, qu'il comprend entre ses côtés ; or, l'arc ADC est égal à l'arc BAD, car ces deux arcs se composent du même nombre de parties aliquotes de la circonférence ; par conséquent, les deux angles ABC et BCD sont égaux. Tous les angles du polygone sont, de même, égaux entre eux ; donc, le polygone inscrit ABCD... est régulier.

PROPOSITION 2.

Théorème. — *Dans une même circonférence divisée en parties égales, si l'on mène une tangente au cercle par chacun des points de division, le polygone ainsi circonscrit est régulier.*

Supposons que les points A, B, C, D..., divisent une circonférence en parties égales, et qu'on ait mené les tangentes EF, FG, etc. On forme ainsi des triangles AEB, BFC, CGD, etc., qui sont égaux ; par exemple, le triangle AEB est égal à BFC, car ces triangles ont un côté égal adjacent à des angles égaux chacun à chacun, savoir : le côté AB est égal à BC, puisque le polygone ABCD... est régulier ; l'angle EAB, qui a pour mesure la moitié de l'arc AB, est égal à l'angle FBC, qui a pour mesure la moitié de l'arc BC ; il en est de même des deux angles EBA et FCB ; par conséquent, les deux triangles AEB et BFC ont un côté égal adjacent à des angles égaux chacun à chacun. Donc,

tous les triangles AEB, BFC, CGD, etc., sont égaux. Il en résulte que les angles E, F, G,..., du polygone circonscrit sont
égaux entre eux, ainsi que ses côtés : en d'autres termes,
le polygone circonscrit EFG... est régulier.

PROPOSITION 3.

Théorème. — *Tout polygone régulier peut être inscrit et
circonscrit à un cercle.*

Considérons le polygone régulier ABCDEFGH.

Si l'on trace une circonférence qui passe par les trois
premiers sommets A, B, C, elle devra passer par le quatrième
sommet D : en effet, joignons le centre
O de cette circonférence aux sommets
A et D, et plions la figure en deux autour de la perpendiculaire élevée, par
le milieu de BC ; la droite LC prend la
direction de LB, et le point C tombe
en B, puisque le point L est le milieu
de BC ; le côté CD prend la direction de BA, car les deux
angles C et B du polygone régulier sont égaux ; le point D
tombe au point A, le côté CD devant égaler BA ; par conséquent, la distance OD est égale à OA. Donc, la circonférence qui passe par les trois premiers sommets doit passer
par le quatrième ; elle doit, de même, passer par le cin-
quième, et par tous les autres sommets du polygone ; autrement dit, le polygone considéré peut être inscrit à un
cercle.

Si l'on regarde maintenant les côtés du polygone
ABCDEFGH comme des cordes de la circonférence circonscrite, on peut conclure de ce qui précède, que ces cordes
égales doivent être à égale distance du centre O ; par conséquent, les perpendiculaires abaissées du centre O sur ces

cordes, telles que OL et OK, doivent être égales entre elles.
Donc, si l'on décrit, du point O comme centre et avec OL
pour rayon, une seconde circonférence, cette circonférence
devra passer par le pied de chacune des perpendiculaires,
et être tangente aux côtés du polygone ; autrement dit, le
polygone considéré peut être circonscrit à un cercle.

DÉFINITIONS.

CENTRE ET ANGLE AU CENTRE D'UN POLYGONE RÉGULIER. — Le
centre commun du cercle inscrit et du cercle circonscrit à un
polygone régulier, se nomme *centre* du polygone, et l'angle
formé par deux droites menées du centre à des sommets
consécutifs, s'appelle l'*angle au centre du polygone*.

APOTHÈME. RAYON. — On appelle *apothème* d'un polygone
régulier le rayon du cercle inscrit à ce polygone, et on entend proprement par *rayon* d'un polygone régulier, celui du
cercle circonscrit à ce polygone.

PROPOSITION 4.

PROBLÈME. — *Evaluer l'angle et l'angle au centre d'un
polygone régulier, dont on connaît le nombre des côtés.*

Désignons par A l'angle d'un polygone régulier de n côtés.
Si l'on prend l'angle droit pour unité, la somme de tous les angles du polygone est donnée par la formule (41) : $S = 2n - 4$.
Comme ces angles sont égaux entre eux, chacun d'eux est
exprimé par le nombre fractionnaire $\dfrac{2n-4}{n}$, ce qui se traduit par la formule suivante :

$$(1) \qquad A = \frac{2n-4}{n}.$$

Désignons par O l'angle au centre d'un polygone régulier
de n côtés. La somme de tous les angles au centre de ce polygone est égale à 4 droits ; comme ces angles sont égaux

entre eux, chacun d'eux est exprimé par le nombre fractionnaire $\frac{4}{n}$, ce qui se traduit par la formule suivante :

(2) $$\theta = \frac{4}{n}.$$

COROLLAIRE. — *Deux polygones réguliers qui ont le même nombre de côtés, ont aussi le même angle, et le même angle au centre.*

EXERCICES NUMÉRIQUES. — 1° Si le polygone régulier est un triangle, on posera $n = 3$ dans les formules (1) et (2); on trouve ainsi :

$$A = \frac{2}{3} \quad \text{et} \quad O = \frac{4}{3}.$$

2° Si le polygone régulier est un hexagone, on posera $n = 6$ dans les formules (1) et (2); on trouve ainsi :

$$A = \frac{4}{3} \quad \text{et} \quad O = \frac{2}{3}.$$

3° Si le polygone régulier est un décagone, on posera $n = 10$ dans les formules (1) et (2); on trouve ainsi :

$$A = \frac{8}{5} \quad \text{et} \quad O = \frac{2}{5}.$$

On évaluerait de la même manière l'angle et l'angle au centre d'un polygone régulier quelconque.

PROPOSITION 5.

THÉORÈME. — *Si deux polygones réguliers ont le même nombre de côtés, leurs périmètres sont proportionnels à leurs rayons et à leurs apothèmes.*

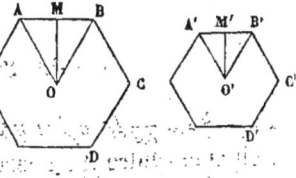

Soient O et O' les centres de deux polygones réguliers qui ont le même nombre de côtés. Les angles A, B, C,... du premier sont égaux cha- cun à chacun aux angles A',B',C',... du second, d'après le théorème précédent ; en outre, leurs côtés sont évidemment proportionnels ; par conséquent, ces deux polygones sont semblables. Il en résulte que leurs périmètres doivent être proportionnels à deux côtés homologues, ce qui se traduit par la proportion suivante (98) :

$$\frac{P}{P'} = \frac{AB}{B'A'}$$

dans laquelle P et P' désignent les périmètres. Mais les deux polygones réguliers, ayant le même nombre de côtés, doivent avoir le même angle au centre (127) ; par conséquent, les deux triangles isocèles, AOB et A'O'B', qui ont le même angle au sommet, sont semblables, et leurs côtés homologues sont proportionnels à deux hauteurs homologues, ce qui donne la proportion :

$$\frac{AB}{A'B'} = \frac{OA}{O'A'} = \frac{OM}{O'M'}$$

On déduit des deux proportions qui précèdent cette autre proportion :

$$\frac{P}{P'} = \frac{OA}{O'A'} = \frac{OM}{O'M'}$$

Cette dernière proportion exprime précisément que les périmètres des deux polygones considérés sont proportionnels à leurs rayons et à leurs apothèmes.

SCOLIE. — *Deux polygones réguliers du même nombre de côtés sont semblables.*

PROPOSITION 6.

PROBLÈME. — *Inscrire un carré à un cercle donné.*

Soit O le centre d'un cercle donné. Je mène deux diamètres, AC et BD, perpendiculaires entre eux, et je joins deux à deux par des droites leurs extrémités. Le quadrilatère ABCD ainsi formé est le carré demandé : en effet, les deux diamètres, AC et BD, divisent la circon- 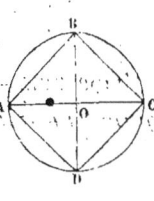 férence en quatre parties égales (64); donc, la figure formée en joignant deux à deux par des droites les points consécutifs de division est un polygone régulier de 4 côtés (123), c'est-à-dire un carré.

COROLLAIRE. — *Le rapport du côté d'un carré au rayon du cercle circonscrit est égal à* $\sqrt{2}$. En effet, dans tout carré, le carré de chaque côté est la moitié de celui d'une diago- nale (107); par conséquent, on a l'égalité suivante :

$$2\overline{BC}^2 = \overline{BD}^2 \quad \text{ou} \quad 2\overline{BC}^2 = 4\overline{OB}^2.$$

Si l'on désigne par x le côté du carré et par R le rayon du cercle circonscrit, on obtient, en divisant les deux membres par 2, la relation suivante :

$$x^2 = 2R^2,$$

et, si l'on prend la racine carrée des deux membres :

$$x = R\sqrt{2}.$$

On conclut de là que le rapport du côté d'un carré au rayon du cercle circonscrit est égal à $\sqrt{2}$.

EXERCICES NUMÉRIQUES. — 1° Si le rayon d'un cercle est exactement de 350 mètres, le côté du carré inscrit doit éga- ler le produit de 350 mètres par $\sqrt{2}$. Or $\sqrt{2} = 1,414$ à un millième près ; donc, le côté du carré est égal à $350^m \times \sqrt{2}$, c'est-à-dire $494^m,900$, à 350 millimètres près.

2° Si le côté d'un carré est exactement de 495 mètres, le rayon du cercle circonscrit doit égaler le quotient de 495 mè- tres par $\sqrt{2}$, c'est-à-dire $\dfrac{495^m}{\sqrt{2}}$ ou $495^m \times \dfrac{\sqrt{2}}{2}$. Or $\sqrt{2} = 1,414$ et $\dfrac{\sqrt{2}}{2} = 0,707$ à un millième près ; donc, le rayon du cercle

9

circonscrit est égal à 495^m × 0,707 ou 349^m,969, à 495 millimètres près.

PROPOSITION 7.

Problème. — *Inscrire à un cercle donné un hexagone régulier, un triangle équilatéral.*

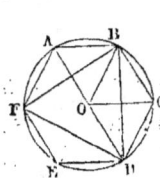

Supposons que le polygone ABCDEF soit
un hexagone régulier inscrit au cercle donné,
et qu'on ait joint au centre les deux extrémités du côté AB. Le triangle AOB ainsi
formé est isocèle, car les deux rayons, OA
et OB, sont égaux ; par conséquent, les
deux angles ABO et BAO doivent être égaux. Mais, l'angle
au centre AOB de l'hexagone régulier est égal à $\frac{2}{3}$ d'angle droit (127); donc, les deux angles ABO et BAO doivent égaler chacun la moitié du supplément, c'est-à-dire
$\frac{2}{3}$ d'angle droit. Il en résulte que le triangle AOB est équiangle, et, par suite, équilatéral ; en d'autres termes, le côté
d'un hexagone régulier inscrit à un cercle est égal au rayon
du cercle.

On en conclut que, pour inscrire à un cercle donné un
hexagone régulier, il suffit de prendre pour son côté le rayon
du cercle.

Pour inscrire à un cercle donné un triangle équilatéral, on
commence par inscrire un hexagone régulier, puis on joint
de deux en deux par des droites les trois sommets B, D, F ;
la figure BDF ainsi formée est le triangle équilatéral demandé,
car c'est un polygone régulier de 3 côtés (123), inscrit au
cercle donné.

Corollaire. — *Le rapport du côté d'un triangle équilatéral au rayon du cercle circonscrit est égal à* $\sqrt{3}$. En effet,

si l'on mène les deux rayons OC et OD, le quadrilatère OBCD ainsi formé est un losange ; par conséquent, on a l'égalité suivante (107) :

$$\overline{OC}^2 + \overline{BD}^2 = 4\overline{OB}^2,$$

d'où l'on tire, en retranchant de part et d'autre $\overline{OC}^2$ et $\overline{OB}^2$, qui sont des termes égaux :

$$\overline{BD}^2 = 3\overline{OB}^2.$$

Si l'on désigne par x le côté du triangle équilatéral, et par R le rayon du cercle circonscrit, on obtient la relation suivante :

$$x^2 = 3R^2,$$

et, si l'on prend la racine carrée des deux membres :

$$x = R\sqrt{3}.$$

On conclut de là que le rapport du côté du triangle équilatéral au rayon du cercle circonscrit est égal à $\sqrt{3}$.

EXERCICES NUMÉRIQUES. — 1° Si le rayon d'un cercle est exactement de 254 mètres, le côté du triangle équilatéral inscrit doit égaler le produit de 254 mètres par $\sqrt{3}$. Or, $\sqrt{3} = 1,720$, à 1 millième près ; donc, le côté du triangle équilatéral est égal à $254^m \times 1,720$, c'est-à-dire $436^m,88$, à 254 millimètres près.

2° Si le côté d'un triangle équilatéral est exactement de 45 mètres, le rayon du cercle circonscrit doit égaler le quotient de 45 mètres par $\sqrt{3}$, c'est-à-dire $\dfrac{45^m}{\sqrt{3}}$ ou $45^m \times \dfrac{\sqrt{3}}{3}$. Or $\sqrt{3} = 1,732$ et $\dfrac{\sqrt{3}}{3} = 0,577$ à 1 millième près ; donc, le rayon du cercle est égal à $45^m \times 0,577$ ou $25^m,965$, à 45 millimètres près.

PROPOSITION 8.

* **Problème.** — *Inscrire à un cercle donné un décagone régulier.*

Supposons que la corde AB soit le côté d'un décagone régulier inscrit au cercle donné, et qu'on ait joint au centre les deux extrémités de cette corde. Le triangle AOB ainsi formé est isocèle, car les deux rayons, OA et OB, sont égaux ; par conséquent, les deux angles ABO et BAO doivent être égaux. Mais, l'angle au centre AOB du décagone régulier est égal à $\frac{2}{5}$ d'angle droit (127) ; donc, les deux angles ABO et BAO doivent égaler chacun la moitié du supplément, c'est-à-dire $\frac{4}{5}$ d'angle droit. Il en résulte que la bissectrice AC de l'angle BAO doit partager le triangle AOB en deux autres qui sont isocèles, savoir : le triangle ACO est isocèle, car ses deux angles O et A sont égaux l'un et l'autre à $\frac{2}{5}$ d'angle droit ; le triangle ABC est isocèle, car ses deux angles B et C sont égaux l'un et l'autre à $\frac{4}{5}$ d'angle droit. Puisque ces deux triangles sont isocèles, le côté AB du décagone régulier inscrit est égal à AC, et, par suite, à OC. Or, d'après une propriété de la bissectrice de l'angle d'un triangle, on doit avoir la proportion (89) :

$$\frac{BC}{AB} = \frac{OC}{OA};$$

ou, ce qui est la même chose :

$$\frac{BC}{OC} = \frac{OC}{OB};$$

et cette proportion exprime précisément que OC est le plus grand segment du rayon OB partagé en moyenne et extrême raison.

On en conclut que, pour inscrire à un cercle donné un décagone régulier, il suffit de prendre pour son côté le plus grand segment du rayon partagé en moyenne et extrême raison.

COROLLAIRE. — Si l'on désigne par x le côté d'un décagone régulier et par R le rayon du cercle circonscrit, on doit trouver (119) :

$$x = R\frac{-1+\sqrt{5}}{2};$$

d'où l'on conclut que, *le rapport du côté d'un décagone régulier au rayon du cercle circonscrit est égal à* $\dfrac{-1+\sqrt{5}}{2}$.

PROPOSITION 9.

PROBLÈME. — *Inscrire à un cercle donné un pentédécagone régulier.*

Supposons que AB soit le côté d'un pentédécagone régulier inscrit à un cercle donné, et qu'on ait inscrit, à la suite de AB, une corde BC égale au côté du décagone régulier. L'arc AB est, par hypothèse, la quinzième partie de la circonférence, et l'arc BC en est, par construction, la dixième partie ; par conséquent, la somme de ces deux arcs est une fraction de la circonférence égale à $\frac{1}{15} + \frac{1}{10}$ ou $\frac{1}{6}$; donc, la corde AC doit être le côté de l'hexagone régulier inscrit.

On conclut de là que, pour inscrire à un cercle donné un pentédécagone régulier, il suffit d'inscrire, à partir de ce même point C, deux cordes, CA et CB, qui soient respectivement égales aux côtés de l'hexagone et du décagone réguliers, et de prendre la droite AB pour le côté du pentédécagone régulier.

§ 2. Applications.

PROPOSITION 1.

PROBLÈME. — *Étant donné un polygone régulier inscrit à un cercle, en inscrire un autre dont le nombre des côtés soit double.*

On commence par remarquer que les sommets du polygone régulier donné divisent la circonférence circonscrite en un certain nombre d'arcs égaux, puis on divise chacun de ces arcs en deux parties égales. La circonférence est ainsi divisée en un nombre double d'arcs égaux entre eux; par conséquent, si l'on joint deux à deux par des droites les points consécutifs de division, on aura inscrit au cercle un second polygone régulier, dont le nombre des côtés est double.

Remarque. — La solution de ce problème, combinée avec celle des quatre problèmes précédents, donne le moyen d'inscrire au cercle, les polygones réguliers de 8, 16, 32..... côtés, ceux de 12, 24, 48,..... côtés, ceux de 20, 40, 80..... côtés, et ceux de 30, 60, 120..... côtés.

PROPOSITION 2.

PROBLÈME. — *Connaissant le rayon et le côté d'un polygone régulier, calculer son apothème.*

Soit O le centre d'un cercle, AB le côté connu d'un polygone régulier inscrit au cercle, et OC son apothème. Le triangle rectangle OAC donne :

$$\overline{OC}^2 = \overline{OA}^2 - \overline{AC}^2;$$

si l'on désigne par R le rayon OA du polygone, par *a* son apothème OC, et par *c* son côté AB, $\frac{c}{2}$ représentera AC, et la relation qui précède deviendra :

$$a^2 = R^2 - \frac{c^2}{4};$$

on en déduit, en prenant la racine carrée des deux membres, la formule suivante :

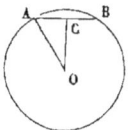

$$a = \sqrt{R^2 - \frac{c^2}{4}},$$

qui permet de calculer l'apothème d'un polygone régulier, si l'on connaît le rayon et le côté de ce polygone.

Remarque. — La formule, trouvée dans ce problème, peut être appliquée au polygone régulier de 3, 4, 6, 10 et 15 côtés, inscrit à un cercle donné.

PROPOSITION 3.

PROBLÈME. — *Connaissant le rayon et le côté d'un polygone régulier, calculer le côté du polygone régulier qui a le même rayon et un nombre de côtés double.*

Soient O le centre d'un cercle, AB le côté connu d'un polygone régulier inscrit au cercle, et OC son apothème. Si l'on prolonge OC en CD, le point D est le milieu de l'arc AB, et la corde AD est le côté du polygone régulier qui a le même rayon et un nombre de côtés double. Or, l'apothème OC du polygone donné peut être calculé par la formule précédente :

$$a = \sqrt{R^2 - \frac{c^2}{4}},$$

dans laquelle *a* désigne l'apothème, R le rayon, et *c* le côté du polygone donné. On voit d'ailleurs, en prolongeant OC en OE et tirant la corde AE, qu'on forme ainsi un triangle DAE qui est rectangle en A et qui donne la relation :

$$\overline{AD}^2 = DE \times DC.$$

Mais la longueur DE est égale à 2R, et DC n'est autre chose que R — a; par conséquent, la relation qui précède devient :

$$x^2 = 2R(R — a),$$

x désignant le côté inconnu AD ; on en tire, en prenant la racine carrée des deux membres, la formule suivante :

$$x = \sqrt{2R(R — a)},$$

ou, en éliminant a :

$$x = \sqrt{2R\left(R — \sqrt{R^2 — \frac{c^2}{4}}\right)}.$$

Cette formule permet, si l'on connaît le rayon et le côté d'un polygone régulier, de calculer le côté du polygone régulier qui a le même rayon et un nombre de côtés double.

Remarque. — La formule, trouvée dans ce problème, peut être appliquée à tous les polygones qui appartiennent à l'une ou à l'autre des quatre séries indiquées plus haut, Prop. 1 (134).

PROPOSITION 4.

⋆ Problème. — *Connaissant le rayon et l'apothème d'un polygone régulier, calculer le rayon et l'apothème du polygone régulier qui a le même périmètre et un nombre de côtés double.*

Soient O le centre d'un cercle, et AB le côté connu d'un polygone régulier inscrit au cercle. Prolongeons l'apothème OC en D jusqu'à la circonférence, menons les cordes DA et DB, abaissons du centre O sur ces cordes les deux perpendi-

culaires OA' et OB', puis tirons la droite A'B'. La droite A'B'
est le côté du polygone régulier, qui a le
même périmètre que le polygone donné et
un nombre de côtés double : en effet, la
droite A'B' est la moitié de la corde AB,
puisque cette corde AB est la base d'un
triangle ADB, dans lequel A'B' joint les
milieux des deux autres côtés ; d'ailleurs,

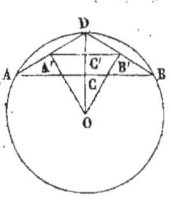

l'angle A'OB' est évidemment la moitié de l'angle au
centre AOB ; par conséquent, les droites OA' et OC' sont
précisément le rayon et l'apothème qu'il s'agit de calculer.

Or, on a d'une part :

(1) $$OC' = \frac{OD + OC}{2} \text{ ou } a' = \frac{R + a}{2};$$

R et a désignant le rayon OD et l'apothème OC du polygone
donné, et a' l'apothème inconnu OC'. D'autre part, si l'on
appelle R' le rayon inconnu OA', on trouve, dans le triangle
rectangle OA'D, la relation suivante :

$$\overline{OA'}^2 = OD \times OC' \text{ ou } \overline{R'}^2 = R \times a';$$

d'où l'on tire, en prenant la racine carrée des deux membres :

(2) $$R' = \sqrt{R \times a'}.$$

La formule (1) permet de calculer l'apothème a', et la
formule (2) le rayon R' du polygone régulier, qui a le même
périmètre que le polygone donné et un nombre de côtés
double.

Remarque. — *La différence entre le rayon et l'apothème
d'un polygone régulier* isopérimètre *diminue indéfiniment
si l'on double indéfiniment le nombre des côtés de ce polygone.* En effet, la différence R — a est égale à DC ; mais la
différence R' — a' est plus petite que DC', et DC' n'est que la

moitié de DC ; par conséquent, la différence entre le rayon et l'apothème dans le second polygone, n'est pas la moitié de ce qu'elle est dans le premier ; elle n'en sera pas le quart dans le troisième, et ainsi de suite. Donc, cette différence diminue indéfiniment, si l'on double indéfiniment le nombre des côtés du polygone considéré.

Exercices.

1. Quel est le polygone régulier dont l'angle et l'angle au centre ont un rapport égal à un nombre entier donné?

2. Démontrer qu'un polygone inscrit à un cercle est régulier, si ses côtés sont égaux entre eux, et qu'un polygone circonscrit est régulier, si ses angles sont égaux entre eux.

3. De quelles espèces de polygones réguliers peut-on se servir pour couvrir un plan, soit en prenant chaque espèce isolément, soit en les combinant entre elles?

4. Étant donné un cercle et un triangle équilatéral inscrit, on abaisse des trois sommets des perpendiculaires sur un diamètre quelconque, et l'on demande de prouver que celle qui tombe seule d'un côté du diamètre est égale à la somme des deux autres.

5. Faire voir que l'apothème d'un polygone régulier est la moyenne arithmétique des perpendiculaires abaissées d'un point quelconque, intérieur au polygone, sur tous les côtés.

6. Connaissant le côté d'un triangle équilatéral, inscrit à un cercle, calculer le rayon du cercle. Même question pour le carré inscrit, pour le décagone régulier inscrit.

7. Étant donné le périmètre d'un octogone régulier inscrit à un cercle, calculer le rayon du cercle.

8. On donne le côté d'un polygone régulier inscrit à un cercle et le rayon du cercle, et l'on propose de calculer le côté du polygone régulier inscrit qui a deux fois moins de côtés.

9. Mener, par un point donné, une droite qui partage une circonférence donnée en deux arcs dont l'un soit la moitié de l'autre, soit le tiers ou les deux tiers de l'autre.

10. Connaissant l'apothème d'un décagone régulier, calculer son côté et son rayon.

11. Inscrire dans un cercle donné un triangle isocèle, connaissant la somme de la base et de la hauteur.

12. Trouver le côté d'un carré, connaissant la somme ou la différence de sa diagonale et de son côté.

13. Inscrire, dans un carré donné, un triangle équilatéral qui ait pour sommet l'un des sommets du carré.

14. Prouver que deux diagonales d'un pentagone régulier qui n'aboutissent pas au même sommet, se partagent l'une l'autre en moyenne et extrême raison.

15. Étant donnés deux cercles qui ne se coupent pas, prouver qu'il existe sur la ligne des centres deux points tels que le produit de leur distance au centre de chaque cercle est égal au carré du rayon du cercle. Déterminer la position de ces points par une construction géométrique.

16. Démontrer que si l'on fait rouler un cercle dans un autre de rayon double, de manière à ce que les deux cercles restent constamment tangents, chaque point du premier se meut sur un diamètre du second.

17. Parmi tous les rectangles qui ont le même périmètre, trouver celui dont la diagonale est la plus petite.

LIVRE IV

MESURE DES SURFACES

CHAPITRE PREMIER

MESURE DES POLYGONES.

§ 1er. **Mesure d'un rectangle.**

DÉFINITIONS.

AIRE D'UNE FIGURE. — La surface d'une figure plane est la partie de plan comprise dans l'intérieur de cette figure; le rapport de la surface d'une figure à l'unité de surface, c'est-à-dire la mesure de sa surface, se nomme l'*aire* de cette figure. Les deux mots *aire* et *surface* ne sont donc pas complétement synonymes. Il y a entre ces deux mots la différence qui existe entre les deux mots *longueur* et *ligne* : de même qu'on dit *la longueur d'une ligne*, on dit aussi *l'aire d'une surface*; mais aussi, de même que le mot *ligne* remplace assez souvent dans le discours le mot *longueur*, on convient d'employer le mot *aire* comme synonyme de *surface*, toutes les fois qu'il n'y a pas d'amphibologie possible.

FIGURES ÉQUIVALENTES. — On conçoit que deux figures puissent avoir des aires égales, sans avoir la même forme, absolument comme une ligne courbe peut avoir la même longueur qu'une ligne droite : on exprime la chose en disant que ces figures ont des surfaces équivalentes, ou, plus simple-

ment, que ces figures sont *équivalentes*. On réserve d'ailleurs le nom de *figures égales* à celles qui sont susceptibles,
sans se déformer, d'être placées l'une sur l'autre de manière
à se recouvrir exactement.

PROPOSITION 1.

Lemme. — *Deux rectangles, qui ont des bases égales, sont
proportionnels à leurs hauteurs.*

Considérons les deux rectangles ABCD et A'B'C'D' qui ont
des bases égales AD et A'D', je dis qu'on
aura la proportion :

$$\frac{ABCD}{A'B'C'D'} = \frac{AB}{A'B'}.$$

Supposons que le rapport des hauteurs AB et A'B' soit
commensurable et égal, par exemple, à la fraction $\frac{3}{2}$ ce qui
se traduit par la proportion :

$$\frac{AB}{A'B'} = \frac{2}{3}.$$

D'après cette hypothèse, la base AB doit contenir 2 fois le
tiers de A'B'; par conséquent, si l'on divise A'B', aux points
E', G', en trois parties égales, et AB, au point E, en deux parties égales, les cinq parties ainsi obtenues doivent être égales
entre elles. Mais si l'on mène, par le point E, une droite parallèle à AD, et, par les points E', G', des droites parallèles à A'D',
on forme cinq rectangles qui sont égaux entre eux, car ils ont
des bases égales et des hauteurs égales, et, par suite, sont superposables. Le premier rectangle ABCD contient ainsi deux
fois le tiers du second rectangle A'B'C'D'; par conséquent, le
rapport de ces deux rectangles doit égaler $\frac{2}{3}$, ce qui s'exprime par la proportion suivante :

$$\frac{ABCD}{A'B'C'D'} = \frac{2}{3}.$$

Il en résulte que le rapport des deux rectangles considérés, s'il est commensurable, est égal à celui de leurs hauteurs et qu'on a la proportion :

$$\frac{ABCD}{A'B'C'D'} = \frac{AB}{A'B'}$$

Supposons que le rapport des hauteurs AB et A'B' soit incommensurable, et qu'en l'évaluant en nombre fractionnaire, à moins d'une partie aliquote quelconque de l'unité, on l'ait trouvé compris entre les deux fractions $\frac{m}{n}$ et $\frac{m+1}{n}$, ce qui se traduit par l'inégalité :

$$\frac{m}{n} < \frac{AB}{A'B'} < \frac{m+1}{n}.$$

D'après cette hypothèse, si l'on divise A'B' en n parties égales, AB doit contenir m et pas $m+1$ de ces parties. Mais, si l'on mène, par chaque point de division des hauteurs AB et A'B', une droite parallèle à la base, le second rectangle A'B'C'D' se trouvera partagé en n parties égales, et le premier rectangle ABCD contiendra m et pas $m+1$ de ces parties ; par conséquent, le rapport des rectangles est compris, comme celui des hauteurs AB et A'B', entre les deux fractions $\frac{m}{n}$ et $\frac{m+1}{n}$, ce qui s'exprime par l'inégalité suivante :

$$\frac{m}{n} < \frac{ABCD}{A'B'C'D} < \frac{m+1}{n}.$$

Or, la différence des deux fractions $\frac{m}{n}$ et $\frac{m+1}{n}$ est une partie aliquote de l'unité aussi petite qu'on veut ; il en résulte que le rapport des deux rectangles considérés, s'il est incommensurable (63), doit égaler celui de leurs hauteurs, et qu'on aura la proportion :

$$\frac{ABCD}{A'B'C'D'} = \frac{AB}{A'B'}.$$

Donc, deux rectangles, qui ont des bases égales, sont proportionnels à leurs hauteurs.

COROLLAIRE. — *Deux rectangles, qui ont des hauteurs égales, sont proportionnels à leurs bases;* car, on peut considérer la hauteur d'un rectangle comme étant sa base et réciproquement.

PROPOSITION 2.

LEMME. — *Deux rectangles quelconques sont proportionnels aux produits de leurs bases par leurs hauteurs.*

Soient deux rectangles quelconques ABCD, A'B'C'D'; désignons par R et R' ces deux rectangles ; puis, comparons successivement chacun d'eux à un troisième R", qui ait même base AD que le premier et même hauteur A'B' que le second.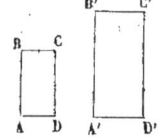

Les deux rectangles R et R", qui ont des bases égales, sont proportionnels à leurs hauteurs, d'après le lemme précédent, et l'on a :

$$\frac{R}{R''} = \frac{AB}{A'B'}.$$

De même, les deux rectangles R" et R', qui ont des hauteurs égales, sont proportionnels à leurs bases, ce qui donne la proportion :

$$\frac{R''}{R'} = \frac{AD}{A'D'}$$

Si l'on multiplie terme à terme ces deux proportions, et si l'on supprime le facteur R″, qui figure dans les deux termes du premier produit, on trouve cette autre proportion :

$$\frac{R}{R'} = \frac{AB \times AD}{A'B' \times A'D'};$$

cette proportion exprime précisément que les deux rectangles considérés sont proportionnels aux produits de leurs bases par leurs hauteurs.

SCOLIE. — *Le rapport de deux rectangles quelconques est égal à celui de leurs bases multiplié par celui de leurs hauteurs.*

PROPOSITION 3.

THÉORÈME. — *L'aire d'un rectangle est égale au produit de sa base par sa hauteur.*

Supposons qu'on se propose de mesurer la surface du rectangle ABCD, et qu'on ait choisi pour unité de surface le rectangle A'B'C'D'. D'après la proposition qui précède, le rapport de ces deux rectangles doit égaler celui de leurs bases multiplié par celui de leurs hauteurs, ce qui se traduit par l'égalité :

$$\frac{ABCD}{A'B'C'D'} = \frac{AD}{A'D'} \times \frac{AB}{A'B'}.$$

Puisque le rectangle A'B'C'D' est, par hypothèse, l'unité de surface, le rapport $\frac{ABCD}{A'B'C'D'}$, n'est autre chose, d'après la définition (140), que l'aire du rectangle ABCD; d'où il suit que l'aire du rectangle ABCD est égale à $\frac{AD}{A'D'} \times \frac{AB}{A'B'}$. Mais, en outre, *si le rectangle qu'on a choisi pour unité de surface, est un carré ayant pour côté l'unité de longueur*, les deux rapports, $\dfrac{AD}{A'D'}$ et $\dfrac{AB}{A'B'}$, deviennent précisément, l'un la longueur de AD, l'autre la longueur de AB, et, par suite, l'aire du rectangle ABCD est égale à la longueur de sa base AD multipliée par celle de sa hauteur AB; c'est ce qu'on exprime et ce qu'on sous-entend, quand on dit d'une manière abrégée : *l'aire d'un rectangle est égale au produit de sa base par sa hauteur.*

COROLLAIRE. — *Le produit de deux lignes quelconques exprime l'aire d'un rectangle, qui aurait pour base une de ces lignes et pour hauteur l'autre.*

Remarque. — Le théorème et le corollaire précédents ne sont vrais que si l'on choisit, pour unité de surface, un carré ayant pour côté l'unité de longueur ; cette restriction, qui fait partie de l'hypothèse du théorème, ne se trouve pas indiquée dans l'énoncé. Il faut remarquer cette sorte de théorème, dont l'énoncé habituel est incomplet, comme tous ceux des théorèmes relatifs à la mesure des surfaces. Nous avons déjà fait une remarque semblable, dans la théorie de la mesure des angles (67).

PROPOSITION 4.

THÉORÈME. — *L'aire d'un carré est égale au carré de son côté.*

En effet, tout carré étant un rectangle dont la hauteur est égale à la base, l'aire d'un carré doit égaler le produit de sa base par sa hauteur, c'est-à-dire le carré de son côté.

COROLLAIRE. — *Le carré d'une ligne quelconque exprime l'aire d'un carré, qui aurait cette ligne pour côté.*

§ 2. Mesure d'un polygone quelconque.

PROPOSITION 1.

THÉORÈME. — *L'aire d'un parallélogramme est égale au produit de sa base par sa hauteur.*

Considérons le parallélogramme ABCD. Si l'on élève des points A et B des perpendiculaires sur la base AB, on forme un rectangle ABEF, qui a même base et même

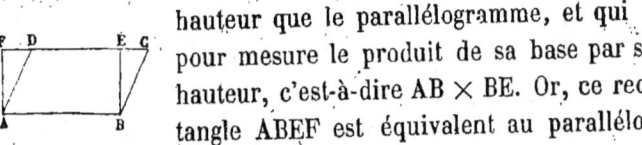

hauteur que le parallélogramme, et qui a pour mesure le produit de sa base par sa hauteur, c'est-à-dire AB × BE. Or, ce rectangle ABEF est équivalent au parallélogramme ABCD : en effet, les deux triangles rectangles AFD et BEC sont égaux, comme ayant l'hypoténuse égale et un côté égal, savoir : les hypoténuses AD et BC sont égales, car elles sont des côtés opposés dans le parallélogramme ABCD ; les côtés AF et BE sont égaux, car ils sont opposés l'un à l'autre dans le rectangle ABEF. Mais, si l'on ajoute au triangle AFD le quadrilatère ADEB, on obtient ainsi le rectangle ABEF, et, si l'on ajoute au triangle BEC le même quadrilatère, on obtient alors le parallélogramme ABCD ; donc, le rectangle ABEF est équivalent au parallélogramme ABCD. Il en résulte que le parallélogramme ABCD a aussi pour mesure AB × BE, c'est-à-dire le produit de sa base par sa hauteur.

COROLLAIRE. — *Deux parallélogrammes quelconques sont proportionnels aux produits de leurs bases par leurs hauteurs ;* car, leurs aires sont respectivement égales à ces deux produits.

PROPOSITION 2.

THÉORÈME. — *L'aire d'un triangle est égale à la moitié du produit de sa base par sa hauteur.*

Soit un triangle ABC, dont la base est BC et la hauteur AE.
Si l'on mène, par le point C, une parallèle à AB, et, par le
point A, une parallèle à BC, on forme ainsi un parallélogramme ABCD, qui a même base et même hauteur que le
triangle, et qui a pour mesure le produit
de sa base par sa hauteur, c'est-à-dire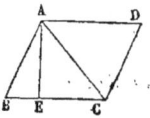
BC × AE. Or, ce parallélogramme est le
double du triangle ABC, car la diagonale
AC du parallélogramme le partage en deux
triangles égaux. Il en résulte que le triangle ABC a pour
mesure la moitié de BC × AE, c'est-à-dire la moitié du produit de sa base par sa hauteur.

CorolLaire. — *Deux triangles quelconques sont proportionnels aux produits de leurs bases par leurs hauteurs ;*
car, leurs aires sont respectivement égales à la moitié de ces
deux produits.

DÉFINITION.

Trapèze. — On appelle *trapèze* un quadrilatère dont deux
côtés seulement sont parallèles : le quadrilatère ABCD est un
trapèze. Les deux côtés parallèles, AB et CD, se nomment
particulièrement les *bases* du trapèze, et
leur distance, EF, la *hauteur* du trapèze.

Un trapèze est dit *rectangle*, si l'un de
ses angles est droit ; il est clair que, si
l'angle C est droit, l'angle B l'est aussi, car, les deux bases,
AB et CD, étant parallèles, toute droite perpendiculaire à
l'une est aussi perpendiculaire à l'autre.

PROPOSITION 3.

Théorème. — *L'aire d'un trapèze est égale à la moitié du
produit de sa hauteur par la somme de ses bases.*

Considérons le trapèze ABCD, et joignons le sommet A au milieu G du côté BC; la droite AG, prolongée jusqu'à la base opposée, détermine deux triangles ABG et GCF qui sont

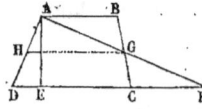

égaux, comme ayant un côté égal adjacent à deux angles égaux chacun à chacun, savoir: le côté BG est égal à GC, par construction; l'angle AGB est égal à CGF, qui lui est opposé par le sommet, et les deux angles GBA et GCF sont égaux comme alternes-internes. Puisque les deux triangles ABG et CGF sont égaux, le côté CF doit égaler AB, et le triangle DAF est équivalent au trapèze ABCD. Or, le triangle DAF a pour mesure $\dfrac{AE \times DF}{2}$; donc, le trapèze a aussi pour mesure $\dfrac{AE \times DF}{2}$, c'est-à-dire la moitié du produit de sa hauteur par la somme de ses bases.

COROLLAIRE. — *L'aire d'un trapèze est égale au produit de sa hauteur par la droite qui joint les milieux des côtés non parallèles.* En effet, supposons que la droite GH joigne les milieux des côtés BC et AD; cette droite GH doit être parallèle à la base DF du triangle ADF (89), et, par suite, les deux triangles AGH et AFD sont semblables (91). Or, AH est la moitié de AD, par construction; par conséquent, GH est la moitié de DF. Il en résulte que le trapèze ABCD a pour mesure AE × GH, c'est-à-dire le produit de sa hauteur par la droite qui joint les milieux des côtés non parallèles.

PROPOSITION 4.

* PROBLÈME. — *Construire un triangle qui ait pour base un côté d'un polygone donné et qui lui soit équivalent.*

Soit ABCDEF le polygone donné. Je mène la diagonale BD et la droite CC′ parallèle à BD; puis, je joins le point B au point de rencontre de cette parallèle avec le côté ED prolongé ; le triangle BC'D ainsi formé est équivalent au triangle BCD, car ces deux triangles ont même base BD et des hauteurs qui sont égales, puisque leurs sommets C et C' sont l'un et l'autre situés sur la droite CC' parallèle à la base commune ; par conséquent, si je remplace, dans le polygone ABCDEF, le triangle BCD par son équivalent BC'D, la figure ainsi transformée ABC'EF est équivalente au polygone donné. Or, ce polygone ABC'EF a un côté de moins que le premier, et peut aussi se transformer, par une construction analogue, en un autre équivalent et ayant encore un côté de moins, et ainsi de suite. Donc, on pourra construire, par ce moyen, un triangle qui ait pour base le côté AB du polygone donné et qui lui soit équivalent.

Remarque. — Si l'on applique la construction de ce problème à un trapèze, on trouve pour conclusion celle de la proposition précédente.

PROPOSITION 5.

Problème. — *Evaluer l'aire d'un polygone quelconque.*

Première solution. — On construit un triangle qui ait pour base un côté du polygone et qui lui soit équivalent ; l'aire du triangle ainsi construit fait connaître l'aire du polygone donné.

Deuxième solution. — On décompose le polygone en triangles, soit en menant toutes les diagonales qui aboutissent à un même sommet, soit en joignant à tous les sommets un point quelconque, pris dans l'intérieur de la figure, et on mesure la surface de tous les triangles ainsi formés ; la somme des aires de tous ces triangles est égale à l'aire du polygone donné.

Troisième solution. — On peut décomposer le polygone

donné ABCDHKL en triangles et trapèzes rectangles, en traçant une des diagonales de la figure, la diagonale CK, par exem-

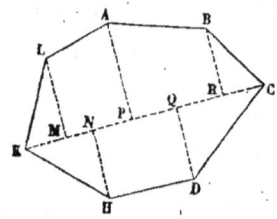

ple, et en abaissant des diffé- rents sommets des perpendicu- laires sur cette diagonale. Il suf- fit alors de mesurer la longueur de toutes ces perpendiculaires, et celle des segments KM, MN, NP, PQ, QR, RC, pour qu'on

puisse évaluer l'aire des triangles et des trapèzes rectan- gles qui composent la figure, et, par suite, l'aire du poly- gone donné.

PROPOSITION 6.

Théorème. — *L'aire d'un polygone régulier est égale à la moitié du produit de son périmètre par son apothème.*

Considérons un polygone régulier ABCDHK, dont le point

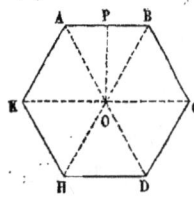

O est le centre, OP l'apothème, et qui a n côtés. Si l'on joint le centre à tous les sommets, on décompose la figure en autant de triangles égaux qu'il y a de cô- tés : soit AOB un de ces triangles, dont l'aire est donnée par la formule :

$$AOB = \frac{AB \times OP}{2}.$$

En multipliant par n les deux membres de cette égalité, on trouve cette autre égalité :

$$AOB \times n = \frac{AB \times n \times OP}{2}.$$

Mais le produit $AOB \times n$ n'est autre chose que l'aire du polygone ; $AB \times n$ est son périmètre, et OP son apothème.

Donc, l'aire d'un polygone régulier est égale à la moitié du produit de son périmètre par son apothème.

COROLLAIRE. — *Deux polygones réguliers sont proportionnels aux produits de leurs périmètres par leurs apothèmes ;* car, leurs aires sont respectivement égales à la moitié de ces deux produits.

Exercices.

1. Calculer l'aire d'un rectangle dont la base est de 10ᵐ,70, et la hauteur de 22ᵐ,50.

2. Calculer l'aire du carré inscrit dans un cercle dont le rayon est de 3ᵐ,25, et l'aire du carré circonscrit.

3. Trouver l'aire d'un rectangle, connaissant sa base et la longueur d'une diagonale. Appliquer la formule trouvée au cas où la base est de 3 mètres et la diagonale de 5 mètres.

4. Calculer le côté d'un carré équivalent à un rectangle, dont la base est de 3 mètres et la hauteur double de la base.

5. Un rectangle dont la base égale deux fois la hauteur est tel que, si sa hauteur augmente d'un mètre, sa surface augmente de 10 mètres carrés. Quels sont les côtés de ce rectangle ?

6. Démontrer qu'un triangle a pour mesure la moitié du produit de son périmètre par le rayon du cercle inscrit.

7. On donne les bases a et b d'un trapèze, et sa hauteur h. Calculer, avec ces données, la hauteur du triangle qu'on obtient en prolongeant les côtés non parallèles, jusqu'à leur rencontre. Interpréter la solution négative.

8. Trouver l'expression de l'aire d'un trapèze, en le considérant comme la différence des triangles qu'on obtient par le prolongement des côtés non parallèles.

9. Prouver que le triangle formé, dans un trapèze, en joignant le milieu d'un côté latéral aux extrémités du côté opposé, est équivalent à la moitié du trapèze.

10. Démontrer que, si l'on mène par le milieu d'une diagonale d'un quadrilatère, une parallèle à l'autre diagonale, cette parallèle divise le quadrilatère en deux parties équivalentes.

11. Un terrain, dont la forme est celle d'un hexagone régulier, a une surface de 34 ares 19 centiares. On demande, d'après cela, de calculer le périmètre de ce terrain.

12. Étant donné un carré, on y inscrit un second carré en pre-

nant 4 longueurs égales, à partir des 4 sommets, et joignant les extrémités de ces longueurs. On demande quelle longueur il faut choisir pour que le carré inscrit soit les $\frac{5}{8}$ du carré donné ?

Le carré inscrit peut-il avoir avec le carré donné tel rapport qu'on voudra ?

13. Parmi tous les rectangles de même périmètre, quel est celui dont la surface est maximum?

14. Parmi tous les triangles rectangles qui ont la même surface, quel est celui dont la diagonale est la plus petite ?

15. Partager un triangle donné en deux parties équivalentes par une droite parallèle à la base ou par une droite perpendiculaire à la base.

16. Calculer le côté d'un losange, sachant que ce côté est égal à la plus petite diagonale et que la surface du losange équivaut à un carré de 10 mètres de côté.

17. Démontrer que les deux triangles opposés qu'on forme en joignant un point quelconque, pris dans l'intérieur d'un parallélogramme, aux quatre sommets, équivalent ensemble à la moitié du parallélogramme.

18. Tout rectangle est la moitié de celui qui a pour dimensions les diagonales des carrés construits sur sa base et sur sa hauteur.

19. Étant donné un parallélogramme ABCD, on joint un point quelconque P aux quatre sommets, et l'on demande de prouver que le triangle PBD est équivalent à la somme ou à la différence des triangles PAB et PBC.

20. Prouver que deux quadrilatères sont équivalents, si leurs diagonales sont égales chacune à chacune et font entre elles le même angle.

21. Étant donné un quadrilatère, on mène les deux diagonales, et, par le milieu de chacune d'elles, une parallèle à l'autre. Ces deux parallèles se rencontrent en un point, et l'on propose de démontrer que les droites qui joignent ce point aux milieux des quatre côtés partagent la figure en quatre parties équivalentes.

CHAPITRE II

CONSÉQUENCES DE LA MESURE DES POLYGONES.

§ 1ᵉʳ. Rapport des aires.

PROPOSITION 1.

THÉORÈME DE PYTHAGORE. — *Le carré construit sur l'hypoténuse d'un triangle rectangle est équivalent à la somme des carrés construits sur les deux autres côtés.*

Soit ABC un triangle rectangle, dont l'hypoténuse est BC. Après avoir construit un carré sur chacun des côtés, abaissons du sommet A de l'angle droit une perpendiculaire sur l'hypoténuse, et prolongeons en MN cette perpendiculaire ; le carré BCDE se trouve ainsi décomposé en deux rectangles, savoir : BMNE et CMND. Or, le rectangle BMNE est équivalent au carré ABFG : en effet, si nous menons les

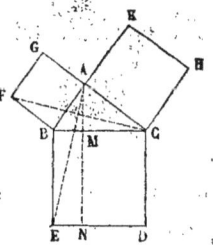

deux droites AE et CF, les deux triangles ainsi formés, ABE et BCF, sont égaux, comme ayant un angle égal compris entre des côtés égaux chacun à chacun ; mais, le triangle ABE est équivalent à la moitié du rectangle BMNE, car ces deux figures ont même base BE et même hauteur BM ; et le triangle BCF est équivalent à la moitié du carré ABFG, car ces deux figures ont aussi même base BF et même hauteur AB ; le rectangle BMNE est donc équivalent au carré ABFG.

On démontrerait de même que le rectangle CMND est équivalent au carré ACHK ; par conséquent, la somme des deux rectangles qui composent le carré construit sur l'hypoténuse du triangle ABC est équivalente à la somme des carrés construits sur les deux autres côtés.

COROLLAIRE. — *Le carré construit sur un des côtés de l'angle droit d'un triangle rectangle est équivalent au carré construit sur l'hypoténuse, moins le carré construit sur l'autre côté.*

Remarque. — La démonstration qui précède est celle d'Euclide. On peut encore donner du théorème de Pythagore la démonstration suivante, qui n'est qu'une application particulière d'une démonstration générale.

Considérons un triangle ABC, dont l'angle A est droit. L'aire du carré construit sur l'hypoténuse est exprimée par $\overline{BC}^2$, et celle des carrés construits sur les deux autres côtés est exprimée par $\overline{AB}^2$ et par $\overline{AC}^2$. Mais il a été démontré (101) que :

$$\overline{BC}^2 = \overline{AB}^2 + \overline{AC}^2.$$

Donc, le carré construit sur l'hypoténuse d'un triangle rectangle est équivalent à la somme des carrés construits sur les deux autres côtés.

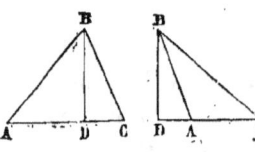

Considérons maintenant un triangle quelconque.

Si l'angle A est obtus, il a été démontré (103) que :

$$\overline{BC}^2 = \overline{AB}^2 + \overline{AC}^2 + 2AC \times AD.$$

Si l'angle A est aigu, il a été démontré (104) que :

$$\overline{BC}^2 = \overline{AB}^2 + \overline{AC}^2 - 2AC \times AD.$$

Or, les deux termes $\overline{AB}^2$ et $\overline{AC}^2$ représentent les aires des carrés construits sur les deux côtés AB et AC; le produit AC × AD représente le rectangle qui a pour base le côté AC et pour hauteur la projection AD. Donc, dans un triangle quelconque, le carré construit sur un côté opposé à un angle obtus ou aigu est équivalent à la somme des carrés construits sur les deux autres côtés, plus ou moins le double d'un rectangle qui a pour base l'un de ces côtés et pour hauteur la projection de l'autre sur le premier.

PROPOSITION 2.

Théorème. — *Les aires de deux polygones semblables sont proportionnelles aux carrés de deux côtés homologues.*

Considérons deux triangles semblables, ABC, A'B'C'. Deux triangles quelconques étant proportionnels aux produits de leurs bases par leurs hauteurs, il faut qu'on ait l'égalité suivante :

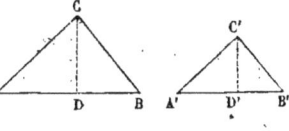

$$\frac{ABC}{A'B'C'} = \frac{AB \times CD}{A'B' \times C'D'} \quad \text{ou} \quad \frac{ABC}{A'B'C'} = \frac{AB}{A'B'} \times \frac{CD}{C'D'}.$$

Mais, puisque les triangles considérés sont semblables, les deux côtés homologues, AB et A'B', sont proportionnels aux deux hauteurs homologues, CD et C'D' (95), ce qui se traduit par la proportion :

$$\frac{AB}{A'B'} = \frac{CD}{C'D'}.$$

Il en résulte que le produit $\dfrac{AB}{A'B'} \times \dfrac{CD}{C'D'}$ n'est autre chose que le carré de $\dfrac{AB}{A'B'}$ ou $\dfrac{\overline{AB}^2}{\overline{A'B'}^2}$, et, par suite, qu'on a :

$$\frac{ABC}{A'B'C'} = \frac{\overline{AB}^2}{\overline{A'B'}^2}.$$

Considérons deux polygones semblables, ABCDE, A'B'C'D'E', et supposons qu'on les ait décomposés, comme dans la figure, en un même nombre de triangles semblables et disposés dans le même ordre ; on aura successivement, d'après ce qui précède :

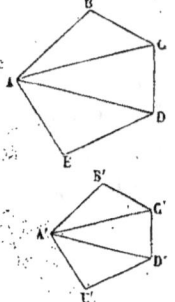

$$\frac{\text{ABC}}{\text{A'B'C'}} = \frac{\overline{\text{AB}}^2}{\overline{\text{A'B'}}^2},$$

$$\frac{\text{ACD}}{\text{A'C'D'}} = \frac{\overline{\text{CD}}^2}{\overline{\text{C'D'}}^2},$$

$$\frac{\text{ADE}}{\text{A'D'E'}} = \frac{\overline{\text{ED}}^2}{\overline{\text{E'D'}}^2}.$$

Mais, en vertu de l'hypothèse, ces proportions ont leurs seconds rapports égaux entre eux, et elles peuvent former la proportion suivante :

$$\frac{\text{ABC}}{\text{A'B'C'}} = \frac{\text{ACD}}{\text{A'C'D'}} = \frac{\text{ADE}}{\text{A'D'E'}} = \frac{\overline{\text{AB}}^2}{\overline{\text{A'B'}}^2}.$$

On en déduit, par l'application d'une propriété des proportions :

$$\frac{\text{ABC} + \text{ACD} + \text{ADE}}{\text{A'B'C'} + \text{A'C'D'} + \text{A'D'E'}} = \frac{\overline{\text{AB}}^2}{\overline{\text{A'B'}}^2} \quad \text{ou} \quad \frac{\text{ABCDE}}{\text{A'B'C'D'E'}} = \frac{\overline{\text{AB}}^2}{\overline{\text{A'B'}}^2}.$$

Donc, les aires de deux polygones semblables sont proportionnelles aux carrés de deux côtés homologues.

PROPOSITION 3.

THÉORÈME. — *Les aires de deux polygones réguliers, du même nombre de côtés, sont proportionnelles aux carrés de leurs rayons et de leurs apothèmes.*

Désignons par A et A' les aires, par p et p' les périmètres, par a et a' les apothèmes de deux polygones réguliers, qui ont le même nombre de côtés. Puisque ces deux polygones sont réguliers, on doit avoir l'égalité suivante (151) :

$$\frac{A}{A'} = \frac{p \times a}{p' \times a'} \quad \text{ou} \quad \frac{A}{A'} = \frac{p}{p'} \times \frac{a}{a'}.$$

Mais, les deux polygones ayant le même nombre de côtés, il faut aussi qu'on ait la proportion (127) :

$$\frac{p}{p'} = \frac{R}{R'} = \frac{a}{a'};$$

si R et R' sont les rayons des deux polygones ; il en résulte que le produit $\frac{p}{p'} \times \frac{a}{a'}$ n'est autre chose que le carré de $\frac{R}{R'}$ ou de $\frac{a}{a'}$, et, par suite, qu'on a :

$$\frac{A}{A'} = \frac{R^2}{R'^2} = \frac{a^2}{a'^2}.$$

Donc, les aires de deux polygones réguliers, du même nombre de côtés, sont proportionnelles aux carrés de leurs rayons et de leurs apothèmes.

§ 2. Applications.

PROPOSITION 1.

PROBLÈME. — *Construire un rectangle qui ait pour base une ligne donnée et qui soit équivalent à un rectangle donné.*

Soit ABCD le rectangle donné, et EF la base du rectangle demandé; si l'on désigne par x sa hauteur inconnue, on doit avoir l'égalité suivante :

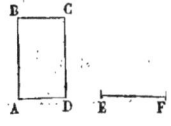

$$AD \times AB = EF \times x,$$

car il faut que les deux rectangles soient équivalents. Or, cette égalité peut se mettre sous la forme d'une proportion :

$$\frac{EF}{AB} = \frac{AD}{x} ;$$

donc, on obtiendra la hauteur inconnue x du rectangle, en cherchant une quatrième proportionnelle aux trois lignes données EF, AB, AD (113).

CorolLAIRE. — *Construire un rectangle qui ait pour base une ligne donnée et qui soit équivalent à un carré donné.*

Cette question est un cas particulier de la précédente, dans laquelle le côté AB est supposé égal à AD ; par conséquent, l'inconnue x s'obtiendra en construisant une troisième proportionnelle aux deux lignes EF et AB (113).

PROPOSITION 2

PROBLÈME. — *Construire un carré qui soit équivalent à un rectangle donné.*

Soient ABCD le rectangle donné, et x le côté inconnu du carré demandé. Puisque le carré doit être équivalent au rectangle, il faut qu'on ait l'égalité suivante :

$$AD \times AB = x^2;$$

ou, ce qui est la même chose, la proportion :

$$\frac{AD}{x} = \frac{x}{AB} .$$

Cette proportion indique que, pour avoir le côté inconnu x du carré demandé, il suffit de construire une moyenne proportionnelle entre la base AD et la hauteur AB du rectangle donné (114).

PROPOSITION 3.

PROBLÈME. — *Construire un carré équivalent : 1° à la somme; 2° à la différence de deux carrés donnés.*

1° Je trace deux droites perpendiculaires entre elles, et je prends, sur l'une d'elles, une longueur AB égale au côté du premier carré donné, puis, sur l'autre, une longueur AC égale au côté du second carré donné. Je joins le point B au point C, et la droite BC ainsi menée est, d'après le théorème de Pythagore, le côté du carré équivalent à la somme des deux carrés donnés.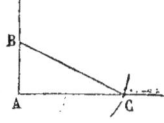

2° Je trace deux droites perpendiculaires entre elles, et je prends, sur l'une d'elles, une longueur AB égale au côté du plus petit carré donné ; puis, avec un rayon égal au côté du plus grand carré donné, je décris, du point B comme centre, un arc de cercle qui coupe la seconde droite au point C. La droite AC est, d'après le corollaire du théorème de Pythagore, le côté du carré équivalent à la différence des deux carrés donnés.

PROPOSITION 4.

PROBLÈME. — *Étant donnés deux polygones semblables, en construire un troisième qui soit semblable aux deux autres et équivalent à leur somme ou à leur différence.*

Désignons par a et a' deux côtés homologues des polygones donnés, et par x le côté homologue et inconnu du polygone demandé. Les trois polygones devant être semblables, par hypothèse, il faut qu'on ait la proportion suivante, dans laquelle A, A', A'', désignent les aires des trois polygones :

$$\frac{A}{a^2} = \frac{A'}{a'^2} = \frac{A''}{x^2}.$$

et, par suite, celle-ci :

$$\frac{A \pm A'}{a^2 \pm a'^2} = \frac{A''}{x^2}.$$

Mais, les deux numérateurs de cette proportion sont égaux, dans l'une ou dans l'autre hypothèse; donc, les dénominateurs doivent l'être aussi, ce qui entraine l'égalité :

$$a^2 \pm a'^2 = x^2.$$

Donc, le côté inconnu x, homologue de a et a', s'obtiendra en construisant un carré équivalent à la somme ou à la différence des carrés construits sur les deux côtés a et a' des polygones donnés. Ce côté étant trouvé, on construira sur ce côté un polygone semblable à l'un des polygones donnés (116), et l'on aura le polygone demandé.

PROPOSITION 5.

* **Problème.** — *Construire un carré qui ait avec un carré donné, le rapport de deux nombres ou de deux lignes données.*

Soit proposé, par exemple, de construire un carré qui

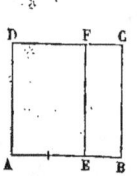

égale les $\frac{2}{3}$ du carré ABCD. On commence par construire un rectangle qui ait même hauteur que le carré donné et qui en soit les $\frac{2}{3}$: il suffit, pour cela, de prendre les $\frac{2}{3}$ de la base, au point E, et d'élever en ce point une perpendiculaire sur la base; le rectangle AEFD ainsi obtenu est égal aux $\frac{2}{3}$ du carré donné. En construisant ensuite un carré équivalent au rectangle AEFD (158), on trouve évidemment le carré demandé.

PROPOSITION 6.

* PROBLÈME. — *Construire un polygone semblable à un polygone donné, et qui ait avec le polygone donné le rapport de deux lignes ou de deux nombres donnés.*

Appelons a un côté du polygone donné, et x le côté homologue et inconnu du polygone demandé. Les deux polygones devant être semblables, par hypothèse, il faut que leurs aires soient proportionnelles aux carrés de deux côtés homologues ; par conséquent, on devra avoir la proportion :

$$\frac{x^2}{a^2} = \frac{m}{n},$$

m et n désignant les deux lignes ou les deux nombres donnés ; cette proportion montre que le côté inconnu x du polygone demandé est précisément le côté d'un carré, qui a, avec le carré construit sur un côté du polygone donné, le rapport des deux lignes ou des deux nombres donnés. Ce côté étant trouvé, d'après la proposition précédente, on construira sur ce côté un polygone semblable au polygone donné (116), et on obtiendra le polygone demandé.

PROPOSITION 7.

* PROBLÈME. — *Construire un rectangle, qui soit équivalent à un carré donné, et qui ait pour ses dimensions deux lignes dont la somme ou la différence égale une longueur donnée.*

Désignons par a le côté du carré donné, par b la longueur donnée, et par x, y, les deux dimensions inconnues du rectangle demandé. Pour que ce rectangle soit équivalent au carré donné, il faut qu'il y ait égalité entre le produit $x \times y$ et le carré a^2, ce qui donne :

(1) $$xy = a^2 \quad \text{ou} \quad \frac{x}{a} = \frac{a}{y};$$

11

et, pour que la somme ou la différence des dimensions de ce rectangle soit égale à la longueur donnée, on devra avoir l'égalité suivante :

$$(2) \qquad\qquad x \pm y = b.$$

Les deux formules (1) et (2) montrent qu'on obtiendra les dimensions inconnues du rectangle demandé, en partageant une droite de longueur b en deux segments, additifs ou soustractifs, dont la moyenne proportionnelle soit égale à a (119).

Remarque. — Les quantités x et y qui satisfont aux conditions (1) et (2) sont les racines de l'équation du deuxième degré suivante : $x^2 - bx \pm a^2 = 0$; il en résulte que le problème précédent, combiné avec celui de la page 119, permet de construire géométriquement les racines d'une équation du second degré, si elle est homogène et de la forme qui vient d'être indiquée.

Exercices.

1. Démontrer que le rapport des aires de l'octogone régulier et du carré, inscrits au même cercle, est égal à $\sqrt{2}$.

2. Prouver que l'aire du dodécagone régulier inscrit à un cercle est le triple du carré du rayon.

2 *bis.* Construire un triangle équilatéral qui soit équivalent à la somme ou à la différence de deux triangles équilatéraux donnés.

3. Calculer l'aire d'un triangle équilatéral dont le côté, supposé connu, est égal à a.

4. Trouver, dans l'intérieur d'un triangle, un point tel qu'en le joignant aux trois sommets on ait partagé le triangle en trois parties proportionnelles à des nombres donnés.

5. Inscrire, dans un triangle donné, un rectangle dont l'aire égale celle d'un carré donné.

6. Prouver que le carré construit sur la somme de deux lignes est équivalent au carré construit sur la première, plus le carré construit sur la seconde, plus le double d'un rectangle qui a pour base la première et pour hauteur la seconde.

7. Question analogue à la précédente pour le carré construit sur la différence de deux lignes.

8. Démontrer que le rectangle construit avec la somme de deux lignes pour base et avec leur différence pour hauteur, est équivalent à la différence des carrés construits sur ces deux lignes.

9. Partager un triangle en moyenne et extrême. raison par une droite parallèle à sa base.

10. Étant donné un rectangle, on propose de mener, à égale distance de chacun des côtés, une parallèle qui soit telle que l'aire comprise entre les deux rectangles égale celle d'un carré donné.

11. Mener dans un trapèze une droite parallèle aux deux bases, qui divise la figure en deux trapèzes équivalents, ou ayant un rapport donné.

12. Transformer un triangle donné en un triangle isocèle qui ait le même angle au sommet et qui soit équivalent.

13. Construire un triangle rectangle, connaissant sa surface. et son hypoténuse.

14. Parmi tous les triangles qui ont deux côtés égaux chacun à chacun, quel est celui dont la surface est la plus grande.

15. Parmi tous les trapèzes isocèles qui ont une base et un côté donnés, trouver celui dont la surface est maximum.

16. Étant donné un rectangle ABCD, on mène la diagonale BD, et du centre O du cercle inscrit au triangle BCD, on abaisse des perpendiculaires sur les côtés AB et AC; démontrer que le rectangle ainsi formé est la moitié du rectangle donné.

17. Dans un triangle ABC dont le côté BC est la moitié de la base AC, on mène la bissectrice CD de l'angle intérieur et la bissectrice CE de l'angle extérieur au sommet C; on trouve ainsi quatre triangles, savoir : CBD, CDA, CBA, CDE. Prouver que ces quatre triangles sont entre eux comme les nombres 1, 2, 3, 4.

18. Étant donné un quadrilatère quelconque, on demande de mener par l'un des sommets une droite qui divise le quadrilatère en deux parties équivalentes.

19. Deux cercles égaux ont une corde commune AB, et l'on mène par le point A une sécante quelconque qui rencontre un des cercles en C et l'autre en D. Prouver que l'aire du triangle BCD, qui est variable suivant la position de la sécante, est la plus grande possible quand la corde BC est un diamètre.

20. Étant donné un cercle de centre O et une droite quelconque, on propose de déterminer sur la droite un point M tel qu'en menant de ce point une tangente MA au cercle, le triangle OMA soit équivalent à un carré donné.

CHAPITRE III

MESURE DU CERCLE.

§ 1ᵉʳ. Mesure de la circonférence d'un cercle.

PROPOSITION 1.

LEMME. — *Un cercle est la limite vers laquelle tend un polygone régulier, inscrit ou circonscrit au cercle, et dont le nombre des côtés augmente indéfiniment.*

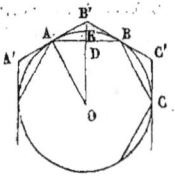 ** Supposons qu'on ait inscrit au cercle O un polygone régulier ABC..., et qu'on lui ait circonscrit un polygone régulier semblable A'B'C'... La différence des aires A et A' de ces deux polygones réguliers peut devenir aussi petite qu'on voudra, si l'on double indéfiniment le nombre de leurs côtés : en effet, on a démontré (156), qu'on doit avoir la proportion :

$$\frac{A}{A'} = \frac{a^2}{a'^2},$$

en désignant par a et a' les apothèmes des deux polygones. On en déduit aisément cette autre proportion :

$$\frac{A' - A}{A'} = \frac{a'^2 - a^2}{a'^2}$$

d'où l'on tire :

$$A' - A = A' \times \frac{a'^2 - a^2}{a'^2}.$$

Mais, si l'on double indéfiniment le nombre des côtés des deux polygones, l'aire A′ diminue, l'apothème a' ne change pas, et la différence $a'^2 - a^2$ peut devenir aussi petite qu'on veut, car cette différence n'est autre chose que $\overline{OA}^2 - \overline{OD}^2$ ou $\overline{AD}^2$, qui est moindre que le carré de l'arc AE ; et l'arc AE est une partie aliquote de la circonférence, dont la petitesse est déterminée par le nombre des côtés de chaque polygone ; par conséquent, la différence $a'^2 - a^2$ peut devenir aussi petite qu'on veut. Il en résulte que l'expression $A' \times \dfrac{a'^2 - a^2}{a'^2}$, c'est-à-dire la différence des aires A et A′ des deux polygones, peut elle-même devenir aussi petite qu'on voudra.

Or, la surface du cercle O est évidemment comprise entre les aires des polygones réguliers, inscrit et circonscrit, quel que soit le nombre des côtés de ces polygones. Donc, si le nombre des côtés des deux polygones réguliers augmente indéfiniment, les aires des deux polygones s'approchent indéfiniment de la surface du cercle ; en d'autres termes, chacun des polygones a pour limite le cercle auquel il est inscrit ou circonscrit.

Corollaire. — *La circonférence du cercle est la limite vers laquelle tend le périmètre d'un polygone régulier, inscrit ou circonscrit, dont le nombre des côtés augmente indéfiniment ;* autrement, le cercle ne serait pas la limite de l'aire de ce polygone.

PROPOSITION 2.

Théorème. — *Les circonférences de deux cercles quelconques sont proportionnelles à leurs rayons.*

Considérons les deux cercles O et O′, dont nous désignerons les rayons par R et R′ ; inscrivons ou circonscrivons à chacun d'eux des polygones réguliers du même nombre de côtés, et supposons que ABCD..., A'B'C'D'..., soient deux

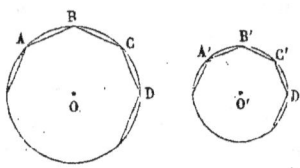

polygones inscrits. Si ces deux polygones inscrits sont réguliers, et ont le même nombre de côtés, leurs périmètres, P et P', doivent être proportionnels aux rayons des deux cercles, quelque grand que soit le nombre de leurs côtés, ce qui se traduit par la proportion suivante :

$$\frac{P}{R} = \frac{P'}{R'}.$$

Mais, si le nombre des côtés des polygones augmente indéfiniment, le périmètre P du premier tend vers la circonférence C du cercle O, qui en est la limite (165), et le périmètre P' du second tend vers la circonférence C' du cercle O'; donc, la proportion qui précède deviendra :

$$\frac{C}{R} = \frac{C'}{R'}.$$

Cette proportion exprime précisément que les circonférences des deux cercles considérés sont proportionnelles à leurs rayons.

PROPOSITION 3.

Théorème. — *Le rapport d'une circonférence à son diamètre est un nombre constant.*

En effet, si l'on nomme C et C' les circonférences de deux cercles quelconques, R et R' leurs rayons, on a, d'après le théorème précédent, la proportion :

$$\frac{C}{R} = \frac{C'}{R'} \quad \text{ou} \quad \frac{C}{2R} = \frac{C'}{2R'}.$$

Or, cette proportion exprime que le rapport de chacune des deux circonférences à son diamètre est le même ; donc, le rapport d'une circonférence à son diamètre est un nombre constant, quelle que soit cette circonférence.

Remarque. — Le nombre qui exprime le rapport d'une circonférence à son diamètre est incommensurable ; on le désigne habituellement, dans le calcul, par la lettre π. La valeur de ce nombre la plus anciennement connue est la fraction $\dfrac{22}{7}$, qui surpasse le nombre π à peine d'un millième ; cette valeur a été donnée par Archimède. Adrien Métius, géomètre français du moyen âge, a signalé comme valeur plus approchée l'expression $\dfrac{355}{113}$, qui n'excède pas d'un millionième le nombre π. Les modernes ont évalué ce nombre en décimales avec une très-grande approximation ; en voici les quinze premiers chiffres décimaux :

$$\pi = 3,141592653589793\ldots\ldots$$

PROPOSITION 4.

Problème. — *Calculer des valeurs de plus en plus approchées du rapport d'une circonférence à son diamètre.*

Puisque le rapport d'une circonférence à son diamètre est un nombre constant, qu'on est convenu de désigner par la lettre π, on peut poser, par définition, l'égalité suivante :

$$\pi = \frac{C}{2R},$$

en représentant par C la longueur d'une circonférence et par R son rayon. Il en résulte deux méthodes élémentaires pour calculer le nombre π : la première méthode, que nous appellerons *méthode des périmètres*, consiste à choisir une valeur connue pour le rayon R d'une circonférence, et à trouver par le calcul des valeurs de plus en plus approchées de la circonférence C, puis à diviser chacune des valeurs trouvées par le double du rayon : la seconde méthode, désignée sous le nom de *méthode des isopérimètres*, consiste à choisir une valeur connue pour la longueur d'une circonférence C, et à trouver par le calcul des valeurs de plus en plus approchées du rayon R, puis à diviser la longueur de la circonférence par le double de chacune des valeurs trouvées pour le rayon.

Méthode des périmètres. — 1° On inscrit et circonscrit un carré à une circonférence dont le rayon R est supposé connu, puis on calcule le côté c du carré inscrit et son apothème a (129 et 134) ; on en déduit le périmètre p du carré inscrit et le périmètre P du carré circonscrit, au moyen des formules suivantes :

$$p = 4c \quad \text{et} \quad \frac{P}{p} = \frac{R}{a}.$$

On inscrit et circonscrit alors un octogone régulier, puis on calcule le côté c' de l'octogone inscrit et son apothème a' (135 et 134) ; on en déduit le périmètre p' de l'octogone inscrit, et le périmètre P' de l'octogone circonscrit, au moyen des formules suivantes :

$$p' = 8c' \quad \text{et} \quad \frac{P'}{p'} = \frac{R}{a'}.$$

On inscrit et circonscrit de même un polygone régulier de 16, 32, 64 côtés, et d'un nombre quelconque de deux en deux fois plus grand de côtés, puis on calcule, au moyen de formules analogues, le côté du polygone inscrit et son apothème ; on en déduit aussi le périmètre du polygone inscrit et le périmètre du polygone circonscrit.

2° Si l'on divise par 2R les périmètres p, p',... des polygones inscrits, les quotients ainsi formés seront tous plus petits que le nombre π et iront en augmentant ; tandis que, si l'on divise par 2R les périmètres P, P',... des polygones circonscrits, les quotients ainsi formés seront tous plus grands que le nombre π et iront en diminuant.

Il résulte de là que les quotients qu'on obtient en divisant par le double du rayon les périmètres de deux polygones, inscrit et circonscrit, qui ont le même nombre de côtés, sont, l'un par défaut et l'autre par excès, deux valeurs approchées du nombre π, et d'autant plus approchées que les polygones considérés ont plus de côtés ; par conséquent, si l'on évalue ces deux quotients en décimales, tous les chiffres communs aux deux nombres décimaux trouvés appartiendront au nombre π.

TABLEAU DES CALCULS, EFFECTUÉS AVEC CINQ DÉCIMALES, DANS L'HYPOTHÈSE R = 1.

NOMBRE des CÔTÉS.	POLYGONE INSCRIT.			POLYGONE circonscrit. PÉRIMÈTRE.	VALEUR APPROCHÉE DU NOMBRE π.	
	CÔTÉ.	APOTHÈME.	PÉRIMÈTRE.		PAR DÉFAUT.	PAR EXCÈS.
4	1,41421	0,70710	5,65684	8	2,82842	4
8	0,76536	0,92387	6,12292	6,62744	3,06147	3,31872
16	0,39018	0,98078	6,24288	6,36726	3,12144	3,18363
32	0,19606	0,99518	6,27406	6,30448	3,13703	3,15224
64	0,09813	0,99879	6,28066	6,28713	3,14038	3,14395

Méthode des isopérimètres. — 1° On calcule l'apothème a et le rayon R d'un carré dont le périmètre C est supposé connu, au moyen des formules suivantes (129) :

$$a = \frac{C}{8} \quad \text{et} \quad R = \frac{C\sqrt{2}}{8}.$$

On calcule ensuite l'apothème a' et le rayon R' de l'octogone régulier isopérimètre, au moyen des formules suivantes (136).

$$a' = \frac{R + a}{2} \quad \text{et} \quad R' = \sqrt{R \times a'}.$$

On calcule de même, au moyen de formules analogues, l'apothème et le rayon du polygone régulier isopérimètre de 16, 32, 64 côtés, et d'un nombre quelconque de deux en deux fois plus grand de côtés.

2° Si l'on divise la longueur C par le double des apothèmes a, a',... des polygones réguliers isopérimètres, les quotients ainsi formés seront tous plus grands que le nombre π et iront en diminuant ; tandis que, si l'on divise la longueur C par le double des rayons R, R',... des polygones réguliers isopérimètres, les quotients ainsi formés seront tous plus petits que le nombre π et iront en augmentant.

Il résulte de là que les quotients qu'on obtient en divisant le périmètre C de chaque polygone régulier par le double de son apothème et par le double de son rayon, sont, l'un par excès et l'autre par défaut, deux valeurs approchées du nombre π, et d'autant plus approchées que le polygone considéré a plus de côtés ; par conséquent, si l'on évalue ces deux quotients en décimales, tous les chiffres communs aux deux nombres décimaux trouvés appartiendront au nombre π.

TABLEAU DES CALCULS, EFFECTUÉS AVEC CINQ DÉCIMALES, DANS L'HYPOTHÈSE C = 8.

NOMBRE des CÔTÉS.	POLYGONE.		VALEUR APPROCHÉE DU NOMBRE π.	
	APOTHÈME.	RAYON.	PAR EXCÈS.	PAR DÉFAUT.
4	1,00000	1,41421	4	2,82842
8	1,20710	1,30656	3,31371	3,06147
16	1,25683	1,28145	3,18261	3,12146
32	1,26914	1,27528	3,15095	3,13625
64	1,27220	1,27374	3,14417	3,14035

La valeur du nombre π est 3,14, avec deux chiffres décimaux exacts.

PROPOSITION 5.

PROBLÈME. — *Connaissant le rayon d'un cercle et le nombre π, calculer la longueur de la circonférence.*

De la formule $\pi = \dfrac{C}{2R}$, on déduit aisément la suivante, qui est la FORMULE DE LA CIRCONFÉRENCE :

$$C = 2\pi R;$$

cette dernière formule indique qu'*en multipliant le rayon d'un cercle par le double du nombre π, on obtient pour produit la longueur de la circonférence.*

EXERCICES NUMÉRIQUES. — 1° Si le rayon R est exactement de 420 mètres, en multipliant 420 mètres par 6,283, qui est, à 1 millième près, le double de π, on trouve pour la longueur de la circonférence $2638^m,860$ à 420 millimètres près.

2° Si le rayon R est exactement de $\dfrac{1}{2}$ mètre, la circonférence, exprimée en mètres, doit égaler le nombre 3,1415.....

PROPOSITION 6.

PROBLÈME. — *Connaissant la longueur d'une circonférence et le nombre π, calculer le rayon de cette circonférence.*

De la formule $\pi = \dfrac{C}{2R}$, on déduit facilement la suivante :

$$R = \frac{C}{2\pi};$$

cette dernière formule indique qu'en divisant la longueur C d'une circonférence par le double du nombre π, on obtient pour quotient le rayon R de cette circonférence.

Exercices numériques. — 1° Si la longueur C est exactement de 340 mètres, en divisant 340 mètres par 6,283, qui est, à 1 millième près, le double du nombre π, on trouve pour la longueur du rayon 54^m,1 à un décimètre près.

2° Si la longueur C est de 2 mètres exactement, le rayon R, exprimé en mètres, doit égaler l'inverse du nombre 3,1415...

PROPOSITION 7.

Problème. — *Connaissant le rayon et la mesure en degrés d'un arc de cercle, calculer la longueur de cet arc.*

Désignons par n le nombre de degrés qui exprime la mesure d'un arc de cercle, et par l sa longueur ; on doit avoir la proportion suivante (64) :

$$\frac{l}{2\pi R} = \frac{n}{360},$$

proportion dans laquelle R représente le rayon du cercle auquel l'arc appartient. On en déduit cette formule :

$$l = \frac{\pi R n}{180},$$

qui permet de calculer la longueur d'un arc, si l'on connaît le rayon du cercle auquel cet arc appartient et la mesure de cet arc en degrés.

Corollaire. — *Trouver la mesure d'un arc en degrés, connaissant sa longueur et le rayon du cercle auquel cet arc appartient.*

Supposons, par exemple, qu'on veuille trouver le nombre n de degrés qui exprime la mesure d'un arc de cercle dont la longueur est égale au rayon du cercle ; il suffit de poser $l = R$ dans la formule précédente, et d'en tirer la valeur

correspondante de n. On trouve ainsi, en simplifiant le résultat :

$$n = \frac{180}{\pi},$$

et, en effectuant, 57° 17' 44", à une seconde près.

DÉFINITION.

ARCS SEMBLABLES. — Deux arcs appartenant à des cercles
différents sont dits *semblables*, si leur mesure en degrés est
la même, ou, en d'autres termes, s'ils correspondent à des
angles au centre égaux entre eux.

PROPOSITION 8.

THÉORÈME. — *Dans des cercles différents, deux arcs
semblables sont proportionnels aux rayons des cercles.*

Désignons par R et R′ les rayons de deux cercles, par l et
l' les longueurs de deux arcs semblables appartenant à ces
deux cercles. D'après le problème qui précède, les longueurs
de ces arcs ont pour expression :

$$l = \frac{\pi R n}{180} \quad \text{et} \quad l' = \frac{\pi R' n'}{180} ;$$

mais, puisque les deux arcs considérés sont semblables, il
faut que n' soit égal à n ; par conséquent, si l'on divise ces
deux égalités membre à membre, on aura, en simplifiant le
résultat, la proportion suivante :

$$\frac{l}{l'} = \frac{R}{R'}.$$

Donc, dans des cercles différents, deux arcs semblables sont
proportionnels aux rayons des cercles.

§ 2. Mesure de la surface d'un cercle.

PROPOSITION 1.

THÉORÈME. — *L'aire d'un cercle quelconque est égale à la moitié du produit de sa circonférence par son rayon.*

Considérons le cercle O, dont nous désignerons le rayon

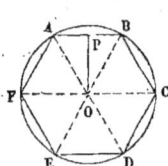

par R ; inscrivons ou circonscrivons au cercle un polygone régulier quelconque, et supposons que ABCDEF soit un polygone inscrit. Puisque ce polygone est supposé régulier, son aire A est égale à la moitié du produit de son périmètre p par son apothème OP (150), ce qui se traduit par l'égalité suivante :

$$A = \frac{p \times OP}{2}.$$

Mais, si le nombre des côtés du polygone augmente indéfiniment, le périmètre p tend vers la circonférence C du cercle O, qui en est la limite ; l'apothème OP tend vers le rayon R du cercle, et l'aire du polygone vers l'aire S du cercle (164) ; donc, l'égalité précédente deviendra :

$$S = \frac{C \times R}{2}.$$

Cette égalité exprime précisément que l'aire du cercle considéré est égale à la moitié du produit de sa circonférence par son rayon.

COROLLAIRE. — *Deux cercles quelconques sont proportionnels aux produits de leurs circonférences par leurs rayons ;* car, leurs aires sont respectivement égales à la moitié de ces deux produits.

Remarque. — Tout cercle est équivalent à un triangle qui aurait pour base une longueur égale à sa circonférence et pour hauteur son rayon; par conséquent, on pourrait construire un carré équivalent à un cercle donné, si l'on savait tracer une droite dont la longueur fût égale à sa circonférence.

PROPOSITION 2.

PROBLÈME. — *Connaissant le rayon d'un cercle, calculer son aire.*

On commencera par se rappeler que la circonférence d'un cercle, dont on connaît le rayon R, est donnée par la formule (171) :

$$C = 2\pi R ;$$

C désigne la longueur de la circonférence, et π le rapport de cette circonférence à son diamètre. Si l'on remplace, dans la conclusion de la Proposition 1, la circonférence C par $2\pi R$, et qu'on simplifie le résultat de cette substitution, on obtient alors la FORMULE DU CERCLE :

$$S = \pi R^2.$$

Cette formule indique qu'*en multipliant le carré du rayon d'un cercle par le nombre π, on trouve pour produit l'aire du cercle.*

EXERCICES NUMÉRIQUES. — 1° Si le rayon R est de 24 mètres exactement, en multipliant le carré de 24 ou 576 par 3,14159, qui représente le nombre π à 1 cent-millième près, on aura pour produit 1809^{mc},55584, qui exprime l'aire du cercle à 576 cent-millièmes près, c'est-à-dire à moins d'un décimètre carré.

2° Si le rayon R est de 1 mètre exactement, l'aire du cercle sera exprimée en mètres carrés par le nombre 3,14159...

PROPOSITION 3.

Problème. — *Connaissant l'aire d'un cercle, calculer son rayon.*

De la formule, précédemment démontrée : $S = \pi R^2$, on déduit facilement la suivante :

$$R^2 = \frac{S}{\pi};$$

d'où l'on tire, en prenant la racine carrée des deux membres :

$$R = \sqrt{\frac{S}{\pi}}.$$

Cette formule indique qu'en divisant l'aire d'un cercle par le nombre π, et en extrayant la racine carrée du quotient, on trouve pour résultat le rayon du cercle.

Exercices numériques. — 1° Si l'aire d'un cercle est exactement de 640 mètres carrés, le quotient de 640 mètres carrés par 3,14159 sera 204^{mc},31, à 1 décimètre carré près, et la racine carrée de ce quotient, ou 14,2, indiquera la longueur du rayon, à moins de 1 décimètre.

2° Si l'aire d'un cercle était de 1 mètre carré, la longueur du rayon serait exprimée en mètres par la racine carrée de l'inverse du nombre 3,14159…

PROPOSITION 4.

Théorème. — *Les aires de deux cercles quelconques sont proportionnelles aux carrés de leurs rayons.*

Désignons par S et S' les aires, par R et R' les rayons de deux cercles quelconques ; les aires de ces deux cercles sont données par les formules suivantes :

$$S = \pi R^2 \quad \text{et} \quad S' = \pi R'^2 ;$$

et, si l'on divise membre à membre ces deux égalités, on trouve la proportion :

$$\frac{S}{S'} = \frac{R^2}{R'^2}.$$

Donc, les aires de deux cercles quelconques sont proportionnelles aux carrés de leurs rayons.

DÉFINITIONS.

COURONNE CIRCULAIRE. — On donne le nom de *couronne circulaire* à la surface comprise entre deux cercles concentriques ; le centre commun du petit cercle et du grand cercle se nomme le *centre*, et la différence des deux rayons, la *hauteur* de la couronne.

La distance du centre au milieu de la hauteur est appelée *rayon moyen* d'une couronne, et la circonférence qui a pour centre celui de la couronne et pour rayon son rayon moyen, est dite *circonférence moyenne*.

COURONNES SEMBLABLES. — Deux couronnes sont dites *semblables*, si les rayons de leurs petits cercles sont proportionnels à ceux de leurs grands cercles.

PROPOSITION 5.

THÉORÈME. — *Une couronne circulaire est équivalente à un cercle qui aurait pour diamètre une corde du plus grand de ses cercles, tangente au plus petit.*

Considérons la couronne dont le point O est le centre ; menons la corde CD tangente en B au petit cercle, et tirons le rayon OC. L'aire du petit cercle est égale à $\pi \times \overline{OB}^2$, celle du grand cercle à $\pi \times \overline{OC}^2$; par conséquent, l'aire de la cou-

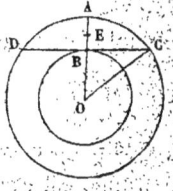

ronne, qui est la différence des deux cercles, sera exprimée par la différence :

$$\pi \times \overline{OC}^2 - \pi \times \overline{OB}^2 \quad \text{ou} \quad \pi(\overline{OC}^2 - \overline{OB}^2).$$

Mais la différence $\overline{OC}^2 - \overline{OB}^2$ est égale à $\overline{BC}^2$; car, l'angle OBC est droit, et, par suite, le triangle BOC est rectangle en B ; donc, l'aire de la couronne considérée a pour expression $\pi \times \overline{BC}^2$.

Ce produit représente, comme on le sait, l'aire du cercle qui aurait pour diamètre la corde CD ; par conséquent, une couronne circulaire est équivalente à un cercle qui aurait pour diamètre une corde du plus grand de ses cercles, tangente au plus petit.

Corollaire 1. — *Deux couronnes quelconques sont proportionnelles à la différence des carrés de leurs rayons ;* car, leurs aires sont respectivement égales au nombre π multiplié par la différence de ces carrés.

*Corollaire 2. — *L'aire d'une couronne est égale au produit de sa circonférence moyenne par sa hauteur.* En effet, l'expression $\pi(\overline{OC}^2 - \overline{OB}^2)$ peut se mettre sous la forme suivante :

$$\pi(OC + OB)(OC - OB) \quad \text{ou} \quad 2\pi\left(\frac{OC + OB}{2}\right)(OC - OB).$$

Or, le facteur $OC - OB$ n'est autre chose que AB, c'est-à-dire la hauteur de la couronne ; le facteur $\frac{OC + OB}{2}$ représente la distance OE du centre au milieu de la hauteur, et le produit $2\pi\left(\frac{OC + OB}{2}\right)$, ou $2\pi \times OE$, exprime la longueur de la circonférence moyenne. Donc, l'aire d'une couronne est égale au produit de sa circonférence moyenne par sa hauteur.

PROPOSITION 6.

THÉORÈME. — *Les aires de deux couronnes semblables sont proportionnelles aux carrés des rayons de leurs petits cercles et de leurs grands cercles.*

Désignons par S et S' les aires de deux couronnes semblables, par r et r' les rayons de leurs petits cercles, par R et R' les rayons de leurs grands cercles. Ces deux couronnes doivent être proportionnelles à la différence des carrés de leurs rayons, d'après le théorème précédent, ce qui se traduit par la proportion :

$$\frac{S}{S'} = \frac{R^2 - r^2}{R'^2 - r'^2}.$$

Mais, les deux couronnes étant semblables par hypothèse, il faut qu'on ait :

$$\frac{R}{R'} = \frac{r}{r'}, \quad \text{ou} \quad \frac{R^2}{R'^2} = \frac{r^2}{r'^2}, \quad \text{ou encore} \quad \frac{R^2 - r^2}{R'^2 - r'^2} = \frac{R^2}{R'^2} = \frac{r^2}{r'^2},$$

par conséquent, on doit avoir la proportion suivante :

$$\frac{S}{S'} = \frac{R^2}{R'^2} = \frac{r^2}{r'^2}.$$

Cette proportion exprime précisément que les aires des deux couronnes considérées sont proportionnelles aux carrés des rayons de leurs petits cercles et de leurs grands cercles.

DÉFINITIONS.

SECTEUR CIRCULAIRE. — On donne le nom de *secteur circulaire* à la partie de cercle comprise entre un arc et les deux rayons qui aboutissent aux extrémités de cet arc. La longueur de l'arc du cercle (172) se nomme *base* du secteur, et le rayon du cercle, *rayon* du secteur.

SECTEURS SEMBLABLES. — Deux secteurs appartenant à des

cercles différents sont dits *semblables*, s'ils ont pour bases des arcs semblables (173).

PROPOSITION 7.

THÉORÈME. — *L'aire d'un secteur circulaire est égal à la moitié du produit de sa base par son rayon.*

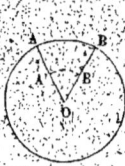

Considérons le secteur OAB, dont nous appellerons le rayon R, la base *l* et l'aire *s*. La surface de ce secteur et celle du cercle doivent être évidemment proportionnelles à l'arc AB et à la circonférence entière, ce qui se traduit par la proportion :

$$\frac{s}{l} = \frac{S}{C},$$

S désignant la surface du cercle et C sa circonférence. On en déduit la formule suivante :

$$s = \frac{l \times S}{C};$$

et, si l'on remplace S par le produit $\frac{C \times R}{2}$ (174) qui lui est égal, on trouve, en simplifiant le résultat, la FORMULE DU SECTEUR :

$$s = \frac{l \times R}{2}.$$

Cette formule indique que *l'aire d'un secteur circulaire est égale à la moitié du produit de sa base par son rayon.*

COROLLAIRE 1. — *Deux secteurs quelconques sont proportionnels aux produits de leurs bases par leurs rayons;* car, leurs aires sont respectivement égales à la moitié de ces deux produits.

COROLLAIRE 2. — *L'aire d'un secteur est égale au produit*

de son rayon par son arc moyen. En effet, si l'on décrit, du point O comme centre et avec un rayon égal à la moitié de OA, un arc A'B', cet arc moyen A'B' est semblable à l'arc AB, et, par suite, la moitié de l'arc AB (173); il en résulte que l'aire du secteur OAB est égale au produit de son rayon par l'arc moyen A'B'.

PROPOSITION 8.

THÉORÈME. — *Les aires de deux secteurs semblables sont proportionnelles aux carrés de leurs rayons.*

Désignons par s, l, R l'aire, la base et le rayon du premier secteur, par s', l', R' l'aire, la base et le rayon du second. Ces deux secteurs doivent être proportionnels aux produits de leurs bases par leurs rayons, d'après le théorème précédent, ce qui se traduit par l'égalité suivante :

$$\frac{S}{S'} = \frac{l \times R}{l' \times R'} \quad \text{ou} \quad \frac{S}{S'} = \frac{l}{l'} \times \frac{R}{R'}.$$

Mais, les deux secteurs étant semblables par hypothèse, il faut qu'on ait (173) :

$$\frac{l}{l'} = \frac{R}{R'};$$

par conséquent, le produit $\frac{l}{l'} \times \frac{R}{R'}$ n'est autre chose que le carré de $\frac{R}{R'}$ ou $\frac{R^2}{R'^2}$, et la première égalité devient :

$$\frac{S}{S'} = \frac{R^2}{R'^2}.$$

Donc, les aires de deux secteurs semblables sont proportionnelles aux carrés de leurs rayons.

DÉFINITIONS.

SEGMENT CIRCULAIRE. — On appelle *segment circulaire* la partie de cercle comprise entre un arc et sa corde. Toute corde correspond, dans un cercle, à deux segments, dont l'un est généralement plus petit et l'autre plus grand que le demi-cercle; mais il suffit de connaître l'aire du plus petit pour avoir celle du plus grand, puisque la somme des deux forme le cercle entier.

SINUS D'UN ARC. — Nous appellerons *sinus* d'un arc plus petit qu'une demi-circonférence, la perpendiculaire abaissée d'une extrémité de l'arc sur le diamètre qui passe par l'autre extrémité.

PROPOSITION 9.

THÉORÈME. — *L'aire d'un segment circulaire, moindre qu'un demi-cercle, est égale à la moitié du produit du rayon par la différence entre l'arc et le sinus de l'arc.*

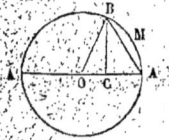

Considérons le segment AMB; menons les rayons OA et OB, et le sinus BC. Le segment AMB n'est autre chose que le secteur OAMB, diminué du triangle OAB; or, l'aire du secteur OAMB est égale à $\dfrac{\text{arc AB} \times \text{OA}}{2}$, et celle du triangle à $\dfrac{\text{BC} \times \text{OA}}{2}$; par conséquent, l'aire du segment sera exprimée par la différence :

$$\frac{\text{arc AB} \times \text{OA}}{2} - \frac{\text{BC} \times \text{OA}}{2} \quad \text{ou} \quad \frac{(\text{arc AB} - \text{BC})\text{OA}}{2}.$$

Donc, l'aire d'un segment circulaire, moindre qu'un demi-cercle, est égale à la moitié du produit du rayon par la différence entre l'arc et le sinus de l'arc.

Exercices.

1. Calculer, à moins d'un millimètre, la circonférence qui a pour rayon la diagonale d'un carré de $0^m,60$ de côté, et faire voir qu'on a obtenu l'approximation demandée.

2. Prouver que, dans deux cercles de rayons différents, le rapport des angles au centre qui comprennent entre leurs côtés des arcs de même longueur, est l'inverse de celui des rayons.

3. Tracer un cercle, 1° qui ait avec un cercle donné le rapport de deux lignes ou de deux nombres donnés, 2° qui soit équivalent à la somme ou à la différence de deux cercles donnés.

4. Tracer un cercle équivalent à une couronne donnée.

5. Étant données deux couronnes semblables, en construire une troisième qui soit semblable aux deux autres et équivalente à leur somme ou à leur différence.

6. Prouver que, dans des cercles différents, deux secteurs dont les angles au centre sont en raison inverse des rayons sont équivalents.

7. Démontrer que, si l'on décrit sur les trois côtés d'un triangle rectangle, comme diamètres, des demi-cercles, celui qui est décrit sur l'hypoténuse équivaut à la somme des deux autres.

8. Étant donné un triangle rectangle, on le partage en deux autres par une perpendiculaire abaissée du sommet de l'angle droit sur l'hypoténuse, et l'on inscrit un cercle à chacun des triangles partiels. Démontrer que les deux cercles inscrits ont des aires proportionnelles à celles des deux triangles.

9. On appelle *trapèze circulaire* la portion d'une couronne comprise entre deux rayons. Démontrer que l'aire d'un trapèze circulaire est égale à la demi-somme des arcs, qui lui servent de base, multipliée par sa hauteur.

10. Étant donné un demi-cercle terminé au diamètre AB, on abaisse d'un point quelconque M de la demi-circonférence une perpendiculaire MP sur le diamètre, et l'on décrit deux demi-cercles sur AP et BP comme diamètres. On demande de prouver que la surface comprise entre les trois demi-cercles équivaut au cercle qui a MP pour diamètre.

11. Partager un cercle en parties proportionnelles aux nombres 3, 4 et 5, par des rayons.

12. Diviser la surface d'un cercle donné en moyenne et extrême raison par une circonférence concentrique.

FIN DE LA GÉOMÉTRIE PLANE.

GÉOMÉTRIE DANS L'ESPACE

LIVRE V
PLAN ET LIGNE DROITE DANS L'ESPACE

CHAPITRE PREMIER

PROPRIÉTÉS GÉNÉRALES DU PLAN ET DE LA LIGNE DROITE.

§ 1er. Plan et droite parallèles.

DÉFINITION.

PLAN. — Le *plan* est une surface telle qu'une droite quelconque y est contenue tout entière, si elle passe par deux points de la surface. Il résulte de cette définition qu'une droite qui rencontre un plan, sans y être contenue tout entière, ne peut avoir qu'un seul point de commun avec le plan, et qu'elle se trouve nécessairement située en partie d'un côté et en partie de l'autre côté du plan. Le point commun au plan et à la droite se nomme ordinairement le *pied* de la droite.

Dans les arts, les surfaces planes sont le plus souvent rectangulaires ; en géométrie, on représente un plan par le dessin d'un parallélogramme, attendu que la forme de parallélogramme est celle sous laquelle, par un effet de perspective, nous apparaissent les plans rectangulaires, et l'on désigne habituellement un plan par deux lettres, placées aux extrémités d'une diagonale du parallélogramme qui le représente.

PROPOSITION I.

THÉORÈME. — *Par trois points, qui ne sont pas situés en ligne droite, on peut faire passer un plan, et on n'en peut faire passer qu'un.*

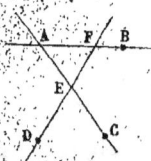

Considérons trois points, A, B, C, qui ne sont pas en ligne droite : on peut d'abord concevoir qu'un plan passe par les deux points A et B, et, par suite, contienne la droite AB tout entière ; supposons qu'on fasse tourner ce plan autour de AB, jusqu'à ce qu'il rencontre le point C ; il est clair qu'il passera alors par les trois points, A, B, C. Donc, par les trois points considérés, on peut faire passer un plan.

De plus, *on n'en peut faire passer qu'un ;* car, tout plan passant par les trois points, A, B, C, doit se confondre avec le premier : en effet, soit D un point quelconque d'un second plan, que je suppose passer par les trois points, A, B, C ; si je mène par ce point, dans le second plan, une droite DEF qui rencontre les droites AB et AC, la droite ainsi menée aura deux points communs avec le premier plan, savoir : le point E et le point F ; par conséquent, elle doit être tout entière contenue dans le premier plan, et le point D appartient au premier plan comme au second ; donc, tout plan passant par les trois points A, B, C, doit se confondre avec le premier ; en d'autres termes, on ne peut faire passer qu'un plan par trois points qui ne sont pas situés en ligne droite.

COROLLAIRE. — *L'intersection de deux plans est une ligne droite ;* car, si cette intersection contenait seulement trois

points qui ne fussent pas en ligne droite, les deux plans passant par ces trois points devraient se confondre en un seul.

Remarque. — Le théorème qui précède s'exprime quelquefois plus simplement en disant que *trois points, qui ne
sont pas en ligne droite,* déterminent *un plan.* On peut dire
évidemment la même chose : 1° *d'une droite et d'un point
extérieur à la droite* ; 2° *de deux droites qui se coupent* ;
3° *de deux droites parallèles* ; car, si deux droites sont parallèles, le plan qui passe par l'une d'elles et par un
point de l'autre, doit, par définition, les contenir toutes les
deux (31).

DÉFINITION.

PLAN ET DROITE PARALLÈLES. — Une droite est dite *parallèle à un plan*, si, prolongée dans les deux sens et autant
qu'on le veut, elle ne peut pas rencontrer le plan. On exprime la même chose en disant que le plan est *parallèle à la
droite*, ou que le plan et la droite sont *parallèles entre
eux.*

PROPOSITION 2.

THÉORÈME. — *Une droite est parallèle à un plan, si elle
est parallèle à une autre droite située dans ce plan.*

Soit AB une droite, que je suppose parallèle à la droite CD
du plan MN ; les deux droites AB et CD déterminent un plan
qui coupe le plan MN, suivant la droite CD ;
par suite, la droite AB, qui est tout entière
contenue dans ce plan, ne peut rencontrer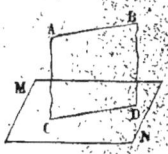
le plan MN qu'en un point de cette ligne
CD. Or, la droite AB étant parallèle à CD,
par hypothèse, ne peut pas rencontrer CD ; par conséquent,
elle ne peut pas rencontrer le plan MN. Donc, une droite
est parallèle à un plan, si elle est parallèle à une autre droite
située dans ce plan.

PROPOSITION 3.

THÉORÈME. — *Par une droite parallèle à un plan, si l'on fait passer un autre plan qui rencontre le premier, l'intersection des deux plans est parallèle à la droite.*

Supposons que la droite AB soit parallèle au plan MN, et qu'on ait fait passer par cette droite le plan ABCD. Puisque la droite AB est, par hypothèse, parallèle au plan MN, elle ne peut pas rencontrer CD; donc, les deux droites AB et CD, qui sont situées dans le même plan et ne peuvent pas se rencontrer, sont des droites parallèles.

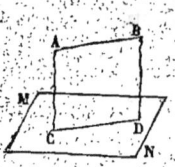

PROPOSITION 4.

THÉORÈME. — *Par un point d'un plan parallèle à une droite, si l'on mène une parallèle à la droite, cette parallèle est tout entière contenue dans le plan.*

Admettons que le plan MN soit parallèle à la droite AB, et qu'on ait mené par le point C la droite CD parallèle à AB. Les deux parallèles, AB et CD, déterminent un plan dont l'intersection avec le plan MN doit être parallèle à AB; d'ailleurs, cette intersection doit passer par le point C; donc, elle doit se confondre avec la droite CD; en d'autres termes, la droite CD est tout entière contenue dans le plan MN.

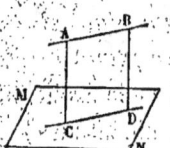

PROPOSITION 5.

THÉORÈME. — *Deux droites parallèles, comprises entre une droite et un plan parallèles, sont égales.*

Supposons que la droite AB soit parallèle au plan MN, et

que les deux droites AC et BD soient parallèles entre elles.
Si l'on joint sur le plan leurs pieds C et D, la figure ainsi
formée ABCD est un parallélogramme : en
effet, les côtés AC et BD sont parallèles, par
hypothèse ; les côtés AB et CD le sont aussi,
d'après la proposition 3 ; donc, la figure
ABCD est un parallélogramme ; et les deux
droites, AC et BD, sont égales, comme côtés opposés d'un
parallélogramme.

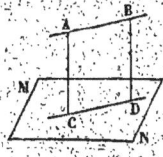

§ 2. Plan et droite perpendiculaires.

DÉFINITIONS.

PLAN ET DROITE PERPENDICULAIRES. — On dit qu'une droite
est *perpendiculaire à un plan*, si elle est perpendiculaire à
toutes les droites qu'on peut mener par son pied dans le
plan. On exprime la même chose en disant que le plan est
perpendiculaire à la droite, ou que le plan et la droite sont
perpendiculaires entre eux.

Toute droite qui rencontre un plan, sans lui être perpendiculaire, est dite *oblique au plan*.

PROPOSITION 1.

THÉORÈME. — *Toute droite qui est perpendiculaire à deux
autres, menées par son pied dans un plan, est perpendiculaire à ce plan.*

Soient un plan MN et une droite AB, que je suppose perpendiculaire aux deux droites BC et BD, menées par son pied
dans le plan ; je dis que cette droite AB est perpendiculaire
à toute autre droite, telle que BE, menée par son pied dans
le plan MN. Pour le démontrer, je prolonge AB de l'autre

côté du plan MN d'une longueur BA' égale à AB, je trace ensuite, dans le plan MN, une droite qui rencontre les trois droites, BC, BD, BE, et je joins les trois points de rencontre, C, D, E, aux deux points A et A'. J'ai ainsi formé deux triangles, ACD et A'CD, qui sont égaux, comme ayant leurs trois côtés égaux, savoir : le côté CA est égal à CA', car ces côtés sont deux obliques s'écartant également de la perpendiculaire BC; le côté DA est égal à DA', pour une raison analogue ; le côté CD est commun aux deux triangles. Les triangles ACD et A'CD étant

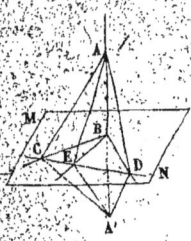

égaux, si je fais tourner A'CD autour du côté commun CD, jusqu'à ce qu'il s'applique sur ACD, le point A' tombera en A, et la droite A'E coïncidera avec AE; les deux côtés AE et A'E du triangle AEA' sont donc égaux, et ce triangle est isocèle. Mais, dans un triangle isocèle, la droite EB qui va du sommet au milieu de la base AA', est perpendiculaire sur la base; par conséquent, les deux droites EB et AA' sont perpendiculaires entre elles. Donc, si une droite est perpendiculaire à deux autres, menées par son pied dans un plan, elle est perpendiculaire à toute autre droite menée par son pied dans le plan, c'est-à-dire perpendiculaire au plan.

Remarque. — Pour qu'un plan et une droite soient perpendiculaires entre eux, il *suffit* que la droite soit perpendiculaire à deux autres droites, menées par son pied dans le plan.

PROPOSITION 2.

Théorème.— *Par un point donné, on peut mener un plan perpendiculaire à une droite, et on n'en peut mener qu'un.*

Soient AB la droite, et C le point donné, que je suppose hors de la droite. On peut faire passer un plan par cette droite et

par le point C, et, dans ce plan, mener la droite CO perpendiculaire à AB; on peut aussi faire passer par cette droite un
autre plan; et, dans cet autre plan,
élever la droite OD perpendiculaire à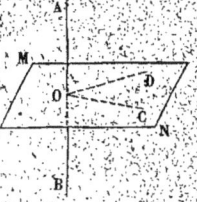
AB. Il est clair que le plan MN, déter-
miné par les deux droites OC et OD,
est perpendiculaire sur AB, et qu'il
passe par le point donné; d'ailleurs, il
en est absolument de même, si le point
C est donné sur la droite; donc, on peut mener, par un
point donné, un plan perpendiculaire à une droite.

De plus, *on n'en peut mener qu'un.* En effet, supposons
qu'on ait pu mener par un point donné deux plans perpendiculaires à la droite; on pourra faire passer, par ce point et
par la droite, un troisième plan, qui coupe les deux autres
suivant deux droites; et, dans ce troisième plan, les deux
droites d'intersection, qui partent du même point, devront
être perpendiculaires à la même droite, ce qui est impossible. Donc, il est impossible de mener par un point donné
deux plans perpendiculaires à la même droite.

PROPOSITION 3.

THÉORÈME. — *Par un point donné, on peut mener une
perpendiculaire à un plan, et on n'en peut mener qu'une.*

Soient MN le plan, et C le point donné,
que je suppose sur le plan. On peut tra-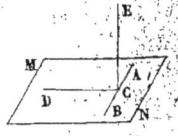
cer, par le point C et dans le plan MN,
une droite quelconque AB, et mener
par ce point un plan perpendiculaire à
la droite; admettons que ce plan coupe le plan MN suivant la droite CD, et qu'on ait élevé dans ce plan, au point C,
une droite perpendiculaire sur CD. La droite CE ainsi me-

née doit être perpendiculaire au plan MN; car elle est, par construction, perpendiculaire sur CD; et elle l'est aussi sur AB, puisqu'elle passe par le pied de AB dans un plan perpendiculaire à AB. Si le point est donné hors du plan MN, on pourra d'abord, par un point C choisi arbitrairement sur le plan, mener une droite CE qui soit perpendiculaire au plan MN; on peut ensuite faire glisser sur le plan la figure formée par les trois perpendiculaires, CB, CD, CE, jusqu'à ce que la droite CE, qui est perpendiculaire au plan MN, passe par le point donné. Donc, on peut mener, par un point donné, une droite perpendiculaire à un plan.

De plus, *on n'en peut mener qu'une.* En effet, supposons qu'on ait pu mener, par un point, deux droites perpendiculaires au même plan; ces deux droites détermineront un plan, et, dans ce plan, ces deux droites, qui partent du même point, devront être perpendiculaires l'une et l'autre à la droite d'intersection des deux plans, ce qui est impossible. Donc, il est impossible de mener, par un point, deux perpendiculaires au même plan.

PROPOSITION 4.

THÉORÈME. — *La perpendiculaire, abaissée d'un point sur un plan, est plus courte que toute oblique menée du même point au plan.*

La démonstration de cette proposition et de celles qui suivent, se ramène, sans aucune difficulté, à celle des propositions analogues de la géométrie plane (23 et suiv.).

DÉFINITION.

DISTANCE D'UN POINT A UN PLAN. — La plus courte des lignes droites, et, par suite, de toutes les lignes qu'on peut mener d'un point à un plan, est la perpendiculaire abaissée de ce point sur le plan : la longueur de cette perpendiculaire se nomme la *distance du point au plan.*

PROPOSITION 5.

Théorème. — *Si l'on mène d'un point à un plan une perpendiculaire et deux obliques, les deux obliques sont égales, lorsqu'elles s'écartent également de la perpendiculaire, et, lorsqu'elles s'écartent inégalement de la perpendiculaire, celle qui s'en écarte le plus est la plus longue.*

Corollaire 1. — *Si deux obliques, menées d'un point à plan sont égales, elles doivent s'écarter également de la perpendiculaire;* autrement, elles ne seraient pas égales.

Corollaire 2. — Lorsque trois obliques égales sont menées d'un point à un plan, leurs pieds sont également éloignés du pied de la perpendiculaire abaissée de ce point sur le plan; par conséquent, si l'on décrit une circonférence passant par les pieds de ces trois obliques, le centre de cette circonférence sera le pied de la perpendiculaire. Il résulte de là que : 1° si l'on demande de *trouver le pied de la perpendiculaire abaissée d'un point sur un plan,* on marquera sur le plan trois points qui soient à égale distance du point donné, et on cherchera le centre du cercle qui passe par ces trois points; ce centre sera le point demandé : 2° si l'on demande *le lieu des points de l'espace qui sont à égale distance de trois points donnés,* on cherchera le centre du cercle qui passe par ces trois points; la perpendiculaire élevée sur le plan et par le centre du cercle sera le lieu demandé.

PROPOSITION 6.

Théorème. — *Tout point, situé sur le plan perpendiculaire au milieu d'une droite, est à égale distance des deux*

13

extrémités de cette droite, et tout point situé hors du plan perpendiculaire est plus rapproché d'une extrémité de la droite que de l'autre.

COROLLAIRE 1. — *Tout point qui est à égale distance des deux extrémités d'une droite, appartient au plan perpendiculaire au milieu de cette droite;* autrement, il serait plus rapproché d'une extrémité de cette droite que de l'autre.

COROLLAIRE 2. — *Le plan qui passe par trois points, situés chacun à distance égale des extrémités d'une droite, est perpendiculaire au milieu de cette droite;* car, chacun des trois points appartient au plan qui est perpendiculaire au milieu de cette droite.

COROLLAIRE 3. — *Le plan perpendiculaire au milieu d'une droite est le lieu des points de l'espace qui sont à distance égale des extrémités de cette droite;* car, le plan perpendiculaire au milieu d'une droite contient tous les points de l'espace qui sont à égale distance des extrémités de cette droite, et n'en contient pas d'autres.

PROPOSITION 7.

THÉORÈME DES TROIS PERPENDICULAIRES. — *Si l'on mène d'un point donné une perpendiculaire à un plan, et qu'on abaisse de son pied une perpendiculaire sur une droite quelconque du plan, la droite qui joint le point donné au pied de la seconde perpendiculaire est elle-même perpendiculaire sur la droite du plan.*

Soient O le point donné, OP une perpendiculaire menée de ce point au plan MN, et PA, une seconde perpendiculaire abaissée du point P sur la droite BC, qui est dans le plan MN; je dis que la droite OA doit être perpendiculaire sur BC. En effet, si je prends à droite et à gauche du point A deux longueurs égales, AB et AC, les deux droites PB et PC tracées dans le plan MN, sont égales, comme obliques s'écartant également de la perpendiculaire abaissée du point P sur BC; il en résulte que les droites OB et OC, tracées dans l'espace, sont égales comme obliques s'écartant également de la perpendiculaire menée du point O au plan MN. Donc, le triangle OBC est isocèle, et la droite OA, qui va du sommet O au

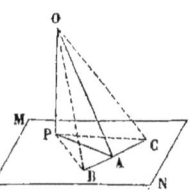

milieu de la base BC, est perpendiculaire sur BC; c'est précisément ce qu'on se proposait de démontrer.

COROLLAIRE. — *La droite PA, qui est perpendiculaire à la fois sur les deux droites OP et BC, non situées dans le même plan, est plus courte que toute autre ligne OB menée entre ces deux droites;* en effet, on a, d'après ce qui précède :

$$PA < PB, \quad \text{et} \quad PB < OB;$$

donc, à plus forte raison, la droite PA est plus petite que OB.

PROPOSITION 8.

THÉORÈME. — *Si deux droites sont parallèles, tout plan perpendiculaire à l'une est aussi perpendiculaire à l'autre,* et RÉCIPROQUEMENT.

Supposons que les deux droites AB et CD soient parallèles, et que le plan MN soit perpendiculaire à AB. Si l'on joint, sur le plan, les pieds A et C des deux parallèles, la droite AC ainsi menée est perpendiculaire à AB (189), et, par suite, à CD. En outre, si l'on trace

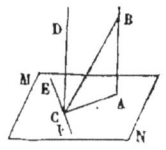

dans le plan MN la droite EF perpendiculaire à AC, et qu'on joigne le point C à un point quelconque B de la perpendiculaire AB, la droite BC est perpendiculaire sur

EF, d'après le théorème des trois perpendiculaires. Il en résulte que le plan BCA est perpendiculaire à la droite EF (189), et, comme la droite CD, parallèle à AB, est contenue dans ce plan, cette droite CD est elle-même perpendiculaire sur EF (32) ; par conséquent, cette droite CD, qui est perpendiculaire à deux droites passant par son pied dans le plan MN, doit être perpendiculaire au plan MN (189). Donc, si deux droites sont parallèles, tout plan perpendiculaire à l'une est aussi perpendiculaire à l'autre.

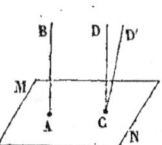

RÉCIPROQUEMENT, *si deux droites* AB *et* CD *sont perpendiculaires au même plan* MN, *elles doivent être parallèles;* autrement, on pourrait mener par le point C une droite CD′ parallèle à AB, qui serait perpendiculaire au plan MN, d'après ce qui précède; et il faudrait alors que les deux droites CD et CD′, partant du point C, fussent l'une et l'autre perpendiculaires au plan MN, ce qui est impossible.

PROPOSITION 9.

THÉORÈME. — *Deux droites parallèles à une troisième, dans l'espace, sont parallèles entre elles.*

En effet, supposons que les deux droites AB et CD soient

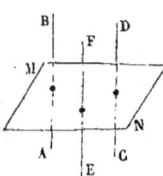

parallèles à EF, et qu'on ait mené, par un point quelconque, un plan perpendiculaire sur EF ; d'après le théorème précédent, ce plan MN doit être perpendiculaire sur AB et sur CD, puisque AB et CD sont des droites parallèles à EF ; donc, les deux droites AB et CD sont l'une et l'autre perpendiculaires au plan MN, et, par suite, sont parallèles entre elles.

§ 3. Plans parallèles.

DÉFINITION.

PLANS PARALLÈLES. — Deux plans qui, prolongés aussi loin qu'on le veut et dans tous les sens, ne peuvent pas se rencontrer, sont dits *parallèles*. Deux plans perpendiculaires à la même droite, en des points différents, sont nécessairement parallèles ; car, si ces plans prolongés pouvaient se rencontrer, il serait possible de mener, par un point de leur rencontre, deux plans perpendiculaires sur la même droite (190).

PROPOSITION 1.

THÉORÈME. — *Si deux plans sont parallèles, leurs intersections par un troisième plan sont des droites parallèles.*

Considérons les deux plans parallèles MN et M'N', et supposons qu'on les ait coupés par le plan ABB'A' ; les droites d'intersection, AB et A'B', ne peuvent pas se rencontrer, car elles appartiennent à deux plans parallèles ; comme ces droites sont d'ailleurs situées dans le même plan, elles doivent être parallèles. Donc, si deux plans sont parallèles,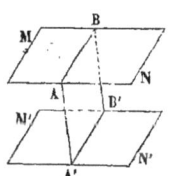
leurs intersections par un troisième plan sont des droites parallèles.

COROLLAIRE. — *Deux droites parallèles, telles que* AA' *et* BB', *comprises entre des plans parallèles, sont égales ;* car, la figure ABB'A' est un parallélogramme.

PROPOSITION 2.

THÉORÈME. — *Si deux plans sont parallèles, toute droite perpendiculaire à l'un est aussi perpendiculaire à l'autre.*

Supposons que les deux plans MN et M'N' soient parallèles, et que la droite AA' soit perpendiculaire au plan MN.
Si par la droite AA' on fait passer un plan quelconque BAA'B',

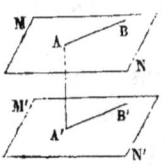

ce plan coupe le plan MN suivant une
droite AB, qui est perpendiculaire à AA',
d'après l'hypothèse ; mais il coupe le plan
M'N' suivant une droite A'B', qui est parallèle à AA', en vertu du théorème précédent ; par conséquent, la droite AA',
qui est perpendiculaire sur AB, doit l'être aussi sur A'B'. Il
en résulte que la droite AA' est perpendiculaire à toute
droite passant par son pied dans le plan M'N', et, par suite,
qu'elle est perpendiculaire à ce plan. Donc, si deux plans
sont parallèles, toute droite perpendiculaire à l'un est aussi
perpendiculaire à l'autre.

PROPOSITION 3.

THÉORÈME. — *Deux plans parallèles à un troisième sont
parallèles entre eux.*

En effet, supposons que les deux plans MN et M'N' soient

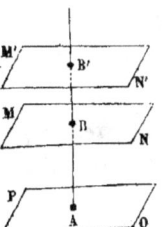

l'un et l'autre parallèles au plan PQ, et
qu'on ait mené, par un point quelconque,
une droite AB perpendiculaire au plan PQ,
la droite ainsi menée doit être, d'après le
théorème précédent, perpendiculaire au
plan MN et au plan M'N', puisque les deux
plans MN et M'N' sont parallèles à PQ ;
donc, les deux plans MN et M'N' sont l'un
et l'autre perpendiculaires à la droite AB, et, par suite,
sont parallèles entre eux.

PROPOSITION 4.

THÉORÈME. — *Par un point donné hors d'un plan, on peut mener un plan parallèle à ce plan, et on n'en peut mener qu'un.*

Soient MN le plan, et P le point donné ; on peut abaisser du point P une perpendiculaire PQ sur le plan, et élever au point P un plan perpendiculaire à PQ. Le plan ainsi mené doit être parallèle au plan MN (197) ; donc, on peut mener, par le point P donné hors du plan MN, un plan parallèle à ce plan.

De plus, *on n'en peut mener qu'un ;* car, si l'on abaisse du point P une perpendiculaire sur le plan MN, tout plan parallèle à MN doit être perpendiculaire à PQ (197), et l'on ne peut mener, par le point P, qu'un plan perpendiculaire à PQ (190) ; donc, on ne peut mener, par le point P donné hors du plan MN, qu'un plan parallèle à ce plan.

PROPOSITION 5.

THÉORÈME. — *Si deux angles, qui ne sont pas situés dans le même plan, ont leurs côtés parallèles et dirigés deux à deux dans le même sens, ces angles sont égaux, et leurs plans sont parallèles.*

Considérons les angles BAC et EDF, dont les côtés sont parallèles et supposons qu'on ait pris deux longueurs AB et AC, respectivement égales à DE et DF. Si l'on mène les droites AD, BE, CF, on forme ainsi deux figures ABED et ACFD, qui sont des parallélogrammes (42) ; il en résulte que les droites BE et CF sont toutes deux égales et parallèles à AD, et, par suite, que ces droites BE et CF sont égales et parallèles entre

elles. Si l'on trace ensuite les deux droites BC et EF, le quadrilatère EBCF qu'on forme ainsi est encore un parallélogramme (42), et le côté BC doit égaler EF. Mais, les trian-

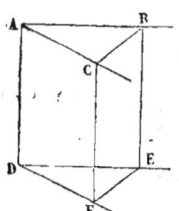

gles ABC et DEF ont en outre, par construction, leurs deux autres côtés égaux
chacun à chacun ; donc, les triangles ABC
et DEF, et par suite les deux angles considérés, sont égaux entre eux.

De plus, *les plans* ABC *et* DEF *sont parallèles ;* car, si l'on mène par le point A un
plan parallèle au plan DEF, le plan ainsi mené doit rencontrer la droite CF en un point C', tel qu'on ait FC′ = AD (197);
mais on a déjà FC=AD, d'après ce qui précède ; donc, le
plan ainsi mené doit passer au point C. Il passe de même
au point B, et, par conséquent, se confond avec le plan
ABC; autrement dit, les deux plans ABC et DEF sont parallèles.

PROPOSITION 6.

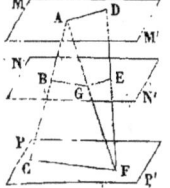

THÉORÈME. — *Trois plans parallèles interceptent sur
deux droites quelconques des segments proportionnels.*

Supposons que les trois plans parallèles
MM′, NN′, PP′, interceptent sur une droite
les segments AB, BC, et sur une autre les
segments DE, EF. Si l'on joint les deux
points A et F, et si l'on mène les deux
droites BG, CF, les deux droites ainsi menées sont parallèles,
et nous donnent la proportion :

$$\frac{AB}{BC} = \frac{AG}{GF}.$$

Mais, si l'on mène les deux droites AD et GE, on a aussi :

$$\frac{DE}{EF} = \frac{AG}{GF}.$$

On en conclut la proportion suivante :

$$\frac{AB}{BC} = \frac{DE}{EF},$$

et cette proportion exprime précisément que les trois plans parallèles interceptent sur les deux droites considérées des segments proportionnels.

SCOLIE. — *Des droites quelconques menées du même point à deux plans parallèles s'y divisent en parties proportionnelles entre elles et proportionnelles à ces droites.*

Exercices.

1. Démontrer que : 1° si deux plans passent par deux droites parallèles, leur intersection est parallèle à chacune des droites ; 2° si deux plans sont parallèles à la même droite, leur intersection est parallèle à cette droite.

2. Mener, par un point donné, un plan qui soit parallèle à deux droites données et non situées dans le même plan.

3. Quel est le lieu des points d'un plan qui sont à égale distance de deux points donnés hors du plan ?

4. Prouver que les milieux des quatre côtés d'un quadrilatère gauche, c'est-à-dire d'un quadrilatère dont les côtés ne sont pas situés dans le même plan, sont les sommets d'un parallélogramme.

5. Tracer, par un point donné, une droite qui en rencontre deux autres non situées dans le même plan.

6. Trouver le lieu des pieds de toutes les perpendiculaires qu'on peut abaisser d'un point, situé hors d'un plan, sur les droites qui passent dans le plan par un point donné de ce plan.

7. Démontrer que, si un plan et une droite sont perpendiculaires, la différence des carrés des distances d'un point du plan aux deux extrémités de la droite, est constante, quel que soit ce point.

8. Lieu des pieds des perpendiculaires abaissées d'un point donné sur tous les plans qui passent par une droite donnée.

9. Lieu des points de l'espace qui sont également éloignés de deux droites qui se coupent.

10. Démontrer que, si l'on abaisse, des trois sommets d'un triangle, des perpendiculaires sur un plan, la perpendiculaire abaissée sur le même plan, du point de rencontre des trois médianes du triangle, est égale à la moyenne arithmétique des perpendiculaires abaissées des trois sommets.

11. Prouver que, si l'on mène par un point une infinité de droites terminées à un plan, les milieux de ces droites sont tous situés sur un même plan parallèle au premier.

12. Démontrer que deux droites données, qui ne sont pas situées dans le même plan, appartiennent à deux plans parallèles. En déduire qu'il y a dans l'espace une droite se trouvant perpendiculaire aux deux droites données, et que cette perpendiculaire, commune aux deux droites, est la plus courte ligne qu'on puisse mener de l'une à l'autre.

CHAPITRE II

§ 1ᵉʳ. Mesure des angles dièdres.

DÉFINITIONS.

DIÈDRE. — On appelle *angle dièdre*, ou simplement *dièdre*, la figure formée par deux plans qui, prolongés suffisamment, peuvent se rencontrer. Les deux plans se nomment les *faces*, et l'intersection des deux faces l'*arête* du dièdre.

Tout angle dièdre se désigne, en géométrie, par quatre lettres, dont deux sont placées sur l'arête et une autre sur chaque face; dans cette désignation d'un angle dièdre, on nomme d'abord une lettre placée sur une face, puis les deux qui sont sur l'arête, et enfin la quatrième; on peut aussi désigner un angle dièdre par les seules lettres de l'arête, quand il n'y a pas d'amphibologie possible : c'est ainsi qu'on pourra nommer l'angle dièdre, de la figure ci-contre, des cinq manières suivantes : CABD ou DABC, CBAD ou DBAC, ou bien AB.

L'espace compris entre l'arête d'un angle dièdre et ses deux faces qu'on suppose prolongées indéfiniment est indéfini. Cet espace est susceptible, quoique indéfini, d'augmenter ou de diminuer; il suffit pour cela qu'une des faces de l'angle dièdre, BC par exemple, restant fixe, l'autre se déplace en tournant autour de l'arête AB.

DIÈDRES ÉGAUX. — On conçoit, d'après ce qui précède, qu'un dièdre puisse être égal à un autre, plus grand ou plus petit qu'un autre : *un dièdre est égal à un autre,* si le premier étant appliqué sur le second de manière à ce que leurs arêtes et deux de leurs faces coïncident, les deux autres faces coïncident aussi; ils sont inégaux dans le cas contraire, et le plus petit est celui qui est intérieur à l'autre. On conçoit de même qu'un dièdre égale la somme ou la différence de deux autres, et enfin qu'un dièdre soit une partie aliquote ou un multiple quelconque d'un autre.

MESURE D'UN ANGLE DIÈDRE. — *Mesurer un angle dièdre,* c'est trouver le rapport de cet angle dièdre à un autre dièdre choisi pour unité.

ANGLE RECTILIGNE D'UN DIÈDRE. — Nous appellerons *angle rectiligne* ou *angle plan* d'un dièdre, l'angle formé par deux droites perpendiculaires au même point de l'arête, l'une dans une face et l'autre dans l'autre ; cet angle s'obtient en coupant l'angle dièdre, en un point quelconque de son arête, par un plan perpendiculaire à cette arête : tel est l'angle MON.

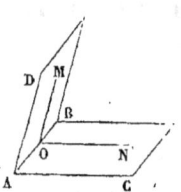

L'angle rectiligne d'un dièdre est le même, quel que soit le point de l'arête qui lui serve de sommet : ainsi, par exemple, l'angle rectiligne MON est égal à l'angle rectiligne CAD; car, ces deux angles, qui ne sont pas situés dans le même plan, ont leurs côtés parallèles et dirigés deux à deux dans le même sens (199).

PROPOSITION 1.

LEMME.—*Si deux angles dièdres sont égaux, leurs angles rectilignes sont égaux, et* RÉCIPROQUEMENT.

Supposons que les angles dièdres CABD et C'A'B'D' soient
égaux, que les angles CBD et C'B'D' soient leurs angles rectilignes, et qu'on ait porté le second sur le premier de manière
à ce que, le point B' tombant au point B, les deux arêtes AB
et A'B' coïncident, ainsi que
les faces AC, A'C'. Puisque
les dièdres sont égaux, par
hypothèse, les faces AD et
A'D' coïncideront aussi ; or,

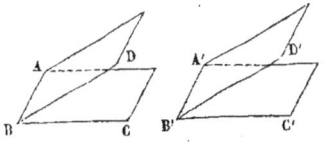

les deux droites BD et B'D' doivent se confondre en
une seule, car elles sont l'une et l'autre, dans le même
plan, perpendiculaires au même point de la même droite,
et il en est de même des deux droites BC et B'C'; par
conséquent, les deux angles rectilignes CBD, C'B'D' sont
égaux.

RÉCIPROQUEMENT, *si les angles rectilignes* CBD *et* C'B'D' *sont
égaux, les angles dièdres* CABD *et* C'A'B'D' *doivent être égaux.*
En effet, portons la seconde figure sur la première de manière à ce que les deux angles rectilignes CBD et C'B'D', qui
sont égaux, se recouvrent exactement ; les deux arêtes AB et
A'B' se confondront en une seule, car elles sont l'une et l'autre perpendiculaires au même point du plan commun des
deux angles rectilignes; la face AC coïncidera avec A'C',
puisque ces faces contiennent les deux mêmes droites ; la face
AD coïncidera avec A'D', pour une raison analogue; par conséquent, les deux angles dièdres CABD et C'A'B'D' sont
égaux.

PROPOSITION 2.

LEMME. — *Deux angles dièdres, quels qu'ils soient, ont
entre eux le même rapport que leurs angles rectilignes correspondants.*

Considérons les deux angles dièdres CABD et C'AB'D', qui

ont pour angles rectilignes correspondants CBD et C'B'D'; je
dis qu'on aura la pro-
portion :

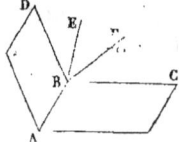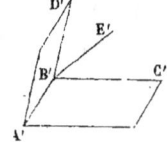

$$\frac{C'A'B'D'}{CABD} = \frac{C'B'D'}{CBD}.$$

Supposons que le rap-
port des angles rectilignes C'B'D' et CBD soit commensurable et égal, par exemple, à la fraction $\frac{2}{3}$, ce qui se traduit
par la proportion :

$$\frac{C'B'D'}{CBD} = \frac{2}{3}.$$

D'après cette hypothèse, l'angle C'B'D' doit contenir deux
fois le tiers de CBD ; par conséquent, si l'on conçoit l'angle
CBD divisé, par les droites BE et BF, en trois parties égales,
et l'angle C'B'D' divisé, par la droite B'E', en deux parties
égales, les cinq angles CBE, EBF, FBD, C'B'E', E'B'D', doivent être égaux entre eux. Mais, si l'on fait passer des plans
par l'arête AB et par les droites BE, BF, de même que par
l'arête A'B' et par la droite B'E', on forme ainsi cinq angles
dièdres, qui ont des angles rectilignes égaux, et qui doivent
être égaux entre eux, d'après la proposition précédente.
L'angle dièdre C'A'B'D' contient ainsi deux fois le tiers de
l'angle dièdre CABD ; par conséquent, le rapport des deux
angles dièdres, C'A'B'D' et CABD, est égal à $\frac{2}{3}$, ce qui donne
la proportion :

$$\frac{C'A'B'D'}{CABD} = \frac{2}{3}.$$

Il en résulte que le rapport $\frac{C'B'D'}{CBD}$, s'il est commensurable,
est égal à $\frac{C'A'B'D'}{CABD}$, et qu'on aura la proportion :

$$\frac{C'A'B'D'}{CABD} = \frac{C'B'D'}{CBD}.$$

* Supposons que le rapport des angles rectilignes, C'B'D' et CBD, soit incommensurable ; on démontrera, comme à la page 65, que celui des angles dièdres doit l'égaler. Donc, deux angles dièdres, quels qu'ils soient, ont entre eux le même rapport que leurs angles rectilignes correspondants.

PROPOSITION 3.

Théorème. — *Tout angle dièdre a pour mesure son angle rectiligne correspondant.*

Supposons qu'un angle dièdre CABD ait pour angle rectiligne CBD, et que le dièdre
C'A'B'D' soit l'unité d'angle
dièdre. D'après la proposition précédente, le rapport
de ces deux angles dièdres
doit égaler celui de leurs

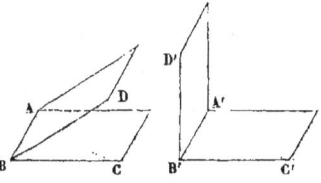

angles rectilignes correspondants, ce qui se traduit par la proportion :

$$\frac{CABD}{C'A'B'D'} = \frac{CBD}{C'B'D'}.$$

Puisque le dièdre C'A'B'D' est, par hypothèse, l'unité d'angle dièdre, le rapport $\dfrac{CABD}{C'A'B'D'}$, n'est autre chose que la mesure de l'angle dièdre CABD, par définition ; donc, la mesure de l'angle dièdre CABD est égale à celle de l'angle rectiligne CBD, si l'angle C'B'D' est l'unité d'angle rectiligne. Il en résulte que la mesure d'un angle dièdre est la même que celle de son angle rectiligne correspondant, *si l'on choisit pour unité d'angle dièdre le dièdre auquel correspond l'unité d'angle rectiligne.* C'est ce qu'on exprime et ce qu'on sous-entend, quand on dit d'une manière abrégée : *tout angle dièdre a pour mesure son angle rectiligne correspondant.*

COROLLAIRE. — *Tout angle dièdre peut s'évaluer en degrés, minutes, secondes,* etc. ; car son angle rectiligne peut s'évaluer de la sorte (67).

DÉFINITIONS.

DIÈDRE DROIT, AIGU OU OBTUS. — On dit qu'un angle dièdre est *droit*, *aigu* ou *obtus*, suivant que son angle rectiligne est droit, aigu ou obtus. De même, un angle dièdre est le *complément* ou le *supplément* d'un autre, si les angles rectilignes de ces dièdres sont eux-mêmes complémentaires ou supplémentaires. Il est clair que tous les dièdres droits sont égaux entre eux.

DIÈDRES ADJACENTS. — Deux dièdres qui ont la même arête, avec une face commune; et sont extérieurs l'un à l'autre, reçoivent le nom de *dièdres adjacents.*

PROPOSITION 4.

THÉORÈME. — *Si deux dièdres adjacents ont leurs faces extérieures sur un même plan, ils sont supplémentaires, et* RÉCIPROQUEMENT.

Considérons les deux dièdres adjacents CABE et DABE, et

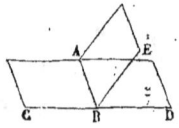

supposons que leurs faces extérieures, CAB, DAB, soient sur un même plan. Si l'on mène par le point B de l'arête commune AB un plan perpendiculaire à cette arête, les deux angles CBE et DBE, déterminés par ce plan, sont précisément les angles rectilignes des deux dièdres. Or, ces angles rectilignes et adjacents sont supplémentaires, car leurs côtés extérieurs sont en ligne droite; donc, il en est de même des deux dièdres.

Réciproquement, si les deux dièdres sont supposés supplémentaires, leurs angles rectilignes, CBE, DBE, le sont aussi, et, par suite, les deux côtés, BC, BD, doivent être en ligne droite; donc, les deux faces CBA, DBA doivent être sur un même plan.

DÉFINITION.

DIÈDRES OPPOSÉS PAR L'ARÊTE. — Si deux plans se rencontrent, les dièdres non adjacents qu'ils forment entre eux sont dits *opposés par l'arête*.

PROPOSITION 5.

THÉORÈME. — *Les dièdres opposés par l'arête sont égaux.*

Considérons les deux dièdres opposés par l'arête CABE et DABE, et supposons que les angles CBE, DBE soient leurs angles rectilignes correspondants. Ces deux angles rectilignes sont égaux, comme opposés par le sommet; donc, les deux angles dièdres opposés par l'arête sont égaux.

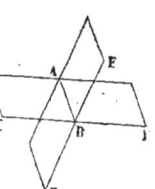

§ 2. Plans perpendiculaires.

DÉFINITION.

PLANS PERPENDICULAIRES. — Deux plans sont dits *perpendiculaires*, s'ils forment entre eux un dièdre *droit*; ils sont dits *obliques*, s'ils forment un dièdre aigu ou obtus.

PROPOSITION 1.

Théorème. — *Tout plan qui passe par une droite perpen-diculaire à un plan, ou qui est perpendiculaire à une droite située dans un plan, est lui-même perpendiculaire à ce plan.*

Supposons que le plan AD passe par la droite OA perpen-diculaire au plan MN, et qu'on ait mené, dans le plan MN,

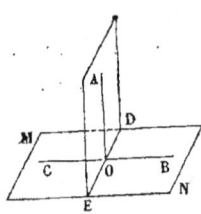

la droite BC perpendiculaire à DE. La droite OA étant, par hypothèse, per-pendiculaire au plan MN, doit être per-pendiculaire à toute droite menée par son pied dans ce plan (189). Il en ré-sulte, d'une part, que l'angle AOB n'est autre chose que l'angle rectiligne du dièdre AEDB, et, d'autre part, que cet angle AOB est droit; donc, le dièdre AEDB est droit, et, par suite, les deux plans considérés sont perpendiculaires entre eux.

On démontrerait de même, si le plan AD est supposé per-pendiculaire à la droite BC du plan MN, que le dièdre AEDB est droit, et, par suite, que les deux plans considérés sont perpendiculaires entre eux.

Donc, tout plan qui passe par une droite perpendiculaire à un plan, ou qui est perpendiculaire à une droite située dans un plan, est lui-même perpendiculaire à ce plan.

PROPOSITION 2.

Théorème. — *Lorsque deux plans sont perpendiculaires entre eux, toute droite menée dans l'un des plans est per-pendiculaire à l'autre, si elle est perpendiculaire à l'inter-section commune.*

Supposons que les deux plans AD et MN soient perpendiculaires entre eux, et que la droite OA, menée dans le plan AD, soit perpendiculaire à l'intersection DE. Si je trace, dans le plan MN, la droite BC perpendiculaire à DE, l'angle AOB ainsi formé n'est autre chose que l'angle rectiligne du dièdre ADEB. Or, ce dièdre étant droit, par hypothèse, l'angle AOB doit être droit; par conséquent, la droite OA est perpendiculaire sur BC. D'ailleurs, la

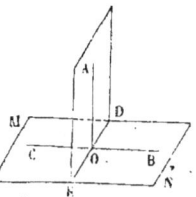

droite OA est, par construction, perpendiculaire sur DE; donc, elle est perpendiculaire à deux droites qui passent par son pied dans le plan MN, et, par suite, doit être perpendiculaire à ce plan.

Corollaire. — *Lorsque deux plans* AD *et* MN *sont perpendiculaires entre eux, toute droite* OA, *menée par un point de l'intersection commune, doit être contenue dans le plan* AD, *si elle est perpendiculaire au plan* MN; autrement, on pourrait mener, par le point O et dans le plan AD, une droite perpendiculaire à l'intersection commune, et la droite ainsi menée serait perpendiculaire au plan MN, d'après le théorème précédent; mais la droite OA est déjà, par hypothèse, perpendiculaire au plan MN. Donc, il est impossible que la droite OA ne soit pas contenue dans le plan AD, si elle est perpendiculaire au plan MN.

PROPOSITION 3.

Théorème. — *Si deux plans sont perpendiculaires à un troisième, leur intersection commune est une droite perpendiculaire à ce troisième plan.*

Supposons que les deux plans AC et AD soient perpendiculaires au plan MN, et que la droite AB soit leur intersection commune. Si, par le point B de cette intersection, on

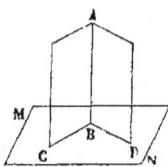

élève une perpendiculaire au plan MN, cette perpendiculaire doit être contenue entièrement dans le plan AC, d'après le théorème précédent; elle doit l'être de même dans le plan AD; donc, elle doit se confondre avec l'intersection AB de ces deux plans; en d'autres termes, si deux plans sont perpendiculaires à un troisième, leur intersection commune est une droite perpendiculaire à ce troisième plan.

PROPOSITION 4.

THÉORÈME. — *Par une droite oblique à un plan donné, on peut mener un autre plan qui soit perpendiculaire au plan donné, et on n'en peut mener qu'un.*

Soient MN le plan donné, et AB la droite; on peut abaisser d'un point quelconque de la droite AB une perpendiculaire au plan MN, et faire passer un plan par

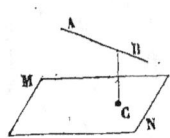

la droite et par la perpendiculaire. Le plan ABC ainsi mené doit être perpendiculaire au plan MN, puisqu'il passe par une droite BC perpendiculaire au plan MN (210); donc, on peut mener, par une droite oblique à un plan donné, un autre plan qui soit perpendiculaire au plan donné.

De plus, *on n'en peut mener qu'un*. En effet, tout plan qui passe par la droite AB et qui est perpendiculaire au plan MN, doit contenir la droite BC (211), et, par suite, se confondre avec le plan ABC; donc, on ne peut mener, par la droite AB, qu'un seul plan qui soit perpendiculaire au plan donné.

DÉFINITIONS.

PROJECTION D'UN POINT SUR UN PLAN. — Le pied de la perpendiculaire, abaissée d'un point sur un plan, se nomme la *projection de ce point* sur le plan.

PROJECTION D'UNE LIGNE SUR UN PLAN. — On appelle *projection d'une ligne* sur un plan, le lieu des projections des différents points de cette ligne sur le plan.

PROPOSITION 5.

THÉORÈME. — *La projection, sur un plan, d'une droite oblique au plan, est une ligne droite.*

Supposons que la droite AB soit oblique au plan MN, et qu'on ait mené par cette droite un plan perpendiculaire au plan MN. Le plan ABC ainsi mené doit contenir toutes les perpendiculaires qu'on peut abaisser des différents points de la ligne AB sur le plan MN (211), et, par suite, les projections de ces points; d'ailleurs,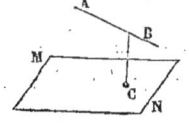
ce plan coupe le plan MN suivant une droite. Donc, la projection sur un plan, d'une droite oblique au plan, est une ligne droite.

Remarque. — La projection, sur un plan, d'une droite perpendiculaire au plan, est un point.

PROPOSITION 6.

THÉORÈME. — *L'angle aigu, que forme une droite oblique à un plan avec sa projection sur le plan, est le plus petit des angles qu'elle forme avec les droites menées par son pied dans le plan.*

Supposons que la droite AC soit la projection de AB sur le

plan MN, et qu'on ait mené, par le point A et dans le plan
MN, une autre droite AD. Si l'on abaisse du point B, choisi

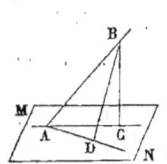

arbitrairement sur la droite AB, une perpendiculaire au plan et si l'on prend la
longueur AD égale à AC, on forme, en
tirant la droite BD, deux triangles, ABC
et ABD, qui ont deux côtés égaux chacun à chacun, savoir : le côté AB leur
est commun, et le côté AC est égal à AD, par construction. Mais le troisième côté BC du premier triangle est
plus petit que le troisième côté BD du second, car la
perpendiculaire menée d'un point à un plan est plus
courte que toute autre ligne menée du même point au
plan. Il en résulte que l'angle BAC doit être plus petit que
l'angle BAD (15).

Remarque. — L'angle aigu que fait une droite avec sa
projection sur un plan est celui qui sert à mesurer l'*inclinaison* de cette droite sur le plan. Cette inclinaison est nulle,
lorsque la droite est parallèle au plan ; elle est maximum
lorsque la droite est perpendiculaire au plan.

PROPOSITION 7.

* Théorème. — *Si d'un point, intérieur à un angle dièdre, on abaisse une perpendiculaire sur chacune de ses faces,
l'angle formé par les deux perpendiculaires est le supplément de l'angle dièdre.*

Soient un angle dièdre CABD, et PMQ l'angle formé par deux
perpendiculaires, abaissées du point M, l'une sur une face
et l'autre sur l'autre face du dièdre. Si l'on fait passer un
plan par les deux droites MP et MQ, le plan ainsi mené doit
être perpendiculaire sur la face AD, puisqu'il passe par une
droite MQ perpendiculaire à cette face ; il doit être aussi per-

pendiculaire à la face AC, pour la même raison, et, par suite, perpendiculaire à l'arête AB, qui est l'intersection des deux faces. Il en résulte que ce plan coupe les deux faces du dièdre CABD suivant des droites, OP et OQ, qui forment entre elles l'angle rectiligne POQ de ce dièdre (204) ; mais, les deux angles POQ et PMQ ont leurs côtés perpendiculaires

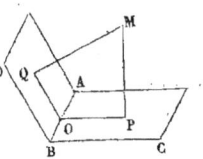

chacun à chacun, et, si l'un est aigu, l'autre est obtus ; par conséquent, ces deux angles POQ et PMQ sont supplémentaires (37). Donc, si d'un point, intérieur à un angle dièdre, on abaisse une perpendiculaire sur chacune de ses faces, l'angle formé par les deux perpendiculaires est le supplément de l'angle dièdre.

Remarque. — Le théorème précédent est encore vrai, si le point M est pris sur l'arête de l'angle dièdre, pourvu que la perpendiculaire élevée sur chaque face tombe du même côté que l'autre face.

Exercices.

1. Démontrer que, si deux plans parallèles sont coupés par un troisième, deux angles dièdres alternes-internes sont égaux. La proposition réciproque est-elle vraie ?

2. En déduire que deux angles dièdres sont égaux ou supplémentaires, si leurs arêtes sont parallèles et si leurs faces sont parallèles chacune à chacune.

3. Prouver que, si l'on mène par l'arête d'un angle dièdre un plan qui divise ce dièdre en deux parties égales, ce plan (qu'on nomme *bissecteur* de l'angle dièdre) est le lieu des points qui sont également éloignés des deux faces de l'angle dièdre.

4. Étant donnés trois plans qui se coupent deux à deux suivant des droites parallèles, on propose de déterminer le lieu des points de l'espace qui sont également éloignés des trois plans donnés.

5. Démontrer que, si une droite est perpendiculaire à un plan, la projection de cette droite sur un second plan est perpendiculaire à l'intersection des deux plans.

6. Prouver que, si deux droites sont parallèles et égales, leurs projections sur un même plan sont parallèles et égales.

7. Par un point, pris sur une face d'un angle dièdre, on mène une perpendiculaire et diverses obliques à l'arête; on demande de prouver que la perpendiculaire est, de toutes les droites ainsi menées, celle qui fait le plus grand angle avec la seconde face de l'angle dièdre.

8. Démontrer que les angles aigus, que font avec un même plan deux droites parallèles, sont égaux entre eux.

9. On fait passer un plan quelconque par une diagonale d'un parallélogramme, et on abaisse des extrémités de la seconde diagonale des perpendiculaires sur ce plan; prouver que ces perpendiculaires sont égales.

10. Étant donnés deux plans sécants, on propose de mener par un point pris sur l'un d'eux une droite, qui soit contenue dans ce plan et qui soit parallèle à l'autre.

11. Démontrer qu'une droite est également inclinée sur deux plans qui se coupent, si elle les perce en des points également éloignés de leur intersection commune. La proposition réciproque est-elle vraie?

12. Quel est le lieu des milieux d'une droite, de longueur donnée, qui se meut en s'appuyant par ses extrémités sur deux droites rectangulaires non situées dans le même plan?

CHAPITRE III

DÉFINITIONS.

ANGLE POLYÈDRE, TRIÈDRE. — On appelle angle *solide* ou *polyèdre*, la figure formée par plusieurs plans qui se coupent deux à deux et qui passent tous par un même point. Il faut au moins trois plans pour former un angle polyèdre, et, dans ce cas particulier, l'angle reçoit le nom de *trièdre* : tel est l'angle SABC.

Le point S, commun aux trois plans qui forment l'angle trièdre SABC, est le *sommet* du trièdre; les droites d'intersection de ces plans, SA, SB, SC, sont les *arêtes* du trièdre, et les angles plans, ASB, BSC, ASC, que font entre elles ces arêtes, sont les *faces* du trièdre.

Lorsqu'un angle polyèdre est tout entier situé du même côté de chaque face prolongée indéfiniment, il est dit *convexe*; il est dit *concave*, dans le cas contraire. Un trièdre est nécessairement convexe; tous les angles polyèdres dont il sera question dans la suite sont supposés convexes.

Propriétés des trièdres.

PROPOSITION 1.

THÉORÈME. — *Dans un trièdre, chaque face est plus petite que la somme des deux autres.*

Considérons la face ASC d'un trièdre, et supposons que cette face soit la plus grande des trois; autrement, elle serait évidemment plus petite que la somme des deux autres. Puisque

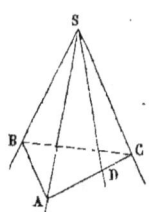

que la face ASC est la plus grande des trois, on peut mener dans cette face, par le sommet S, une droite SD qui fasse un angle ASD égal à ASB; prenons sur cette droite et sur l'arête SB deux longueurs égales, SD et SB par exemple; puis, faisons passer un plan par les deux points D et B, et par un troisième point A, choisi arbitrairement sur l'arête SA. Ce plan coupe les faces du trièdre suivant trois droites qui déterminent un triangle ABC, dans lequel on a (11) :

$$AD + DC < AB + BC.$$

Or, le terme AD est égal à AB; car les deux triangles ASD et ASB sont égaux, d'après la construction, comme ayant un angle égal compris entre des côtés égaux chacun à chacun. Si l'on retranche de part et d'autre les deux termes égaux, AD et AB, il reste :

$$DC < BC.$$

Mais, les deux triangles BSC et DSC ont deux côtés égaux chacun à chacun, savoir : SB est égal à SD, par construction, et SC est un côté commun; de plus, le troisième côté DC est plus petit que BC, d'après ce qui précède; par conséquent, l'angle DSC est plus petit que BSC (15), ce qui donne :

$$DSC < BSC.$$

Si l'on ajoute l'angle ASD au premier membre, et l'angle ASB au second, on trouve que cette inégalité devient :

$$ASD + DSG < ASB + BSC,$$

ou

$$ASC < ASB + BSC;$$

c'est précisément ce qu'il fallait démontrer.

COROLLAIRE. — *Chaque face d'un trièdre est plus grande que la différence des deux autres;* car, chaque face ajoutée à l'une des deux autres surpasse le troisième.

DÉFINITION.

TRIÈDRES OPPOSÉS PAR LE SOMMET. — Lorsqu'on prolonge, au delà du sommet, les arêtes d'un trièdre SABC, le second trièdre SA'B'C' qu'on forme ainsi est dit *opposé par le sommet* au premier.

PROPOSITION 2.

THÉORÈME. — *Deux trièdres opposés par le sommet ont leurs éléments égaux chacun à chacun, mais disposés dans l'ordre inverse.*

Considérons les deux trièdres opposés par le sommet SABC et SA'B'C'; 1° la face A'SC' est égale à ASC, car ce sont deux angles plans opposés par le sommet; il en est de même des deux faces, B'SC', BSC, et des deux faces, ASB, A'SB'; 2° l'angle dièdre SB' est égal à l'angle dièdre SB, car ce sont deux angles dièdres opposés par l'arête; il en est de même des deux dièdres, SC', SC, et des deux dièdres, SA', SA. Ainsi le trièdre SA'B'C' a les mêmes faces et les mêmes angles dièdres que le trièdre SABC, auquel il est opposé par le sommet.

Mais les éléments qui composent les deux trièdres SABC.

et SA'B'C' y sont disposés dans l'ordre inverse. En effet, ima-
ginons qu'un observateur se soit placé, dans le trièdre SABC,
le dos appuyé contre l'arête SB, la tête en S, les pieds en B,
et que cet observateur se tourne vers la face ASC ; il aura à
sa gauche la face BSC, ainsi que le dièdre SC, et à sa droite
la face ASB, ainsi que le dièdre SA. Si l'observateur se place
ensuite de la même façon, dans le trièdre SA'B'C', c'est-à-
dire le dos appuyé contre l'arête SB', la tête en S, les pieds
en B', et que cet observateur se tourne vers la face A'SC' ; il
aura à sa droite la face B'SC', ainsi que le dièdre SC', et à sa
gauche la face A'SB', ainsi que le dièdre SA' : c'est précisément ce qu'on veut exprimer quand on dit que les éléments
des deux trièdres y sont disposés dans l'ordre inverse.

DÉFINITION.

TRIÈDRES SYMÉTRIQUES. — Deux trièdres, qui ont tous leurs
éléments égaux chacun à chacun et disposés dans l'ordre
inverse, sont dits *symétriques* l'un de l'autre. Il résulte du
théorème précédent que, si l'on prolonge au delà du sommet les arêtes d'un trièdre quelconque, le second trièdre
qu'on forme ainsi est symétrique du premier.

On définit et on construit de même le symétrique d'un
angle polyèdre, quel qu'il soit.

PROPOSITION 3.

THÉORÈME. — *Un trièdre, dont les dièdres diffèrent entre
eux, et un trièdre symétrique ne sont pas superposables.*

Considérons le trièdre SABC, dans lequel je suppose le
dièdre SA différent de SC et de SB, et soit S'A'B'C' un trièdre
symétrique ; transportons le trièdre S'A'B'C' sur le trièdre
SABC de manière à ce que les deux faces A'S'C' et ASC, qui

sont égales, coïncident ; deux cas peuvent se présenter : 1° si l'arête S'C' tombe sur SC et l'arête S'A' sur SA, les deux trièdres se trouveront l'un d'un côté, l'autre de l'autre de la face commune, et ne pourront pas coïncider ; 2° si l'arête S'C' tombe sur SA et l'arête S'A' sur SC, les deux trièdres se trouvent alors du même côté de la face com-

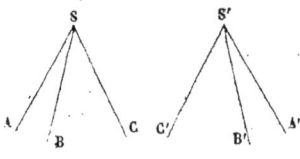

mune; mais, comme le dièdre SA est, par hypothèse, différent de SC, il est aussi différent de S'C', et, par suite, la face B'S'C' ne coïncide pas avec ASB; les deux trièdres ne peuvent donc pas coïncider.

Donc, un trièdre, dont les dièdres diffèrent entre eux, et un trièdre symétrique ne sont pas superposables.

Cas d'égalité de deux trièdres.

PROPOSITION 4.

THÉORÈME. — *Deux trièdres sont égaux, s'ils ont une face égale adjacente à des dièdres égaux chacun à chacun et disposés dans le même ordre.*

La démonstration de cette proposition se fait par la superposition directe des deux figures, comme celle de la Proposition 4 (14).

PROPOSITION 5.

THÉORÈME.—*Deux trièdres sont égaux, s'ils ont un angle dièdre égal compris entre des faces égales chacune à chacune et disposées dans le même ordre.*

La démonstration de cette proposition se fait par la superposition directe des deux figures, comme celle de la Proposition 5 (14).

PROPOSITION 6.

THÉORÈME. — *Deux trièdres sont égaux, s'ils ont leurs faces égales chacune à chacune et disposées dans le même ordre.*

Supposons que les faces, ASB, BSC, ASC, soient respectivement égales à A'S'B', B'S'C', A'S'C', et disposées dans le

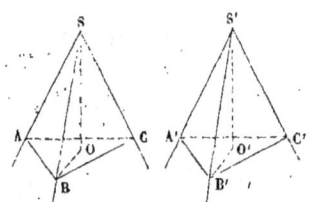

même ordre. Prenons sur les arêtes du premier trièdre S trois points, A, B, C, qui soient également éloignés du sommet, et qui déterminent le triangle ABC; abaissons ensuite du sommet S la perpendiculaire SO sur le plan du triangle ABC, et, après avoir mené OB, faisons la même construction dans le second trièdre S'; nous aurons ainsi formé dans chaque trièdre cinq triangles, qui sont égaux deux à deux, savoir : le triangle A'S'B' est égal à ASB, car ces deux triangles ont, d'après l'hypothèse et la construction, un angle égal compris entre des côtés égaux chacun à chacun; il en est de même des deux triangles B'S'C' et BSC, et des deux triangles A'S'C' et ASC ; les deux triangles ABC et A'B'C' sont égaux, comme ayant leurs trois côtés égaux chacun à chacun; enfin, les deux triangles rectangles, SOB, S'O'B', sont égaux, car l'hypoténuse SB est égale à S'B', par construction, et les côtés, OB, O'B', sont égaux, comme rayons de deux cercles circonscrits à des triangles égaux. Si l'on porte alors le trièdre S'A'B'C' sur SABC, de manière à ce que les deux triangles égaux A'B'C' et ABC coïncident, les centres O et O' des deux cercles circonscrits se confondront en un seul ; les deux trièdres tomberont du même côté du plan commun aux deux triangles A'B'C' et ABC, et les perpendiculaires, O'S', OS, prendront la même direction; comme ces perpendiculaires, O'S', OS, sont égales entre elles, les deux sommets S' et S, et, par suite, les deux trièdres coïncideront. Donc, deux trièdres sont égaux, s'ils ont leurs faces égales chacune à chacune et disposées dans le même ordre.

Remarque. — Si les faces du trièdre S'A'B'C', au lieu d'être disposées dans le même ordre que celles du trièdre SABC, l'étaient dans l'ordre inverse, ce serait le symétrique du trièdre S'A'B'C' qui pourrait être superposé au trièdre SABC, et les deux trièdres considérés, au lieu d'être égaux, seraient symétriques.

Trièdres supplémentaires.

PROPOSITION 7.

* Théorème. — *Si d'un point, intérieur à un angle triè-dre, on abaisse des perpendiculaires sur ses trois faces, chaque face du second trièdre ainsi formé est le supplément d'un dièdre du premier, et* réciproquement.

Supposons que le point S' soit intérieur au trièdre SABC, et que les droites S'A', S'B', S'C', soient perpendiculaires chacune à chacune aux faces BSC, ASC, ASB. L'angle plan A'S'C' est le supplé-ment du dièdre SB, puisqu'il est formé par deux droits respectivement perpen-diculaires aux faces de ce dièdre (214); on reconnaît, de même, que l'angle plan B'S'C' est le supplément du dièdre SA, et que l'angle plan A'S'B' est le supplément du dièdre SC; par conséquent, chaque face du second trièdre est le supplément d'un dièdre du premier.

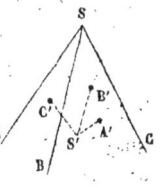

RÉCIPROQUEMENT, *chaque face du premier trièdre est le supplément d'un dièdre du second.*

En effet, l'arête SA est perpendiculaire sur le plan B'S'C'; il en est de même de l'arête SB sur le plan A'S'C', et de l'arête SC sur le plan A'S'B'; par conséquent, chaque face du premier trièdre est le supplément d'un dièdre du second.

Remarque. — Le théorème précédent est encore vrai, si le point considéré S' est le sommet de l'angle trièdre, pourvu que les trois perpendiculaires, élevées sur les faces de l'angle trièdre, tombent toutes les trois en dehors ou toutes les trois en dedans de l'angle trièdre.

DÉFINITION.

* TRIÈDRES SUPPLÉMENTAIRES. — Deux trièdres sont dits *supplémentaires,* si chaque face du second est le supplément d'un dièdre du premier et *réciproquement.*

PROPOSITION 8.

* THÉORÈME. — *Deux trièdres sont égaux, s'ils ont leurs angles dièdres égaux chacun à chacun et disposés dans le même ordre.*

Désignons par S et T deux trièdres, par S' et T' leurs trièdres supplémentaires; si les trièdres S et T ont leurs dièdres égaux chacun à chacun et disposés dans le même ordre, les trièdres S' et T' ont leurs faces égales chacune à chacune et disposées dans le même ordre, et, par suite, sont égaux. Mais, si les deux trièdres S' et T' sont égaux, leurs angles dièdres sont égaux chacun à chacun et semblablement disposés; par conséquent, les trièdres S et T ont aussi leurs faces égales chacune à chacune et semblablement disposées. Donc, les deux trièdres S et T sont égaux.

Remarque. — Si les dièdres des deux trièdres S et T, au lieu d'être disposés dans le même ordre, l'étaient dans l'ordre inverse, il en serait de même dans les trièdres S' et T', et les deux trièdres considérés, aussi bien que leurs supplémentaires, au lieu d'être égaux, seraient symétriques.

PROPOSITION 9.

* Théorème. — *Dans un trièdre, qui a deux faces égales, les deux dièdres opposés aux faces égales sont égaux.*

Supposons que, dans le trièdre SABC, les deux faces ASB et BSC soient égales, et qu'on ait mené la bissectrice SD de l'angle ASC; le plan BSD partage le trièdre SABC en deux autres, SABD, SBDC, qui ont leurs faces égales chacune à chacune, savoir : la face ASB est égale à BSC, par hypothèse; la face ASD est égale à DSC, par construction, et BSD est une face commune 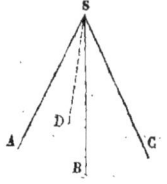 aux deux trièdres. Puisque ces deux trièdres ont leurs faces égales chacune à chacune, les deux dièdres SA et SB doivent être égaux (222); par conséquent, dans un trièdre qui a deux faces égales, les dièdres opposés aux faces égales sont égaux.

Corollaire. — *Dans un trièdre qui a ses trois faces égales, les trois dièdres sont égaux.*

PROPOSITION 10.

* Théorème réciproque. — *Si deux dièdres sont égaux dans un trièdre, les faces opposées aux dièdres égaux sont égales.*

Supposons que, dans le trièdre SABC, les deux dièdres SA et SB soient égaux, et qu'on ait construit le trièdre op-

15

posé par le sommet SA'B'C'; le dièdre SA' est égal à SA ;
mais le dièdre SA est, par hypothèse, égal à SB; donc, les
deux dièdres SA' et SB sont égaux, et les deux dièdres SB' et

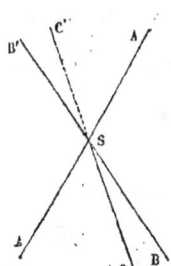

SA le sont aussi pour une raison analogue.
Si l'on applique alors le trièdre SA'B'C' sur
le trièdre SABC, de manière que, l'arête SB'
tombant sur SA, la face A'SB' coïncide avec
la face ASB, qui lui est égale, les deux
trièdres se recouvriront, car on peut les
considérer comme ayant une face égale adjacente à deux angles dièdres égaux chacun
à chacun et disposés dans le même ordre (221). Puisque
les trièdres ainsi placés se recouvrent exactement, la face
B'SC' doit égaler ASC, et, comme cette face B'SC' est égale
à BSC, les deux faces ASC et BSC sont égales entre elles.
Donc, si deux dièdres sont égaux dans un trièdre, les faces
opposées aux dièdres égaux sont égales.

COROLLAIRE. — *Dans un trièdre qui a ses trois dièdres
égaux, les trois faces sont égales.*

PROPOSITION 11.

* THÉORÈME. — *Dans un trièdre quelconque, au plus petit
dièdre est opposée la plus petite face.*

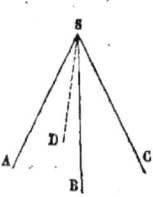

Considérons le trièdre SABC; si l'angle
dièdre SA est plus petit que SB, on peut
mener par l'arête SB un plan BSD qui fasse
avec ASB un dièdre égal à SA ; on aura
formé ainsi un trièdre SABD, qui a deux
dièdres égaux, et, par suite, deux faces
égales, savoir : ASD et BSD. Mais on a d'ailleurs, dans le
trièdre SBDC (217) :

$$BSC < BSD + DSC.$$

Si l'on remplace, dans cette inégalité, la face BSD par ASD qui lui est égale, on trouve :

$$BSC < ASD + DSC,$$

ou

$$BSC < ASC.$$

Donc, dans un trièdre quelconque, au plus petit dièdre est opposée la plus petite face.

Somme des faces d'un angle polyèdre.

PROPOSITION 12.

Théorème. — *La somme des faces d'un angle polyèdre est plus petite que quatre angles droits.*

Considérons l'angle polyèdre SABCDE, et supposons qu'on l'ait coupé par un plan qui rencontre toutes les arêtes aux points A, B, C, D, E. Chacun de ces points peut être regardé comme le sommet d'un angle trièdre, auquel la proposition 1 est applicable; on obtient ainsi les inégalités suivantes :

$$ABC < ABS + CBS,$$
$$BCD < BCS + DCS,$$
$$CDE < CDS + EDS,$$
$$\dots\dots\dots\dots\dots\dots,$$
$$\dots\dots\dots\dots\dots$$

Ajoutons ces inégalités membre à membre, et désignons par S la somme des faces du polyèdre, par n leur nombre qui est égal à celui des côtés du polygone : l'addition des premiers membres donne précisément tous les angles du polygone ABCDE, et, ce polygone étant convexe, le résultat de cette addition est égal à $2n - 4$ angles droits; l'addition des seconds membres donne tous les angles des triangles formés sur la surface du polyèdre, moins les angles dont le sommet est au point S, c'est-à-dire $2n - $ S; par conséquent, nous aurons :

$$2n - 4 < 2n - S.$$

On en déduit, en simplifiant et transposant les termes :

$$S < 4.$$

Cette inégalité exprime précisément que la somme des faces du polyèdre considéré est plus petite que quatre angles droits.

PROPOSITION 13.

* Théorème. — *Dans un trièdre, 1° la somme des angles dièdres est plus grande que deux droits et plus petite que six droits ; 2° le plus petit angle dièdre, augmenté de deux droits, surpasse la somme des deux autres.*

Considérons un trièdre quelconque dont nous désignerons les angles dièdres par a, b, c.

1° Les angles dièdres, a, b, c, du trièdre, augmentés des faces du trièdre supplémentaire, forment une somme égale à 6 angles droits (223) ; mais, en vertu du théorème précédent, la somme des faces du trièdre supplémentaire est comprise entre 0 et 4 droits ; donc, la somme des angles dièdres, a, b, c, est elle-même comprise entre 2 et 6 droits.

2° Soit a le plus petit des angles dièdres du trièdre considéré ; la plus grande face du trièdre supplémentaire est égale à $2^d - a$; mais, en vertu de la proposition 1, chaque face du trièdre supplémentaire doit être plus petite que la somme des deux autres ; par conséquent, on aura :

$$2^d - a < 2^d - b + 2^d - c,$$

ou

$$a + 2^d > b + c.$$

Donc, le plus petit angle dièdre, augmenté de deux droits, surpasse la somme des deux autres.

Remarque. — Il faut noter l'analogie qui existe entre les propriétés des trièdres et celles des triangles rectilignes; cette analogie se trouve mise en évidence, d'une manière remarquable, par les démonstrations des propositions 9, 10 et 11, qui sont presque calquées sur les démonstrations faites pages 17 et suiv. dans la géométrie Plane.

Exercices.

1. On mène par le sommet et dans l'intérieur d'un angle trièdre une droite quelconque, et l'on demande de prouver que la somme des angles, formés par cette droite avec les deux arêtes d'une face, est plus petite que la somme des deux autres faces du trièdre.

2. Démontrer que, si l'on mène par le sommet et dans l'intérieur d'un angle trièdre une droite quelconque, la somme des angles, formés par cette droite avec les trois arêtes, est plus petite que la somme et plus grande que la demi-somme des trois faces du trièdre.

3. Par chaque arête d'un angle trièdre et par la bissectrice de la face opposée, on fait passer un plan; on demande de prouver que les trois plans ainsi obtenus se coupent suivant la même droite.

4. Si, par chaque arête d'un trièdre, on mène un plan perpendiculaire à la face opposée, les trois plans que l'on obtient ainsi se coupent suivant la même droite.

5. Démontrer que les trois plans bissecteurs des angles dièdres d'un trièdre se coupent suivant la même droite.

6. Étant donné un angle trièdre trirectangle SABC, on joint par des droites les trois points A, B, C, pris où l'on veut sur les arêtes, et l'on demande de prouver que : 1° la projection du sommet S sur le triangle ABC est le point de rencontre des trois hauteurs de ce triangle ABC; 2° chacun des triangles déterminés sur les faces du trièdre est moyenne proportionnelle entre le triangle ABC et sa projection sur le triangle ABC; 3° le carré du triangle ABC est équivalent à la somme des carrés des trois triangles déterminés sur les faces du trièdre.

7. Étant donné un trièdre trirectangle, on demande de le couper par un plan de telle sorte que la section résultante soit égale à un triangle donné.

8. Couper un angle tétraèdre donné par un plan passant par un point donné, et tel que la section déterminée soit un parallélogramme. On supposera d'abord que le point donné est sur une arête, et ensuite que le point donné est où l'on voudra.

9. Si, par un point pris dans l'intérieur d'un angle polyèdre, on abaisse des perpendiculaires sur toutes ses faces, le nouvel angle polyèdre ainsi formé est *supplémentaire* du premier.

LIVRE VI

POLYÈDRES

CHAPITRE PREMIER

PRISME.

§ 1er. Propriétés générales du prisme.

DÉFINITIONS.

POLYÈDRE. — On donne le nom général de *polyèdre* à une figure terminée de toutes parts par des plans qui se coupent deux à deux. Ces plans, limités à leurs droites d'intersection, sont les *faces* du polyèdre ; la somme des faces constitue la *surface* du polyèdre, et les côtés de ces faces sont ses *arêtes ;* les angles que ces faces forment entre elles sont les angles *solides* du polyèdre, et les sommets de ces angles, les *sommets* du polyèdre.

Un polyèdre reçoit le nom de *tétraèdre*, s'il a quatre faces ; de *pentaèdre*, s'il en a cinq ; d'*hexaèdre*, s'il en a six ; et ainsi de suite, s'il a un plus grand nombre de faces.

Lorsqu'un polyèdre est tout entier situé du même côté de chacune de ses faces prolongée indéfiniment, il est dit *convexe ;* il est dit *concave* dans le cas contraire. Un tétraèdre est nécessairement convexe ; tous les polyèdres dont il sera question dans la suite, sont supposés convexes.

VOLUME D'UN POLYÈDRE. POLYÈDRES ÉQUIVALENTS. — Le *volume* d'un polyèdre est la portion de l'espace comprise dans l'intérieur de ce polyèdre ; le rapport de ce volume à l'unité de volume n'a pas reçu de nom particulier : on désigne ce rapport par le mot *volume*, aussi bien que le volume du corps considéré en lui-même, c'est-à-dire abstraction faite de toute idée de mesure.

On conçoit que deux polyèdres puissent avoir des volumes égaux, sans avoir la même forme, absolument comme deux figures planes peuvent avoir des aires égales sans avoir la même forme ; on exprime la chose en disant que ces polyèdres *ont des volumes équivalents*, ou, plus simplement, qu'ils *sont équivalents*.

PRISME. — Un *prisme* est un polyèdre qui a pour deux de ses faces des polygones dont les côtés sont égaux chacun à chacun et parallèles, c'est-à-dire des *polygones égaux et parallèles*, et qui a pour ses autres faces des parallélogrammes. Les deux polygones égaux et parallèles se nomment les *bases* du prisme ; les autres en sont les *faces latérales*.

Un prisme est *triangulaire*, s'il a pour base un triangle, et *polygonal*, s'il a pour base un polygone quelconque.

PRISME DROIT. PRISME OBLIQUE. — On dit qu'un prisme est *droit* ou *oblique*, suivant que ses arêtes latérales sont perpendiculaires ou obliques au plan de la base. La *hauteur* du prisme est, dans tous les cas, la distance de ses deux bases, c'est-à-dire la perpendiculaire abaissée d'un point quelconque de la base supérieure sur la base inférieure. Si le prisme est droit, sa hauteur est égale à une de ses arêtes latérales ; si le prisme est droit et a pour base un polygone régulier, il est dit *régulier*.

Pour construire un prisme, on mène, par l'un des sommets de la base, une droite quelconque AA', non située dans le plan de cette base, et, par les autres sommets, des droites

BB', CC',.... qui soient parallèles et égales à AA'; on joint
ensuite deux à deux les points A', B', C',... et
la figure ainsi formée ABCDEA'B'C'D'E' est un
prisme : en effet, le quadrilatère ABB'A' est un
parallélogramme, puisque les deux côtés opposés, AA', BB', sont égaux et parallèles (42), et
il en est de même des quadrilatères BCC'B',
CDD'C'... ; par conséquent, les deux polygones
ABCDE et A'B'C'D'E' sont égaux et parallèles. Donc, la figure
ABCDEA'B'C'D'E' est un prisme.

PROPOSITION 1.

THÉORÈME. — *Deux prismes sont égaux, s'ils ont un angle dièdre égal compris entre une base et une face égales
chacune à chacune et disposées de la même manière.*

Supposons que la base ABCDE soit égale à *abcde*, que la
face ABB'A' soit égale à *abb'a'*, et que le dièdre AB soit égal
au dièdre *ab ;* je dis que les deux
prismes considérés sont égaux. En
effet, si l'on pose la base ABCDE
sur son égale *abcde*, de manière à
ce que ces deux bases coïncident,
les deux plans ABB'A' et *abb'a'*
tomberont l'un sur l'autre, puisque
le dièdre AB est supposé égal au dièdre *ab ;* et, comme
les deux faces ABB'A' et *abb'a'* sont, par hypothèse, égales
et disposées de la même manière, ces deux faces coïncideront ; les sommets A' et B' tomberont en *a'* et *b'* ; les deux
bases supérieures, qui sont égales et parallèles aux bases in-
férieures, se recouvriront exactement, et les deux polyèdres
seront confondus en un seul, puisqu'ils auront les mêmes
sommets. Donc, deux prismes sont égaux, s'ils ont un angle

dièdre égal compris entre une base et une face égales chacune à chacune et disposées de la même manière.

CorOLLAIRE. — *Deux prismes droits, qui ont des bases égales et la même hauteur, sont égaux.* En effet, si le côté AB est égal à *ab*, et la hauteur BB′ égale à *bb′*, les deux rectangles ABB′A′ et *abb′a′* sont égaux entre eux ; d'ailleurs, les deux angles dièdres AB et *ab* sont égaux comme droits ; puisque les deux bases des prismes sont égales, par hypothèse, ces deux prismes ont donc un angle dièdre égal compris entre une base et une face égales chacune à chacune et disposées de la même manière, et, par suite, sont égaux.

PROPOSITION 2.

THÉORÈME. — *Deux sections faites dans un prisme par des plans parallèles, qui rencontrent toutes les arêtes latérales, sont des polygones égaux.*

Considérons les deux sections EFGH et E′F′G′H′, et supposons qu'elles soient faites par des plans

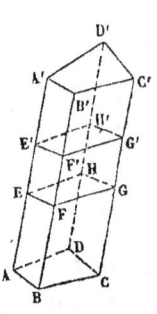

parallèles ; les deux côtés EF, E′F′ sont parallèles et égaux, car ce sont les intersections de deux plans parallèles par une face du prisme, et ces intersections sont terminées à deux droites parallèles ; les deux côtés FG, F′G′ sont de même parallèles et égaux, et il en est ainsi de tous les côtés des deux sections considérées. Il en résulte que les angles E, F, G... sont égaux chacun à chacun aux angles E′, F′, G′,... et, par suite, que les deux sections considérées sont des polygones égaux.

CorOLLAIRE. — *Toute section faite dans un prisme par un plan parallèle à la base est un polygone égal à la base.*

DÉFINITION.

Section droite d'un prisme. — On appelle *section droite* d'un prisme celle qu'on obtient en coupant le prisme par un plan perpendiculaire à une arête latérale. Toutes les sections droites d'un prisme, étant déterminées par des plans parallèles entre eux, sont des polygones égaux, d'après le théorème précédent.

PROPOSITION 3.

Théorème. — *Tout prisme oblique est équivalent à un prisme droit, qui a pour hauteur l'arête du prisme oblique et pour base sa section droite.*

Considérons le prisme oblique qui a pour bases ABCD et A′B′C′D′, et supposons qu'on ait mené, par les extrémités de l'arête AA′, des plans perpendiculaires à cette arête ; je dis que le prisme droit ainsi formé, qui a pour bases AEFG et A′E′F′G′, et pour hauteur l'arête AA′, est équivalent au prisme oblique considéré. Je remarque d'abord que les deux polyèdres BCDAEFG et B′C′D′A′E′F′G′ sont égaux : en effet, si l'on porte le second sur le premier, de manière à ce que les deux faces AEFG et A′E′F′G′, qui sont égales, coïncident, l'arête E′B′ prendra la direction de EB, puis-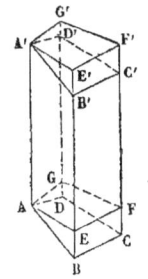qu'elles sont l'une et l'autre perpendiculaires au même point de la face commune ; de plus, le point B′ tombera au point B, car les segments E′B′ et EB sont égaux, chacun d'eux étant ce qui manque à la partie EB′ pour former une arête égale à AA′. On voit de même que le point C′ tombera au point C, que le point D′ tombera au point D, et, par suite, que les deux polyèdres BCDAEFG et B′C′D′A′E′F′G′ sont égaux. Mais, si l'on

ajoute au polyèdre BCDAEFG le solide compris entre les deux
sections AEFG et A'B'C'D', on obtient ainsi le prisme oblique,
et si l'on ajoute le même solide au polyèdre B'C'D'A'EF'G',
on obtient ainsi le prisme droit ; par conséquent, le prisme
droit est équivalent au prisme oblique. Donc, tout prisme
oblique est équivalent à un prisme droit, qui a pour hauteur
l'arête du prisme oblique et pour base sa section droite.

DÉFINITIONS.

PARALLÉLIPIPÈDE. — Un prisme se nomme *parallélipipède*,
s'il a pour base un parallélogramme ; le parallélipipède est
donc un hexaèdre dont toutes les faces sont des parallélogrammes. Il peut être droit ou oblique.

PARALLÉLIPIPÈDE RECTANGLE. — On nomme particulièrement *parallélipipède rectangle* tout parallélipipède droit
dont la base est un rectangle.

CUBE. — On appelle *cube* un parallélipipède rectangle,
dont la base est un carré et dont la hauteur égale le côté de
la base.

PROPOSITION 4.

THÉORÈME. — *Dans un parallélipipède, les faces opposées
sont égales et parallèles.*

Soit le parallélipipède ABCDEFGH ; il résulte de la définition de ce polyèdre et de la proposition 2 (234) que les bases,

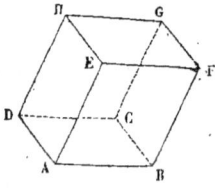

ABCD, EFGH, sont des parallélogrammes
égaux et parallèles ; il reste donc à démontrer que la même chose est vraie pour
deux faces latérales opposées, telles que
ABFE et CDHG. Or, le côté AB est égal
et parallèle à CD, puisque la figure ABCD
est un parallélogramme ; pour une raison analogue, le côté
BF est égal et parallèle à CG ; par conséquent, l'angle ABF

est égal et parallèle à DCG, et les deux faces opposées ABFE, CDHG sont des parallélogrammes égaux et parallèles. Il en est de même des deux autres faces opposées ADHE et BCGF ; donc, dans un parallélipipède, les faces opposées sont égales et parallèles.

Remarque. — Dans un parallélipipède, une face quelconque peut être considérée comme la base inférieure, et la face opposée comme la base supérieure ; toutes les arêtes parallèles sont d'ailleurs égales entre elles.

PROPOSITION 5.

THÉORÈME. — *Dans un parallélipipède, les angles trièdres opposés sont symétriques.*

Considérons, dans le parallélipipède ABCDEFGH, les deux trièdres opposés A et G ; l'angle plan BAD est égal à FGH, car ces angles ont dans l'espace leurs côtés parallèles et dirigés en sens contraire ; il en est de même des deux angles plans BAE, CGH, et des deux angles plans DAE, CGF : donc les trois angles plans qui forment l'angle trièdre A sont égaux chacun à chacun aux trois angles plans de l'angle trièdre G ; d'ailleurs, il est aisé de reconnaître qu'ils y sont disposés dans l'ordre inverse ; par conséquent, les deux trièdres considérés sont symétriques l'un de l'autre.

DÉFINITION.

DIAGONALE. — Toute droite passant par deux sommets qui ne sont pas dans la même face d'un polyèdre, se nomme une *diagonale* de ce polyèdre ; dans un parallélipipède, il y a évidemment quatre diagonales.

PROPOSITION 6.

Théorème. — *Dans un parallélipipède, les quatre diago-*
nales se coupent l'une l'autre en deux parties égales.

Considérons, dans le parallélipipède ABCDA'B'CD', les deux

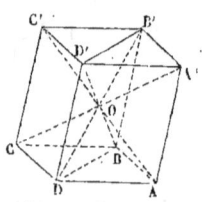

diagonales BD' et DB'; puisque l'arête
BB' est parallèle et égale à DD', la figure
BDD'B' est un parallélogramme ; donc,
les diagonales BD' et DB' de ce parallélogramme se coupent, au point O, en
deux parties égales. Il en est de même
des deux diagonales CA' et DB', des
deux diagonales AC' et DB' ; par conséquent, les quatre diagonales du parallélipipède considéré se coupent l'une l'autre
en deux parties égales.

PROPOSITION 7.

Théorème. — *Tout plan, qui passe par deux arêtes oppo-*
sées d'un parallélipipède, divise la figure en deux prismes
triangulaires équivalents.

Considérons le parallélipipède ABCDEFGH, et supposons
qu'il soit oblique, car, s'il est droit, les deux prismes triangulaires ABDEFH et BCDFGH sont aussi droits, et, par suite,

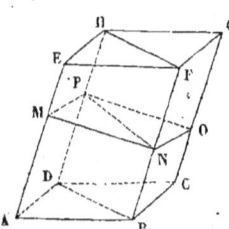

sont égaux, comme ayant des bases
égales et la même hauteur (234).

Si l'on mène, par un point quelconque M de l'arête AE, un plan
perpendiculaire à cette arête, la section droite ainsi obtenue MNOP est un
parallélogramme, que le plan BDHF
partage en deux triangles égaux MNP et PNO. Or, le prisme
oblique ABDEFH est équivalent au prisme droit qui a pour

base MNP et pour hauteur AE (235); de même, le prisme
oblique BCDFGH est équivalent au prisme droit qui a pour
base PNO et pour hauteur AE. Mais, les deux prismes droits
qui ont pour bases MNP, PNO, et pour hauteur AE, sont
égaux entre eux, comme ayant des bases égales et la même
hauteur; par conséquent, les deux prismes obliques ABDEFH
et BCDFGH sont équivalents. Donc, tout plan qui passe par
deux arêtes opposées d'un parallélipipède, divise la figure
en deux prismes triangulaires équivalents.

Remarque. — Les deux prismes triangulaires obliques,
considérés dans la proposition précédente, ont tous leurs
éléments égaux chacun à chacun; mais ces éléments y sont
disposés dans l'ordre inverse. C'est pourquoi les deux prismes ne sont pas superposables, bien que chacun d'eux soit
la moitié du parallélipipède.

PROPOSITION 8.

THÉORÈME. — *Dans un parallélipipède rectangle, le
carré d'une diagonale est égal à la somme des carrés des
trois arêtes qui aboutissent à l'une de ses extrémités.*

Supposons que le parallélipipède ABCDEFGH soit rectangle, et qu'on ait mené la diagonale AG, ainsi que la diagonale AC de la base inférieure; on aura
formé ainsi un triangle ACG, qui est rectangle en C et qui donne :

$$\overline{AG}^2 = \overline{CG}^2 + \overline{AC}^2 \quad \text{ou} \quad \overline{AG}^2 = \overline{AE}^2 + \overline{AC}^2.$$

Mais, dans le triangle ABC, qui est rectangle en B, on a
aussi :

$$\overline{AC}^2 = \overline{AB}^2 + \overline{BC}^2 \quad \text{ou} \quad \overline{AC}^2 = \overline{AB}^2 + \overline{AD}^2.$$

On en déduit, si l'on additionne membre à membre les deux égalités trouvées, et si l'on simplifie le résultat :

$$\overline{AG}^2 = \overline{AB}^2 + \overline{AD}^2 + \overline{AE}^2.$$

Cette égalité exprime précisément que le carré de la diagonale AG est égal à la somme des carrés des trois arêtes qui aboutissent à l'une de ses extrémités.

COROLLAIRE 1. — *Dans un parallélipipède rectangle, les quatre diagonales sont égales entre elles.*

COROLLAIRE 2. — Si l'on suppose que les trois arêtes aboutissant au même sommet d'un parallélipipède rectangle, sont égales, c'est-à-dire que la figure est un cube, et si l'on désigne par *a* l'une de ses arêtes, on trouve, d'après le théorème précédent :

$$\overline{AG}^2 = 3a^2.$$

Donc, *dans un cube, le carré d'une diagonale est le triple du carré d'une arête.*

§ 2. Mesure du prisme.

Surface du prisme.

PROPOSITION 1.

THÉORÈME. — *La surface latérale d'un prisme droit a pour mesure le produit de son arête par le périmètre de sa base.*

Considérons le prisme droit ABCDEA'B'C'D'E'. La surface latérale de ce prisme se compose des rectangles ABB'A', BCC'B',... ; or, on a successivement les égalités (144) :

$$\text{ABB'A'} = \text{AB} \times \text{AA'},$$
$$\text{BCC'B'} = \text{BC} \times \text{BB'},$$
$$\dots\dots\dots\dots\dots\dots,$$
$$\dots\dots\dots\dots\dots\dots$$

Si l'on additionne ces égalités membre à membre, en remarquant que la première somme n'est autre chose que la surface latérale s du prisme droit, et que, dans la seconde somme, toutes les arêtes latérales AA', BB',... sont égales entre elles, on peut écrire :

$$s = AA' \times (AB + BC + \ldots).$$

Mais, les termes qui sont entre parenthèses forment précisément le périmètre de la base ABCDE ; donc, la surface latérale du prisme considéré a pour mesure le produit de son arête par le périmètre de sa base.

COROLLAIRE 1. — La surface totale d'un prisme régulier s'obtient en ajoutant les deux bases à la surface latérale ; mais, les deux bases réunies ont pour mesure le produit du périmètre par l'apothème d'une base ; donc, *la surface totale d'un prisme régulier a pour mesure le produit du périmètre de sa base par la somme faite de son arête et de l'apothème de sa base.*

COROLLAIRE 2. — *La surface totale d'un cube est égale à six fois le carré de son arête.*

PROPOSITION 2.

* THÉORÈME. — *La surface latérale d'un prisme oblique a pour mesure le produit de son arête par le périmètre de sa section droite.*

Supposons que le polygone EFGH soit la section droite d'un prisme oblique ; la surface latérale de ce prisme se compose des parallélogrammes ABB'A', BCC'B',... qui ont chacun pour base une arête latérale du prisme, et pour hauteur un côté de la section droite ; on aura donc successivement :

16

$$ABB'A' = EF \times AA',$$
$$BCC'B' = FG \times BB',$$
$$\dots\dots\dots\dots\dots$$
$$\dots\dots\dots\dots\dots$$

Si l'on additionne ces égalités membre à membre, en remarquant que la première somme n'est autre chose que la surface latérale s du prisme oblique, et que, dans la seconde somme, toutes les arêtes latérales AA', BB',... sont égales entre elles, on peut écrire :

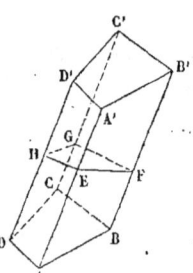

$$s = AA' \times (EF + FG + \dots).$$

Mais, les termes qui sont entre parenthèses forment précisément le périmètre de la section droite EFGH ; donc, la surface latérale du prisme considéré a pour mesure le produit de son arête par le périmètre de sa section droite.

Volume du parallélipipède rectangle.

PROPOSITION 3.

LEMME. — *Deux parallélipipèdes rectangles, qui ont des bases égales, sont proportionnels à leurs hauteurs.*

Considérons les deux parallélipipèdes rectangles P et P', qui ont des bases égales ABCD et A'B'C'D' ; je dis qu'on aura la proportion :

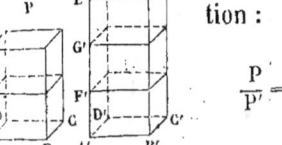

$$\frac{P}{P'} = \frac{AE}{A'E'}.$$

Supposons que le rapport des hauteurs AE et A'E' soit commensurable et égal, par exemple, à la fraction $\dfrac{2}{3}$, ce qui se traduit par la proportion suivante :

$$\frac{AE}{A'E'} = \frac{2}{3}.$$

D'après cette hypothèse, la hauteur AE doit contenir deux fois le tiers de A'E' ; par conséquent, si l'on divise A'E', aux points F' et G', en trois parties égales, et AE, au point F, en deux parties égales, les cinq parties ainsi obtenues doivent être égales entre elles. Mais, si l'on mène par le point F un plan parallèle à ABCD, et, par les points F', G', des plans parallèles à A'B'C'D', on forme ainsi cinq parallélipipèdes rectangles qui sont égaux entre eux, car ils ont des bases égales et des hauteurs égales (234). Le parallélipipède P contient ainsi deux fois le tiers du parallélipipède P' ; par conséquent, le rapport des deux parallélipipèdes P et P' doit égaler $\dfrac{2}{3}$, ce qui s'exprime par la proportion suivante :

$$\frac{P}{P'} = \frac{2}{3}.$$

Il en résulte que le rapport des deux parallélipipèdes rectangles considérés est égal à celui de leurs hauteurs, s'il est commensurable, et qu'on a la proportion :

$$\frac{P}{P'} = \frac{AE}{A'E'}.$$

Supposons que le rapport des hauteurs AE et A'E' soit incommensurable ; on démontrera, comme à la page 65, que celui des deux parallélipipèdes rectangles doit l'égaler.

Donc, deux parallélipipèdes rectangles, qui ont des bases égales, sont proportionnels à leurs hauteurs.

CorollaIRE. — *Deux parallélipipèdes rectangles, qui ont deux dimensions égales, sont proportionnels à leurs troisièmes dimensions ;* car, si l'on prend leurs troisièmes dimensions pour hauteurs, on peut considérer ces deux parallélipipèdes comme ayant des bases égales.

PROPOSITION 4.

LEMME. — *Deux parallélipipèdes rectangles, quels qu'ils soient, sont proportionnels aux produits de leurs bases par leurs hauteurs.*

Considérons les deux parallélipipèdes rectangles P et P', dont les dimensions sont AB, AC, AD et A'B', A'C', A'D' ; puis, comparons-les successivement à deux autres p et p', dont les dimensions respectives seraient AC, AD, A'B' et AD, A'B', A'C'.

Les deux parallélipipèdes P et p, qui ont deux dimensions égales, sont proportionnels à leurs troisièmes dimensions, d'après le lemme précédent, et l'on a :

$$\frac{P}{p} = \frac{AB}{A'B'}.$$

Les deux parallélipipèdes p et p' donnent de même la proportion :

$$\frac{p}{p'} = \frac{AC}{A'C'},$$

et les deux parallélipipèdes p' et P' donnent la suivante :

$$\frac{p'}{P'} = \frac{AD}{A'D'}.$$

Si l'on multiplie terme à terme ces trois proportions, et si l'on supprime les facteurs p, p', qui figurent dans les deux termes du premier produit, on trouve cette autre proportion :

$$\frac{P}{P'} = \frac{AB \times AC \times AD}{A'B' \times A'C' \times A'D'};$$

cette proportion exprime que les deux parallélipipèdes considérés sont proportionnels aux produits de leurs trois dimensions ; mais, si l'on prend une des trois dimensions d'un parallélipipède rectangle pour sa hauteur, le produit des deux autres représente sa base (150) ; donc, deux parallélipipèdes rectangles, quels qu'ils soient, sont proportionnels aux produits de leurs bases par leurs hauteurs.

Scolie. — *Le rapport de deux parallélipipèdes rectangles est égal à celui de leurs bases, multiplié par celui de leurs hauteurs.*

PROPOSITION 5.

Théorème. — *Le volume d'un parallélipipède rectangle a pour mesure le produit de sa base par sa hauteur.*

Supposons qu'on se propose de mesurer le volume du parallélipipède rectangle P, et qu'on ait choisi pour unité de volume le parallélipipède rectangle P'. D'après la proposition qui précède, le rapport de ces deux parallélipipèdes doit égaler celui de

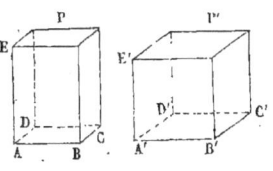

leurs bases, multiplié par celui de leurs hauteurs, ce qui se traduit par l'égalité suivante :

$$\frac{P}{P'} = \frac{ABCD}{A'B'C'D'} \times \frac{AE}{A'E'}.$$

Puisque le parallélipipède P' est, par hypothèse, l'unité de volume, le rapport $\frac{P}{P'}$ n'est autre chose, d'après la définition (232), que la mesure du volume du parallélipipède P ;

d'où il suit que le volume du parallélipipède P a pour mesure $\dfrac{ABCD}{A'B'C'D'} \times \dfrac{AE}{A'E'}$. Mais *si*, en outre, *le parallélipipède rectangle, choisi pour unité de volume, est un cube ayant pour arête l'unité de longueur*, le rapport $\dfrac{AE}{A'E'}$, est précisément la longueur de AE, le rapport $\dfrac{ABCD}{A'B'C'D'}$ est l'aire du rectangle ABCD, à cause du choix qu'on a déjà fait (160) de l'unité de surface, et, par suite, le volume du parallélipipède P a pour mesure l'aire de sa base, multipliée par la longueur de sa hauteur ; c'est ce qu'on exprime et ce qu'on sous-entend, quand on dit d'une manière abrégée : *le volume d'un parallélipipède rectangle a pour mesure le produit de sa base par sa hauteur.*

COROLLAIRE. — *Le produit de trois lignes quelconques exprime le volume d'un parallélipipède rectangle, qui aurait pour hauteur une de ces lignes et pour base un rectangle construit avec les deux autres.*

Remarque. — Le théorème précédent n'est vrai que si l'on choisit, pour unité de volume, un cube ayant pour arête l'unité de longueur ; cette restriction, qui fait partie de l'hypothèse du théorème, ne se trouve pas indiquée dans l'énoncé. Nous avons déjà fait une observation analogue sur la mesure des surfaces, page 151.

PROPOSITION 6.

THÉORÈME. — *Le volume d'un cube a pour mesure le cube de son arête.*

En effet, tout cube est un parallélipipède rectangle dont la base est un carré et dont la hauteur égale l'arête de base ; par conséquent, son volume doit avoir pour mesure le produit de sa base par sa hauteur, c'est-à-dire le carré de son arête de base multiplié par elle-même, ou encore le cube de son arête.

CorollAire. — *Le cube d'une ligne quelconque exprime le volume d'un cube qui aurait cette ligne pour arête.*

Volume d'un parallélipipède quelconque.

PROPOSITION 7.

Théorème. — *Le volume d'un parallélipipède quelconque a pour mesure le produit de sa base par sa hauteur.*

Considérons le parallélipipède dont les bases sont ABCD et A'B'C'D', et supposons qu'on ait mené la section droite EFF'E', perpendiculaire à une arête AB de la base ; le parallélipipède droit, qui aurait pour base EFF'E' et pour hauteur AB, est équivalent au parallélipipède considéré.

Si le parallélipipède considéré est droit, la section EFF'E' est un rectangle, et le parallélipipède qui a pour base cette section et pour hauteur AB est un parallélipipède rectangle, dont la mesure est égale au produit AB × EF × EE' (245) ; d'ailleurs, le produit AB × EF représente la base ABCD du parallélipipède considéré, et EE' sa hauteur ; donc, le parallélipipède considéré a pour mesure le produit de sa base par sa hauteur.

Si le parallélipipède considéré est oblique, la section EFF'E' est un parallélogramme dont la hauteur égale E'H, et le parallélipipède qui a pour base cette section et pour hauteur AB, est un parallélipipède droit, dont la mesure est égale, d'après ce qui précède, au produit AB × EF × E'H ; d'ailleurs, le produit AB × EF représente la base ABCD du parallélipipède considéré, et la droite E'H n'est autre chose que sa hauteur (210) ; donc, le parallélipipède considéré a pour mesure le produit de sa base par sa hauteur.

Corollaire. — *Deux parallélipipèdes quelconques sont proportionnels aux produits de leurs bases par leurs hauteurs ;* car, leurs volumes sont respectivement égaux à ces deux produits.

Volume d'un prisme.

PROPOSITION 8.

Théorème. — *Tout prisme a pour mesure le produit de sa base par sa hauteur.*

Si le prisme est triangulaire, il est la moitié du parallélipipède construit de manière à avoir la même hauteur et une base double (238). Or, le volume du parallélipipède a pour mesure le produit de sa base par sa hauteur ; donc, le volume du prisme qui en est la moitié a pour mesure le produit de sa base, moitié de celle du parallélipipède, par sa hauteur.

Si le prisme est polygonal, il peut être partagé en autant de prismes triangulaires qu'on peut former de triangles, dans sa base, avec les diagonales qui aboutissent à un même sommet. Mais le volume de chaque prisme triangulaire a pour mesure, d'après ce qui précède, sa base multipliée par sa hauteur ; la hauteur étant la même pour tous, il en résulte que la somme de tous les prismes partiels aura pour mesure la somme de tous les triangles qui leur servent de bases, multipliée par la hauteur commune ; en d'autres termes, un prisme polygonal a pour mesure le produit de sa base par sa hauteur.

Corollaire. — *Deux prismes quelconques sont proportionnels aux produits de leurs bases par leurs hauteurs ;*

car, leurs volumes sont respectivement égaux à ces deux produits.

Exercices.

1. Démontrer que, dans un prisme triangulaire, chaque face latérale est plus petite que la somme des deux autres.

2. Faire voir que, dans un parallélipipède, toute droite qui joint les milieux de deux arêtes opposées passe par le point de rencontre des diagonales.

3. Prouver que le solide formé par six plans, qui sont parallèles deux à deux, sans être parallèles à la même droite, est un parallélipipède.

4. Couper un cube donné par un plan tel que la section soit un hexagone régulier.

5. Calculer le volume d'un parallélipipède rectangle dont la surface totale est de 3 mètres carrés, et dont les dimensions sont proportionnelles aux nombres 4, 6 et 9.

6. Trouver, à 1 centimètre près, le côté d'un cube qui soit le double d'un cube dont le côté égale $1^m,75$.

7. Déterminer, à 1 centimètre près, les dimensions d'un parallélipipède rectangle, sachant qu'elles sont proportionnelles aux nombres $\frac{2}{3}$, $\frac{3}{4}$, $\frac{4}{5}$, et que son volume est de 2 mètres cubes.

8. Calculer, à 1 centimètre près, les dimensions d'un parallélipipède rectangle dont la base est un carré, dont la hauteur est double du côté de la base, et dont la diagonale a 12 mètres de longueur.

9. Étant donnés deux cubes dont les arêtes ont 5 mètres et 3 mètres de longueur, trouver, à 1 décimètre près, l'arête du cube équivalent à leur somme ou à leur différence.

10. Un prisme droit a pour base un triangle équilatéral, son volume est d'un mètre cube, et sa hauteur égale $0^m,80$. On demande, à 1 centimètre près, le côté de sa base.

11. Partager une droite de 3 centimètres de longueur en deux parties, telles que la somme des cubes construits sur chaque partie comme arête soit égale à 15 centimètres cubes. Généraliser la question et en discuter la solution.

12. Étant donnée une feuille de carton carrée, on mène des parallèles à égale distance des bords pour former, en enlevant les quatre coins et relevant les bords, une boîte à fond carré; on demande à quelle distance il faut mener les parallèles pour que le volume de la boîte soit le plus grand possible.

CHAPITRE II

PYRAMIDE.

§ 1ᵉʳ. Propriétés générales de la pyramide.

DÉFINITIONS.

Pyramide. — Une *pyramide* est un polyèdre dont l'une des faces est un polygone quelconque, et dont les autres

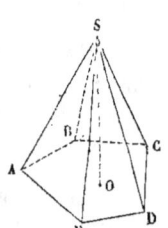

faces sont des triangles ayant pour bases les différents côtés du polygone et pour sommet un même point de l'espace. La face polygonale ABCDE d'une pyramide est sa *base* ; les autres SAB, SBC, SCD,... sont les *faces latérales* de la pyramide, et le sommet S, commun à toutes les faces latérales, se nomme le *sommet* de la pyramide.

Lorsque la base d'une pyramide est un triangle, elle est dite *triangulaire* ; dans ce cas, toutes les faces sont des triangles, et le solide est un tétraèdre. Dans le cas contraire, la pyramide est dite *quadrangulaire*, *pentagonale*, et, en général, *polygonale*, suivant que sa base est un quadrilatère, un pentagone ou un polygone quelconque.

Hauteur d'une pyramide. — La *hauteur* d'une pyramide est la distance SO du sommet à la base, c'est-à-dire la perpendiculaire abaissée du sommet S sur la base ABCDE.

PROPOSITION 1.

THÉORÈME. — *Deux pyramides sont égales, si elles ont un angle dièdre égal compris entre la base et une face égales chacune à chacune et disposées de la même manière.*

La démonstration de cette proposition est identique à celle de la proposition 1, page 233.

COROLLAIRE. — *Deux tétraèdres sont égaux, s'ils ont un angle dièdre égal compris entre des faces égales chacune à chacune et disposées de la même manière.*

PROPOSITION 2.

THÉORÈME. — *Toute section faite dans une pyramide, par un plan parallèle à la base, est un polygone semblable à la base.*

Considérons la pyramide SABCD, et supposons que la section *abcd* soit faite par un plan parallèle à la base. Le côté *ab* est parallèle à AB, car les intersections de deux plans parallèles par un troisième sont des droites parallèles; il en est de même de *bc* et BC, de *cd* et CD, de *ad* et AD; les deux polygones ABCD et *abcd* ont donc leurs côtés parallèles chacun à chacun.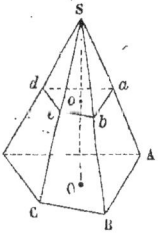

Il en résulte, d'une part, que les deux angles A et *a* sont égaux, comme ayant leurs côtés parallèles dans l'espace et dirigés dans le même sens, et qu'il en est ainsi de tous les angles des deux polygones.

Il en résulte, d'autre part, que les triangles SAB, SBC, SCD, SAD, sont semblables chacun à chacun aux triangles S*ab*, S*bc*, S*cd*, S*ad*, et nous donnent la proportion suivante :

$$\frac{SA}{Sa} = \frac{AB}{ab} = \frac{SB}{Sb} = \frac{BC}{bc} = \frac{SC}{Sc} = \frac{CD}{cd} = \frac{SD}{Sd} = \frac{AD}{ad}.$$

Or, si l'on fait abstraction des rapports formés par les arêtes latérales, cette proportion exprime précisément que les côtés homologues des deux polygones ABCD et *abcd* sont proportionnels.

Donc, toute section faite dans une pyramide par un plan parallèle à la base est un polygone semblable à la base.

COROLLAIRE. — *Deux sections parallèles, faites dans une pyramide, sont entre elles comme les carrés de leurs distances au sommet.* En effet, puisque les deux sections ABCD et *abcd* sont semblables, leurs aires sont proportionnelles aux carrés de deux côtés homologues, ce qui s'exprime par la proportion :

$$\frac{ABCD}{abcd} = \frac{\overline{AB}^2}{\overline{ab}^2}.$$

Mais, d'après une propriété des plans parallèles (201), toutes les droites, menées d'un même point à deux plans parallèles, s'y divisent en parties proportionnelles à ces droites, et, par suite, si l'on mène la hauteur SO de la pyramide SABCD, on doit avoir :

$$\frac{AB}{ab} = \frac{SA}{Sa} = \frac{SO}{So}.$$

On déduit aisément des proportions qui précèdent la proportion suivante :

$$\frac{ABCD}{abcd} = \frac{\overline{SO}^2}{\overline{So}^2}.$$

PROPOSITION 3.

THÉORÈME. — *Si deux pyramides ont des hauteurs égales et des bases placées sur le même plan, les sections qu'on obtient, en les coupant par un plan parallèle à celui de leurs bases, sont proportionnelles à ces bases.*

Supposons que les deux pyramides SABC et S'A'B'C' aient des hauteurs égales SE, S'E', que leurs bases ABC, A'B'C'D' soient placées sur un même plan, et qu'en les coupant par un plan parallèle à celui de leurs bases, on ait obtenu les sections *abc* et *a'b'c'd'*. Puisque la section *abc* est déterminée par un plan parallèle à la base ABC, dans la première pyramide, on aura :

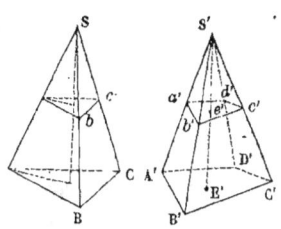

$$\frac{ABC}{abc} = \frac{\overline{SE}^2}{\overline{Se}^2}.$$

La seconde pyramide donne de même :

$$\frac{A'B'C'D'}{a'b'c'd'} = \frac{\overline{S'E'}^2}{\overline{S'e'}^2}.$$

Mais, les deux hauteurs SE et S'E' sont égales, par hypothèse ; les distances Se et S'e' doivent l'être aussi, d'après la construction ; par conséquent, les deux rapports $\dfrac{\overline{SE}^2}{\overline{Se}^2}$ et $\dfrac{\overline{S'E'}^2}{\overline{S'e'}^2}$ sont égaux entre eux, et l'on peut conclure cette autre proportion :

$$\frac{ABC}{abc} = \frac{A'B'C'D'}{a'b'c'd'}.$$

C'est précisément celle qu'on se proposait de démontrer.

Remarque. — Si les deux pyramides considérées ont des bases équivalentes, les deux sections obtenues doivent être équivalentes, puisqu'elles sont proportionnelles aux bases.

§ 2. Mesure de la pyramide.

Surface de la pyramide.

DÉFINITIONS.

PYRAMIDE RÉGULIÈRE. — Une pyramide est dite *régulière*, si elle a pour base un polygone régulier, et si sa hauteur tombe au centre du polygone régulier qui lui sert de base. Il est clair que les arêtes latérales d'une pyramide régulière SABCDE sont égales entre elles, car elles sont toutes des obliques s'écartant également de la perpendiculaire SF ; les faces latérales SAB, SBC, SCD;... sont des triangles isocèles et égaux entre eux.

APOTHÈME. — On donne le nom d'*apothème* à une perpendiculaire abaissée du sommet d'une pyramide régulière sur un quelconque des côtés de la base ; l'apothème SG de la pyramide régulière SABCDE a évidemment la même longueur, quel que soit le côté de la base qu'on ait choisi pour mener cet apothème.

PROPOSITION 1.

THÉORÈME. — *La surface latérale d'une pyramide régulière a pour mesure la moitié du produit de son apothème par le périmètre de sa base.*

Considérons la pyramide régulière SABCDE, dont l'apothème est SG ; sa surface latérale se compose des triangles égaux SAB, SBC,... dont le nombre n est égal à celui des côtés de la base ABCDE. Or, on a d'après un théorème démontré (152) :

$$SAB = \frac{AB \times SG}{2}.$$

Si l'on multiplie par n les deux membres de cette égalité, on trouve cette autre égalité :

$$SAB \times n = \frac{AB \times n \times SG}{2};$$

mais, le produit $SAB \times n$ n'est autre chose que la surface latérale de la pyramide SABCDE, $AB \times n$ est le périmètre de sa base, et SG son apothème. Donc, la surface latérale d'une pyramide régulière a pour mesure la moitié du produit de son apothème par le périmètre de sa base.

Corollaire 1. — La surface totale d'une pyramide régulière s'obtient en ajoutant à la surface latérale celle de sa base ; mais, sa base a pour mesure la moitié du produit de son périmètre par son apothème ; donc, *la surface totale d'une pyramide régulière a pour mesure la moitié du produit de son périmètre par la somme faite de son apothème et de l'apothème de sa base.*

Corollaire 2. — La surface totale d'un tétraèdre régulier contient évidemment quatre fois l'une de ses faces ; or, si l'on désigne par a l'arête d'une de ses faces, la hauteur de cette face, qui est un triangle équilatéral, a pour expression $\frac{a\sqrt{3}}{2}$; donc, cette face est exprimée par le produit $\frac{a}{2} \times \frac{a\sqrt{3}}{2}$, et il en résulte que la surface totale S du tétraèdre régulier est donnée par la formule suivante :

$$S = 4 \times \frac{a}{2} \times \frac{a\sqrt{3}}{2} \quad \text{ou} \quad S = a^2 \sqrt{3}.$$

Volume de la pyramide.

DÉFINITION.

PRISME INSCRIT A UNE PYRAMIDE. — Si l'on divise la hauteur d'une pyramide en parties égales, et qu'on mène par les points de division des plans parallèles à la base, si l'on construit ensuite, sur chaque section comme base, un prisme terminé au plan immédiatement inférieur, et un autre terminé au plan immédiatement supérieur, avec des arêtes parallèles à une même arête de la pyramide, on obtient ainsi une série de prismes intérieurs à la pyramide et une autre série de prismes extérieurs en partie à la pyramide ; chacun des prismes, appartenant à l'une ou à l'autre série, est dit *inscrit* à la pyramide.

PROPOSITION 2.

LEMME. — *Une pyramide triangulaire est la limite vers laquelle tend une somme de prismes intérieurs ou extérieurs, inscrits à cette pyramide, et dont le nombre augmente indéfiniment.*

Considérons la pyramide SABC ; supposons qu'on ait divisé sa hauteur en un certain nombre de parties égales, 4 par exemple, et qu'on ait inscrit à la pyramide trois prismes intérieurs ayant pour bases DEF, GHK, LMN, et quatre prismes extérieurs ayant pour bases ABC, DEF, GHK, LMN. Les prismes extérieurs, sauf celui qui a pour base ABC, sont équivalents chacun à chacun aux prismes intérieurs, car ces prismes, d'après leur construction, ont deux à deux

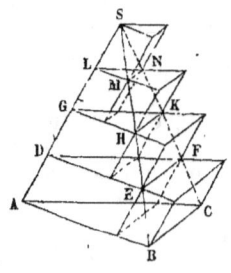

une base commune et la même hauteur; la différence entre la somme S des prismes extérieurs et la somme s des prismes intérieurs est donc égale au prisme extérieur, qui a pour base ABC et pour hauteur le quart de celle de la pyramide. Mais, si l'on augmente suffisamment le nombre des divisions qu'on a faites sur la hauteur de la pyramide considérée, et, par suite, le nombre des prismes inscrits, le volume du prisme extérieur, qui a pour base ABC, peut devenir aussi petit qu'on veut; donc, la différence S — s peut elle-même devenir aussi petite qu'on voudra. Or, le volume de la pyramide est évidemment compris entre les deux sommes S et s, quel que soit le nombre des prismes inscrits à la pyramide; par conséquent, si le nombre de ces prismes augmente indéfiniment, les deux sommes S et s s'approchent indéfiniment de la pyramide; en d'autres termes, chacune de ces sommes a pour limite la pyramide.

PROPOSITION 3.

Lemme. — *Deux pyramides triangulaires sont équivalentes, si elles ont la même hauteur et des bases équivalentes.*

Considérons les deux pyramides SABC et S′A′B′C′; supposons qu'elles aient la même hauteur, que leurs bases soient équivalentes, et qu'on ait inscrit dans chacune d'elles le même nombre de prismes; si l'on a, par exemple, inscrit les prismes intérieurs correspondant aux sections qui passent

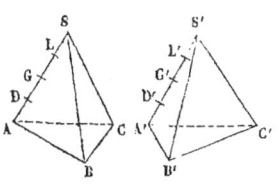

par les points D, G, L et D′, G′, L′, les prismes inscrits dans la pyramide SABC seront équivalents chacun à chacun aux prismes inscrits dans la pyramide S′A′B′C′, comme ayant la

17

même hauteur et pour bases des sections équivalentes (248) ;
par conséquent, la somme *s* des prismes inscrits dans la première est équivalente à la somme *s'* des prismes inscrits dans
la seconde, quelque grand que soit le nombre de ces prismes, ce qui se traduit par l'égalité :

$$s = s'.$$

Mais, si le nombre des prismes inscrits dans chaque pyramide augmente indéfiniment, la somme *s* tend vers la pyramide SABC, qui en est la limite ; de même, la somme *s'* tend
vers la pyramide S'A'B'C' ; par suite, l'égalité qui précède
deviendra :

$$SABC = S'A'B'C'.$$

Cette égalité exprime précisément que les deux pyramides
considérées sont équivalentes, si elles ont la même hauteur
et des bases équivalentes.

PROPOSITION 4.

Théorème. — *Toute pyramide a pour mesure le tiers du
produit de sa base par sa hauteur.*

Considérons d'abord une pyramide triangulaire SABC, et
supposons qu'on ait construit un prisme triangulaire ayant

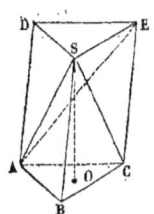

pour base ABC et pour arête SB ; je dis que la
pyramide SABC est le tiers du prisme ABCEDS.
En effet, retranchons du prisme la pyramide
SABC ; il restera le solide SACED, qu'on peut
considérer comme une pyramide quadrangulaire, dont le sommet est le point S et
dont la base est le parallélogramme ACED.
Tirons la diagonale AE, le plan SAE partagera la pyramide quadrangulaire en deux pyramides triangulaires
SADE, SACE ; ces deux pyramides ont pour hauteur com-

mune la perpendiculaire abaissée du sommet S sur le plan ACED ; elles ont des bases égales, puisque les deux triangles ADE et ACE sont les deux moitiés du même parallélogramme ; par conséquent, ces deux pyramides sont équivalentes d'après le lemme précédent. Mais la pyramide SADE et la pyramide SABC peuvent être regardées comme ayant des bases égales DES et ABC ; elles ont la même hauteur SO, car cette hauteur est la distance des plans parallèles DES et ABC ; donc, les deux pyramides SADE et SABC sont aussi équivalentes. Puisque la pyramide SADE est d'ailleurs équivalente à la pyramide SACE, les trois pyramides SABC, SACE, SADE, qui composent le prisme ABCEDS, sont équivalentes entre elles ; par suite, la pyramide considérée SABC est le tiers du prisme, qui a même base ABC et même hauteur SO. Or, le prisme a pour mesure le produit de sa base par sa hauteur ; donc, la pyramide considérée a pour mesure le tiers du produit de sa base par sa hauteur.

Considérons maintenant une pyramide polygonale SABCDE, et faisons passer des plans SAC, SAD, par le sommet S et par les diagonales de la base qui aboutissent au sommet A ; on aura divisé la pyramide polygonale en plusieurs pyramides triangulaires, qui ont pour bases les triangles ABC, ACD, ADE, et pour hauteur commune la hauteur SO de la pyramide considérée. 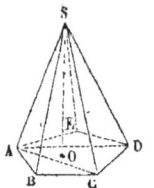 Mais, d'après ce qui précède, chacune des pyramides triangulaires se mesure en multipliant un des triangles du polygone de base par le tiers de la hauteur SO ; par conséquent, la somme des pyramides triangulaires, c'est-à-dire la pyramide polygonale, aura pour mesure la somme des triangles qui forment sa base, multipliée par le tiers de la hauteur SO. Donc, la pyramide considérée a pour mesure le tiers du produit de sa base par sa hauteur.

Corollaire. — *Deux pyramides quelconques sont entre elles comme les produits de leurs bases par leurs hauteurs;* car, leurs volumes sont respectivement égaux au tiers de ces deux produits.

Exercices.

1. Démontrer que les plans bissecteurs des six angles dièdres d'un tétraèdre se rencontrent en un même point, équidistant des quatre faces.

2. Dans une pyramide triangulaire, les droites qui joignent les milieux des arêtes opposées se rencontrent en un même point, qui divise chacune d'elles en deux parties égales.

3. Une pyramide est-elle régulière, si les côtés de sa base sont égaux et si ses arêtes sont égales entre elles?

4. Étant donnée une pyramide régulière, on élève par un point quelconque pris à l'intérieur de la base une perpendiculaire sur cette base; cette perpendiculaire rencontre toutes les faces latérales de la pyramide, prolongées au besoin. Démontrer que la somme des distances des points de rencontre au plan de la base est une quantité constante.

5. Prouver que les milieux des arêtes d'un tétraèdre régulier sont les sommets d'un octaèdre régulier.

6. Démontrer que, dans un tétraèdre régulier, la somme des perpendiculaires abaissées d'un point intérieur sur les quatre faces est constante, quelle que soit la position de ce point.

7. Couper une pyramide donnée par un plan parallèle à la base, de telle sorte que la section obtenue soit la moitié de la base, ou, plus généralement, ait avec la base le rapport de deux nombres ou de deux lignes données.

8. A quelle distance du sommet d'un tétraèdre régulier faut-il mener un plan parallèle à la base, pour que le tétraèdre ainsi détaché du premier ait une surface totale équivalente à la moitié de celle du premier.

9. Calculer le volume d'un tétraèdre régulier dont l'arête est égale à *a*. Appliquer la formule trouvée au cas où l'arête est de 2^m,50, et donner le résultat à 1 centimètre cube près.

10. Prouver que le volume d'un octaèdre régulier est équivalent à quatre tétraèdres réguliers ayant la même arête que l'octaèdre.

11. Démontrer que le volume d'un tétraèdre, dont l'angle au sommet est trirectangle, a pour mesure le tiers du produit de deux arêtes opposées par la moitié de leur plus courte distance. En dé-

duire l'expression de ce volume en fonction des trois arêtes aboutissant au sommet.

12. On donne deux droites, MN et PQ, non situées dans le même plan ; sur l'une d'elles on prend une longueur AB, et sur l'autre une longueur CD ; puis, on joint les quatre points A, B, C, D, deux à deux. Démontrer que le volume du tétraèdre ABCD ainsi formé reste constant, quelle que soit la position des longueurs AB et CD sur les droites données.

13. Une pyramide en pierre a pour base un hexagone régulier de 15 mètres de côté, et les faces sont toutes inclinées de 45° sur la base. On demande ce que pèse la pyramide, sachant que la densité de la pierre dont elle est composée est 2,5.

14. Étant donné un tétraèdre, on demande de déterminer dans son intérieur un point tel qu'en joignant ce point aux quatre sommets, on ait décomposé la figure en quatre tétraèdres équivalents.

15. Prouver que le plan qui passe par une arête d'un tétraèdre et par le milieu de l'arête opposée partage la figure en deux tétraèdres équivalents.

CHAPITRE III

POLYÈDRES QUELCONQUES.

§ 1er. Mesure d'un polyèdre.

PROPOSITION 1.

PROBLÈME. — *Mesurer le volume d'un polyèdre.*

Pour mesurer le volume d'un polyèdre, on le décompose
en plusieurs pyramides au moyen de plans qu'on fait passer
par un même point du polyèdre et par chacune de ses arêtes ;
on mesure ensuite toutes ces pyramides, et la somme des
résultats obtenus fait connaître le volume du polyèdre.

Une des manières les plus simples d'opérer cette décom-
position d'un polyèdre en pyramides consiste à faire passer
tous les plans de division par un des sommets du polyèdre ;
on trouve ainsi autant de pyramides partielles qu'il y a de
faces dans le polyèdre, excepté celles qui aboutissent au
sommet d'où partent les plans de division.

Il arrive quelquefois que le polyèdre peut se partager en
pyramides ayant des bases différentes et la même hauteur,
ou en pyramides ayant la même base et des hauteurs différentes ; il convient alors de profiter de cette circonstance
pour obtenir une simplification dans la mesure du polyèdre.

Mesure du tronc de pyramide.

DÉFINITION.

TRONC DE PYRAMIDE. — On appelle *tronc de pyramide* ou
pyramide tronquée ce qui reste d'une pyramide, quand on
la coupe par un plan parallèle à la base et qu'on enlève la

partie supérieure. La base de la pyramide est la *base infé-rieure* du tronc ; la section faite par le plan parallèle à la base de la pyramide est la *base supérieure* du tronc ; ces deux bases sont semblables (251), et les droites qui joignent deux à deux leurs sommets homologues doivent concourir au sommet de la pyramide.

La *hauteur* d'un tronc de pyramide est la distance de ses deux bases.

PROPOSITION 2.

Théorème. — *Un tronc de pyramide triangulaire peut se décomposer en trois pyramides, qui auraient pour hauteur commune la hauteur du tronc, et dont les bases seraient la base inférieure du tronc, sa base supérieure, et une moyenne proportionnelle entre ces deux bases.*

Considérons le tronc de pyramide ABCDEF, et, par les trois points E, A, C, faisons passer le plan EAC, qui retranchera du tronc la pyramide triangulaire EABC. Cette pyramide a pour base ABC, base inférieure du tronc ; elle a aussi pour hauteur la hauteur du tronc, puisque son sommet E appartient à la base supérieure DEF.

Après avoir retranché cette pyramide, il reste la pyramide quadrangulaire EACFD, dont le sommet est le point E et la base le quadrilatère ACFD. Par les trois points D, E, C, faisons passer le plan EDC qui partage la pyramide quadrangulaire en deux triangulaires, savoir : EACD et ECFD. Cette dernière, ECFD, peut être regardée comme ayant pour base DEF et pour sommet le point C, c'est-à-dire comme ayant pour base la base supérieure du tronc, et pour hauteur la hauteur du tronc : nous avons déjà ainsi deux des trois pyramides qui doivent composer le tronc.

Il reste à considérer la troisième, EACD. Or, si l'on mène EG parallèle à DA, et qu'on imagine une nouvelle pyramide, dont le sommet est G et la base ACD, ces deux pyramides auront même base ACD ; elles auront aussi même hauteur, puisque les sommets E et G sont situés sur une ligne EG parallèle à DA, et, par suite, parallèle au plan de la base ACD (187) ; donc, ces pyramides sont équivalentes (257). Mais, la pyramide GACD peut être regardée comme ayant son sommet en D, et elle aura ainsi même hauteur que le tronc ; quant à sa base ACG, je dis qu'elle est moyenne proportionnelle entre les bases ABC et DEF. En effet, si l'on mène GH parallèle à BC, et, par suite, parallèle à EF, le triangle AGH qu'on forme ainsi est égal à DEF, car ces deux triangles ont, d'après la construction, un côté égal adjacent à des

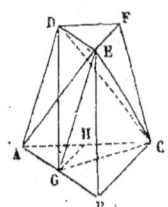

angles égaux, chacun à chacun. Or, les deux triangles AGH et AGC, qui ont pour sommet commun le point G, sont proportionnels à leurs bases AH et AC, ce qui donne :

$$\frac{H}{AGC} = \frac{AH}{AC}.$$

De même, les deux triangles AGC et ABC, qui ont pour sommet commun le point C, sont proportionnels à leurs bases AG et AB, ce qui donne :

$$\frac{AGC}{ABC} = \frac{AG}{AB}.$$

Si l'on observe que les deux rapports $\frac{AH}{AC}$ et $\frac{AG}{AB}$ sont égaux, en vertu du théorème des lignes proportionnelles, on peut conclure la proportion suivante :

$$\frac{AGH}{AGC} = \frac{AGC}{ABC};$$

et cette proportion exprime précisément que la base AGC de

la troisième pyramide est moyenne proportionnelle entre les deux bases du tronc. Donc, un tronc de pyramide triangulaire peut se décomposer en trois pyramides qui auraient pour hauteur commune la hauteur du tronc, et dont les bases seraient la base inférieure du tronc, sa base supérieure et une moyenne proportionnelle entre ces deux bases.

PROPOSITION 3.

THÉORÈME. — *Un tronc de pyramide polygonal et un tronc triangulaire sont équivalents, s'ils ont la même hauteur et des bases équivalentes chacune à chacune.*

Considérons une pyramide triangulaire SABC et une pyramide polygonale S'A'B'C'D', ayant la même hauteur et des

bases équivalentes ; supposons que les bases de ces deux pyramides soient situées sur un même plan et qu'on les ait coupées par un plan parallèle au plan commun des deux bases. Il en résultera deux troncs de pyramides, 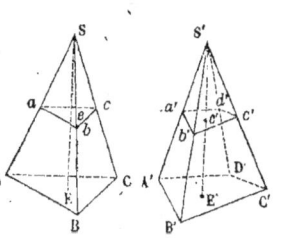 qui auront la même hauteur et des bases équivalentes chacune à chacune (253). Or, la pyramide SABC est équivalente à S'A'B'C'D', car ces deux pyramides ont la même hauteur et des bases équivalentes (260); la pyramide S*abc* est équivalente à S'*a'b'c'd'*, pour la même raison ; par conséquent, les deux troncs ABC*abc* et A'B'C'D'*a'b'c'd'* sont aussi équivalents. Donc, un tronc de pyramide polygonal et un tronc triangulaire sont équivalents, s'ils ont la même hauteur et des bases équivalentes chacune à chacune.

COROLLAIRE. — *Un tronc de pyramide polygonal est équivalent à trois pyramides, qui auraient pour hauteur commune la hauteur du tronc, et dont les bases seraient la base inférieure du tronc, sa base supérieure, et une moyenne proportionnelle entre ces deux bases.*

PROPOSITION 4.

Problème. — *Connaissant les bases et la hauteur d'un tronc de pyramide, calculer son volume.*

Désignons par b et b' les deux bases d'un tronc de pyramide, par H sa hauteur, et par V son volume ; d'après les deux théorèmes précédents, ce volume est équivalent à trois pyramides, qui ont pour expressions :

$$\frac{b \times H}{3}, \; \frac{b' \times H}{3}, \; \frac{\sqrt{b \times b'} \times H}{3}.$$

En additionnant ces trois expressions, et mettant $\frac{H}{3}$ en facteur commun, on trouve la formule du volume d'un tronc de pyramide :

$$V = \frac{H}{3}\left(b + b' + \sqrt{bb'}\right).$$

Cette formule indique qu'*en multipliant le tiers de la hauteur d'un tronc de pyramide par la somme faite de ses deux bases et d'une moyenne proportionnelle entre ses deux bases, on obtient le volume de ce tronc.*

Remarque. — Si l'on connaît, dans un tronc de pyramide, la hauteur H, la base inférieure b, et le rapport k d'un côté de l'autre base à son homologue de b, on commencera par calculer b', en se fondant sur ce que les deux bases b et b' sont des polygones semblables, et qu'on doit avoir :

$$\frac{b}{b'} = \frac{1}{k^2};$$

d'où

$$b' = bk^2.$$

On en déduit :

$$\sqrt{bb'} = \sqrt{b^2 k^2},$$

ou

$$\sqrt{bb'} = bk;$$

et la formule dont on se servira, dans l'hypothèse actuelle, est la suivante :

$$V = \frac{Hb}{3}(1 + k + k^2).$$

* Mesure du tronc de prisme.

DÉFINITION.

Tronc de prisme. — On appelle *tronc de prisme* ou *prisme tronqué* ce qui reste d'un prisme, quand on le coupe par un plan incliné à la base et rencontrant toutes les faces latérales, et qu'on enlève la partie supérieure.

La base du prisme est particulièrement nommée *base du tronc,* et les sommets de la section faite dans le prisme sont les *sommets du tronc.*

PROPOSITION 5.

Théorème. — *Un tronc de prisme triangulaire peut se décomposer en trois pyramides, qui auraient pour base commune la base du tronc et pour sommets les trois sommets du tronc.*

Considérons le tronc de prisme qui a pour base le triangle ABC et pour sommets les points D, E, F ; faisons passer par les trois points A, E, C, le plan AEC qui retranchera du tronc la pyramide EABC : cette pyramide a pour base le triangle ABC, et pour sommet le point E.

Après avoir retranché cette pyramide, il reste la pyramide quadrangulaire EACFD, dont le sommet est le point E, et la base le quadrilatère ACFD. Par les trois points A, E, F, faisons passer le plan AEF qui partage la pyramide quadrangulaire en deux triangulaires, savoir : EACF et EADF ; la pyra-

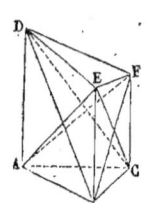

mide EACF, qui a pour base ACF et pour sommet le point E, est équivalente à la pyramide BACF, qui a pour base ACF et pour sommet le point B, car ces deux pyramides ont la même base ACF, et elles ont aussi la même hauteur, puisque la droite BE, étant parallèle à CF, est parallèle au plan ACF. La pyramide EACF est donc équivalente à la pyramide BACF, laquelle peut être regardée comme ayant pour base le triangle ABC et pour sommet le point F.

Quant à la pyramide EADF, on peut la remplacer par la pyramide BADF, qui a la même base ADF, et qui a la même hauteur, puisque les sommets E et B sont situés sur une même droite parallèle au plan de leurs bases ; on peut regarder celle-ci comme ayant pour base BAD et pour sommet le point F, et, par suite, la remplacer par la pyramide CABD, qui a la même base et la même hauteur. La pyramide EADF est donc équivalente à la pyramide CABD ; or, cette dernière peut être considérée comme ayant pour base le triangle ABC et pour sommet le point D.

Donc, un tronc de prisme triangulaire peut se décomposer en trois pyramides, qui auraient pour base commune la base du tronc et pour sommets les trois sommets du tronc.

Corollaire. — Si l'on désigne par B la base d'un tronc de prisme triangulaire, par a, b, c les perpendiculaires abaissées des trois sommets sur la base, les pyramides qui composent ce solide auront pour expressions de leurs volumes :

$$\frac{B \times a}{3}, \frac{B \times b}{3}, \frac{B \times c}{3},$$

et, par suite, leur somme est donnée par la formule :

$$V = \frac{B \times a}{3} + \frac{B \times b}{3} + \frac{B \times c}{3};$$

donc, on aura pour la FORMULE D'UN TRONC DE PRISME TRIAN-GULAIRE :

$$V = B \times \frac{a + b + c}{3}.$$

Cette formule indique que *le volume d'un tronc de prisme triangulaire est équivalent à celui d'un prisme qui aurait la même base, et dont la hauteur serait la moyenne arithmétique des perpendiculaires abaissées des trois sommets sur la base du tronc.*

§ 2. — Symétrie dans les polyèdres.

* Symétrie par rapport à un point.

DÉFINITIONS.

CENTRE DE SYMÉTRIE. — Deux points sont dits *symétriques* par rapport à un troisième, si ce troisième point est au milieu de la droite qui joint les deux premiers. Le troisième point prend alors le nom de *centre de symétrie.*

Deux figures sont dites *symétriques par rapport à un centre,* si leurs points sont deux à deux symétriques par rapport à ce centre. Chaque point de la seconde figure se nomme *l'homologue* de son symétrique dans la première.

PROPOSITION 1.

LEMME. — *Deux figures symétriques d'une même figure, par rapport à des centres différents, sont égales.*

Considérons le point A dans une figure quelconque ; soit

B le point homologue de A dans une seconde figure, symétrique de la première par rapport au centre O, et soit B' le point homologue de A dans une troisième figure, symétrique de la première par rapport au centre O'. Le point O étant le milieu de AB, et le point O' le milieu de AB', la droite BB' est parallèle à OO' et égale à 2OO'; il en résulte que si on transporte la seconde figure parallèlement à OO' d'une distance égale à 2OO', le point B tombera en B', et que, par suite, la seconde figure tout entière coïncidera avec la troisième. Donc, deux figures symétriques d'une même figure, par rapport à des centres différents, sont égales.

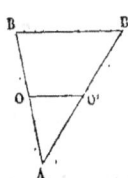

COROLLAIRE. — *La forme d'une figure, symétrique d'une figure donnée, est indépendante de la position du centre de symétrie.*

PROPOSITION 2.

THÉORÈME. — *La figure symétrique d'une ligne droite est une droite égale à la première.*

En effet, si l'on prend pour centre de symétrie le milieu de la droite, ce qui est permis d'après le lemme précédent, on retrouve évidemment la droite elle-même pour figure symétrique.

PROPOSITION 3.

THÉORÈME. — *L'angle de deux droites a pour symétrique un angle égal au premier.*

Prenons, en effet, le sommet de l'angle pour centre de symétrie ; les droites symétriques des deux côtés de l'angle sont les prolongements de ces côtés au delà du sommet, et, par suite, le symétrique de cet angle est l'angle qui lui est opposé par le sommet ; donc, l'angle de deux droites a pour symétrique un angle égal au premier.

COROLLAIRE. — *Si deux droites sont parallèles ou perpen-diculaires, leurs symétriques le sont aussi.*

PROPOSITION 4.

THÉORÈME. — *La figure symétrique d'un plan est un plan.*

Si l'on prend, en effet, pour centre de symétrie, un point quelconque du plan, on retrouve le plan lui-même pour figure symétrique.

COROLLAIRE. — *Un polygone plan a pour figure symétri-que un polygone égal au premier ;* d'abord, la figure symé-trique du polygone est plane, à cause du théorème précédent ; ensuite, tous les côtés et tous les angles des deux polygones sont égaux chacun à chacun ; par conséquent, un polygone plan a pour figure symétrique un polygone égal au pre-mier.

PROPOSITION 5.

THÉORÈME. — *L'angle de deux plans a pour symétrique un angle dièdre égal au premier.*

Prenons, en effet, pour centre de symétrie, un point quel-conque de l'arête ; les plans symétriques des deux faces de l'angle sont les prolongements de ces faces au delà de l'a-rête, et, par suite, la figure symétrique de cet angle est l'angle dièdre qui lui est opposé par l'arête ; donc, l'angle de deux plans a pour symétrique un angle dièdre égal au pre-mier.

COROLLAIRE. — *Si deux plans sont parallèles ou perpen-diculaires, leurs symétriques le sont aussi.*

Remarque. — Deux plans symétriques, par rapport à un centre, sont parallèles et à égale distance du centre de sy-métrie.

DÉFINITION.

ANGLES SOLIDES HOMOLOGUES. — Si deux polyèdres sont symétriques, toute droite qui joint deux points dans le premier est dite l'*homologue* de celle qui joint les deux points homologues dans le second ; cette définition s'étend d'elle-même à deux *faces homologues*, à deux *dièdres homologues* et à deux *angles solides homologues*.

PROPOSITION 6.

THÉORÈME. — *Deux polyèdres symétriques ont leurs faces homologues égales chacune à chacune, leurs angles dièdres homologues égaux, et leurs angles solides homologues* symétriques. (Le mot *symétrique*, appliqué à un angle solide dans cette proposition, doit être pris avec le sens qu'on lui a donné, page 220).

Considérons deux polyèdres quelconques, symétriques l'un de l'autre. Il résulte d'abord des propositions 4 et 5 que leurs faces homologues sont égales, ainsi que leurs angles dièdres homologues ; on en conclut que leurs angles solides homologues sont *égaux* ou *symétriques*. Mais, si l'on choisit le sommet d'un de ces angles solides pour centre de symétrie, on reconnaît aisément que la figure symétrique de cet angle n'est autre chose que l'angle solide qui lui est opposé par le sommet ; donc, les angles solides homologues des deux polyèdres considérés sont *symétriques*.

PROPOSITION 7.

THÉORÈME. — *Deux polyèdres symétriques sont équivalents.*

Considérons d'abord une pyramide SABCDE, et supposons

qu'on ait construit la pyramide SA'B'C'D'E', symétrique par rapport au sommet S. Les polygones symétriques ABCDE et A'B'C'D'E' sont égaux et à égale distance du point S, d'après les propositions 4 et 5 ; par conséquent, les deux pyramides SABCDE et SA'B'CD'E', ayant des bases égales et la même hauteur, sont équivalentes (257).

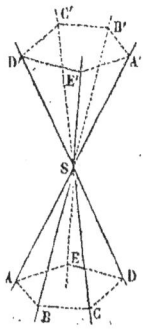

Considérons maintenant un polyèdre quelconque, et supposons qu'on l'ait décomposé en pyramides partielles (262) ; à chaque pyramide partielle de ce polyèdre correspondra, dans le polyèdre symétrique, une pyramide partielle symétrique de la première, et qui lui sera équivalente ; donc, le polyèdre considéré et son symétrique sont équivalents.

Symétrie par rapport à une droite.

DÉFINITIONS.

AXE DE SYMÉTRIE. — Deux points sont dits *symétriques par rapport à une droite*, si cette droite est perpendiculaire au milieu de la distance des deux points. La droite prend alors le nom d'*axe de symétrie*.

Deux figures sont dites *symétriques par rapport à un axe*, si leurs points sont deux à deux symétriques par rapport à cet axe.

Lorsque deux figures sont symétriques par rapport à un axe, il suffit évidemment que l'une des deux tourne autour de l'axe, d'un angle de 180°, pour qu'elle vienne coïncider exactement avec l'autre ; par conséquent, *toutes les propositions démontrées, plus haut, pour deux figures symétriques par rapport à un centre, sont vraies pour les figures symétriques par rapport à un axe.*

18

Symétrie par rapport à un plan.

DÉFINITIONS.

PLAN DE SYMÉTRIE. — Deux points sont dits *symétriques par rapport à un plan*, si ce plan est perpendiculaire au milieu de la distance des deux points. Le plan prend alors le nom de *plan de symétrie*.

Deux figures sont dites *symétriques par rapport à un plan*, si leurs points sont deux à deux symétriques par rapport à ce plan ; chaque point de la seconde figure se nomme l'*homologue* de son symétrique dans la première.

PROPOSITION 8.

THÉORÈME. — *Toute figure symétrique d'une autre, par rapport à un plan, peut être placée de telle sorte qu'elle soit symétrique de l'autre, par rapport à un point quelconque du plan de symétrie, et* RÉCIPROQUEMENT.

Considérons le point A dans une figure quelconque, et son homologue B dans la figure symétrique par rapport au plan MN ; soient O un point quelconque

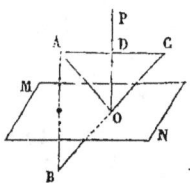

du plan MN, et C le symétrique du point B par rapport au centre O. Si l'on joint le point O au point A, la droite ainsi menée OA est égale à OB, d'après l'hypothèse ; de même, la droite OB est égale à OC ; par suite, les deux droites OA et OC sont égales. Si l'on élève maintenant par le point O, milieu de BC, une perpendiculaire au plan MN, cette perpendiculaire OP est tout entière contenue dans le plan du triangle ABC ; elle est d'ailleurs parallèle à AB ; par conséquent, elle divise AC en deux parties égales, et les deux triangles AOD, COD sont égaux comme ayant leurs trois côtés égaux chacun à chacun. Il en résulte que les deux points A et C tomberont l'un sur l'autre, si l'on fait tourner un des triangles AOD ou COD autour de la perpendiculaire OP, d'un angle de 180°. Donc, toute figure symétrique d'une autre, par rapport à un plan, peut être placée de telle sorte qu'elle soit symétrique de l'autre par rapport à un point quelconque du plan de symétrie, et *réciproquement.*

COROLLAIRE. — *Toutes les propositions démontrées, plus haut, pour deux figures symétriques par rapport à un centre, sont vraies pour les figures symétriques par rapport à un plan.*

§ 3. Polyèdres semblables.

DÉFINITIONS.

POLYÈDRES SEMBLABLES. — Deux polyèdres sont dits *semblables,* s'ils sont compris sous un même nombre de faces semblables chacune à chacune, et si leurs angles solides *homologues* sont égaux.

On entend par *angles solides homologues* ceux qui, dans les deux polyèdres, sont formés par des faces semblables ; on donne aussi le nom de *sommets homologues* aux sommets des mêmes angles, et de *hauteurs homologues* aux perpendiculaires qui partent de deux sommets homologues pour tomber sur des faces semblables.

PROPOSITION 1.

THÉORÈME. — *Si l'on coupe une pyramide par un plan parallèle à sa base, la pyramide qu'on forme ainsi est semblable à la première.*

Supposons qu'on ait coupé la pyramide SABCD par un plan parallèle à sa base, et qu'on ait ainsi formé la pyramide S*abcd*; je dis que les deux pyramides SABCD et S*abcd* sont semblables.

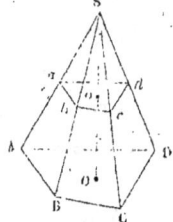

1° Leurs faces sont semblables chacune à chacune: en effet, la face S*ab* est semblable à SAB, car la droite *ab* est parallèle à AB (197); il en est de même des faces S*bc* et SBC, et de toutes les autres faces latérales. De plus, la section *abcd* est un polygone semblable à ABCD, d'après une propriété élémentaire de la pyramide (251); par conséquent, les deux pyramides SABCD et S*abcd* ont toutes leurs faces semblables chacune à chacune.

2° Leurs angles solides homologues sont égaux : en effet, l'angle au sommet S est commun aux deux pyramides; l'angle A est égal à *a*, car ces deux angles solides sont des trièdres ayant leurs faces égales chacune à chacune et disposées dans le même ordre (222); il en est de même des deux angles B et *b*, et de tous les autres angles solides homologues des deux pyramides; donc, les deux pyramides SABCD et S*abcd*, ayant leurs faces semblables chacune à chacune et leurs angles solides homologues égaux, sont semblables.

Remarque. — Si le plan sécant rencontrait la pyramide SABCD au delà du sommet S, la pyramide qu'on formerait ainsi serait semblable à la symétrique de la première.

PROPOSITION 2.

THÉORÈME. — *Deux tétraèdres sont semblables, s'ils ont un angle dièdre égal compris entre des faces semblables chacune à chacune et semblablement disposées.*

Supposons que, dans les tétraèdres SABC, *sabc*, les diè-

dres SA et *sa* soient égaux, et que les faces ASB et ASC
soient respectivement semblables à *asb* et *asc*; prenons sur
SA une longueur SD égale à *sa*, et
menons par le point D un plan parallèle à ABC. Le tétraèdre SDEF
ainsi formé est semblable à SABC,
d'après le théorème précédent ;
mais le tétraèdre *sabc* est égal à
SDEF, car ces deux tétraèdres ont

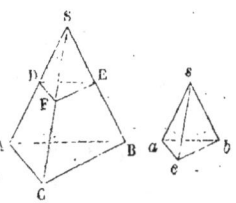

un angle dièdre égal compris entre des faces égales chacune
à chacune et disposées de la même manière, savoir: le
dièdre SD est égal à *sa*, par hypothèse ; les triangles SDE et
sab sont égaux, comme ayant un côté égal adjacent à des
angles égaux chacun à chacun ; les triangles SDF et *sac* sont
égaux pour la même raison ; donc, le tétraèdre *sabc* est égal
à SDEF (251), et, par suite, semblable au tétraèdre SABC.

Donc, deux tétraèdres sont semblables, s'ils ont un angle
dièdre égal compris entre des faces semblables chacune à
chacune et semblablement disposées.

PROPOSITION 3.

Théorème. — *Deux polyèdres semblables peuvent être
décomposés en un même nombre de tétraèdres semblables et
semblablement disposés.*

Considérons deux polyèdres
semblables, dont les points S
et *s* sont des sommets homologues ; supposons qu'on les ait
décomposés chacun en pyramides partielles au moyen de

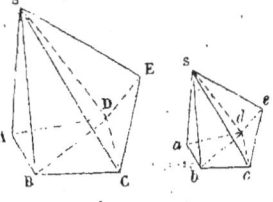

plans de division partant des sommets S et *s* (262), et qu'on
ait fait passer des plans, dans chaque pyramide, par son

sommet et par les diagonales de sa base qui aboutissent à un
même sommet de cette base ; je dis que les tétraèdres SABD,
SBCD, SCDE,... qui composent le premier polyèdre, sont
semblables chacun à chacun aux tétraèdres *sabd, sbcd,
scde,*... qui composent le second.

1° Les deux tétraèdres SABD et *sabd* sont semblables : en
effet, le dièdre AB est égal à *ab*, puisque les deux polyèdres
considérés sont supposés semblables ; la face ASB et la face
asb sont semblables, car ce sont des triangles homologues de
deux polygones semblables ; la face ABD et la face *abd* le
sont aussi, pour la même raison ; par conséquent, les deux
tétraèdres SABD et *sabd* sont semblables, comme ayant un
angle dièdre égal compris entre deux faces semblables chacune à chacune et semblablement disposées.

2° Les deux tétraèdres SBCD et *sbcd* sont semblables : en
effet, de la similitude des tétraèdres SABD et *sabd*, on déduit que les deux dièdres SBDA et *sbda* sont égaux, et, par
suite, que leurs suppléments SBDC et *sbdc* sont aussi égaux ;
les deux tétraèdres considérés ont donc un angle dièdre
égal. De plus, il résulte de la similitude des tétraèdres SABD
et *sabd*, que les deux faces SBD et *sbd* sont semblables ;
d'ailleurs, le triangle BDC est semblable à *bdc*, car ce sont
des triangles homologues de deux polygones semblables ; par
conséquent, les deux tétraèdres considérés sont semblables,
comme ayant un angle dièdre égal compris entre deux faces
semblables chacune à chacune et semblablement disposées.

3° Les deux tétraèdres SCDE et *scde* sont aussi semblables : en effet, de la similitude des deux tétraèdres SBCD et
sbcd, on déduit que les deux dièdres SCDB et *scdb* sont
égaux ; mais, d'après l'hypothèse, les dièdres BCDE et *bcde*
sont aussi égaux : donc, la différence BCDE — SCDB, c'est-
à-dire SCDE, est égale à la différence *bcde — scdb*, c'est-à-
dire à *scde ;* par conséquent, les deux tétraèdres considérés

ont un angle dièdre égal. De plus, il résulte de la similitude des deux tétraèdres SBCD et *sbcd*, que les deux faces SCD et *scd* sont semblables ; d'ailleurs, le triangle CDE est aussi semblable à *cde*, car ce sont des triangles homologues de deux polygones semblables ; donc, les deux tétraèdres considérés sont semblables, comme ayant un angle dièdre égal compris entre deux faces semblables chacune à chacune et semblablement disposées.

On démontrera pareillement qu'à chaque autre tétraèdre du premier polyèdre correspond un tétraèdre semblable dans le second. Donc, deux polyèdres semblables peuvent être décomposés en un même nombre de tétraèdres semblables et semblablement disposés.

PROPOSITION 4.

THÉORÈME RÉCIPROQUE. — *Deux polyèdres, composés d'un même nombre de tétraèdres semblables et semblablement disposés, sont semblables.*

Supposons que les tétraèdres SABD, SBCD, SCDE,...soient semblables chacun à chacun aux tétraèdres *sabd*, *sbcd*, *scde*,... et semblablement disposés ; je dis que les deux polyèdres SABCDE et *sabcde* sont semblables.

1° Les deux polyèdres SABCDE et *sabcde* ont leurs faces semblables chacune à chacune : en effet, si le premier polyèdre a une face ABCD formée de deux triangles ABD et BCD, appartenant à deux des tétraèdres qui le composent, les deux dièdres ABDS et CBDS doivent être 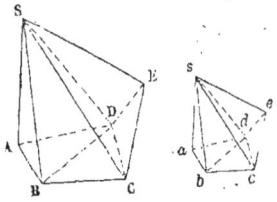 supplémentaires ; mais, si les deux dièdres ABDS et CBDS sont supplémentaires, les deux dièdres *abds* et *cbds*, qui leur sont respectivement égaux d'après l'hypothèse, sont aussi supplémentaires ; il en résulte que les deux triangles *abd* et *bcd* sont situés dans un même plan, et, par suite, que les faces *abcd* et ABCD sont semblables, comme formées de deux triangles semblables chacun à chacun et disposés de la même manière. Les deux polyèdres considérés ont donc leurs faces semblables chacune à chacune.

2° Les deux polyèdres SABCDE et *sabcde* ont leurs angles solides homologues égaux chacun à chacun : en effet, si le premier polyèdre a un angle solide BCDE formé de deux dièdres BCDS et ECDS, appartenant à deux des tétraèdres qui le composent, les deux dièdres *bcds* et *ecds* étant, d'après l'hypothèse, respectivement égaux à BCDS et ECDS, forment entre eux un angle solide *bcde*, qui est l'homologue de BCDE et qui lui est égal ; les deux polyèdres considérés ont donc leurs angles dièdres homologues égaux chacun à chacun. Il en résulte que tous les angles solides homologues des deux polyèdres sont égaux chacun à chacun, puisque les faces de ces deux polyèdres sont semblables, également inclinées et placées de la même manière.

Donc, deux polyèdres, composés d'un même nombre de tétraèdres semblables et semblablement disposés, sont semblables.

PROPOSITION 5.

THÉORÈME. — *Deux tétraèdres semblables sont proportionnels aux cubes de deux arêtes homologues.*

Considérons les deux tétraèdres semblables SABC et *sabc*; supposons qu'on ait mené les deux hauteurs homologues SO et *so*. On a, d'après une propriété de la pyramide, la proportion suivante (260) :

$$\frac{SABC}{sabc} = \frac{ABC \times SO}{abc \times so} \quad \text{ou} \quad \frac{SABC}{sabc} = \frac{ABC}{abc} \times \frac{SO}{so}.$$

Mais, puisque les deux tétraèdres sont supposés semblables, les deux triangles ABC et abc sont aussi semblables, et l'on a :

$$\frac{ABC}{abc} = \frac{\overline{AB}^2}{\overline{ab}^2};$$

on a d'ailleurs (252) :

$$\frac{SO}{so} = \frac{SA}{sa} = \frac{AB}{ab}.$$

Il en résulte que le produit $\dfrac{ABC}{abc} \times \dfrac{SO}{so}$ est égal à $\dfrac{\overline{AB}^2}{\overline{ab}^2} \times \dfrac{AB}{ab}$

ou $\dfrac{\overline{AB}^3}{\overline{ab}^3}$, et qu'on peut écrire la proportion :

$$\frac{SABC}{sabc} = \frac{\overline{AB}^3}{\overline{ab}^3}.$$

Donc, deux tétraèdres semblables sont proportionnels aux cubes de leurs arêtes homologues.

PROPOSITION 6.

THÉORÈME. — *Les volumes de deux polyèdres semblables sont proportionnels aux cubes de leurs arêtes homologues.*

Considérons deux polyèdres semblables, et supposons qu'on ait décomposé le premier en tétraèdres V, V', V'',... et le second en un même nombre de tétraèdres v, v', v'',... semblables et semblablement disposés. Si l'on compare les tétraèdres du premier chacun à chacun avec les tétraèdres du second, et si l'on applique la proposition précédente, on trouve successivement les proportions :

$$\frac{V}{v} = \frac{A^3}{a^3}, \quad \frac{V'}{v'} = \frac{A^3}{a^3}, \quad \frac{V''}{v''} = \frac{A^3}{a^3}, \text{ etc.}$$

A et a désignant, pour abréger, deux arêtes homologues des polyèdres. On en déduit, en vertu des propriétés des proportions :

$$\frac{V}{v} = \frac{V'}{v'} = \frac{V''}{v''} = \ldots = \frac{A^3}{a^3},$$

et, par suite, cette autre proportion :

$$\frac{V + V' + V'' + \ldots}{v + v' + v'' + \ldots} = \frac{A^3}{a^3}.$$

Cette dernière proportion exprime précisément que les volumes des deux polyèdres considérés sont proportionnels aux cubes de deux arêtes homologues.

Remarque. — Les surfaces de deux polyèdres semblables sont proportionnelles aux carrés de leurs arêtes homologues ; car, ces surfaces sont composées d'un même nombre de triangles semblables et semblablement disposés, et la démonstration faite pour deux polygones semblables (156) est textuellement applicable.

PROPOSITION 7.

* THÉORÈME. — *Si l'on mène des droites d'un point quelconque de l'espace à tous les sommets d'un polyèdre, et qu'on divise dans le même rapport toutes les droites ainsi menées, le second polyèdre formé en joignant deux à deux les points de division est semblable au premier.*

Supposons qu'on ait mené des droites du point O à tous les sommets A, B, C, D, E... d'un polyèdre, et que les points $a, b, c, d, e\ldots$ divisent ces droites dans le même rapport ; je dis que les deux polyèdres ABCDE... et $abcde\ldots$ sont semblables. En effet, si l'on décompose le polyèdre ABCDE... en tétraèdres au moyen de plans de division partant du point A (262), les quatre points a, b, c, d déterminent les sommets d'un tétraèdre *abcd*, qui est semblable au tétraèdre ABCD ; car ces deux tétraèdres ont, d'après la construction, leurs faces semblables et disposées de la même manière ; par suite, leurs angles solides homologues sont égaux (222) ; les deux tétraèdres *abcd* et ABCD sont donc semblables. Les quatre points *a*, *c*, *d*, *e* détermineront de même un tétraèdre *acde* semblable au tétraèdre ACDE, et il en serait de même de tous les autres tétraèdres. Il en résulte que les deux polyèdres ABCDE... et *abcde*... sont semblables, comme composés d'un même nombre de tétraèdres semblables et semblablement disposés.

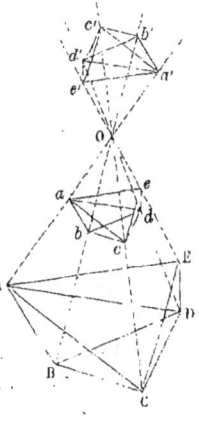

Le point O se nomme *pôle de similitude* des deux polyèdres ABCDE.... et *abcde*....

Remarque. — Si l'on prolonge, au delà du point O, les droites menées de ce point aux sommets du polyèdre ABCDE.. et qu'on prenne sur les prolongements des longueurs *oa'*, *ob'* *oc'*, *od'*, *oe'*... respectivement égales à *oa*, *ob*, *oc*, *od*, *oe*..., le polyèdre *a'b'c'd'e'*..... ainsi formé est symétrique de *abcde*.... (269). Il en résulte que ses angles solides sont symétriques de leurs homologues dans le polyèdre *abcde*... (272), et, par suite, sont symétriques de leurs homologues dans le polyèdre ABCDE... Donc, le polyèdre ABCDE.... n'est pas semblable à *a'b'c'd'e'*..., mais seulement à son symétrique *abcde*.... On exprime cette relation des polyèdres ABCDE.... et *a'b'c'd'e'*.... en disant qu'ils sont *symétriquement semblables*.

Exercices.

1. Quelle est l'expression de la différence entre le volume d'un tronc de pyramide et le volume d'un prisme, qui aurait la même hauteur H et dont la base serait moyenne arithmétique entre les deux bases B et B' du tronc? Appliquer la formule trouvée pour cette différence au cas suivant : H = 6 mètres, B = 3 mètres carrés, B' = 2 mètres carrés.

2. Un tronc de pyramide dont le volume V est connu, a pour bases deux hexagones réguliers dont les côtés sont a et b. On demande de trouver sa hauteur.

3. Sachant que le volume d'un tronc de pyramide est V, que sa hauteur est H, et que l'une de ses bases est un hexagone régulier dont le côté est a, calculer le côté de l'autre base. Application au cas où V = 2645 centimètres cubes, H = 43 cent., et a = 34 centimètres.

4. Démontrer qu'un tronc de prisme droit, à base hexagonale régulière, a pour mesure le produit de sa base par la longueur de son *axe*.

5. Calculer le poids d'un obélisque qui a la forme d'un tronc de pyramide à bases carrées, sachant que les côtés des bases ont 1^m,80 et 0^m,75 de longueur, la hauteur 68^m,25, et que sa densité est égale à 2,5.

6. Démontrer, par l'algèbre, la formule qui donne le volume d'un tronc de pyramide polygonal, en décomposant ce tronc en plusieurs troncs triangulaires et en faisant la somme.

7. Démontrer, par l'algèbre, la formule qui donne le volume d'un tronc de pyramide triangulaire, en considérant ce tronc comme la différence de deux pyramides semblables.

8. Prouver que si un polyèdre est symétrique par rapport à deux plans qui se coupent, ce polyèdre est symétrique par rapport à l'intersection des deux plans.

9. Prouver que si un polyèdre est symétrique par rapport à deux droites qui se rencontrent, le point de rencontre des deux droites est un centre de symétrie.

10. Faire voir que, dans un parallélipipède, le point de rencontre des diagonales est un centre de symétrie.

11. Démontrer directement que les propositions 2, 3, 4, 5, 6 et 7, sont vraies pour les figures symétriques par rapport à un plan (270).

12. Prouver que si une figure a deux plans de symétrie non rectangulaires, elle en a un troisième.

13. La hauteur d'une pyramide est égale à 9 mètres, et sa base est un carré dont le côté a 2^m,40 de longueur. Calculer les dimensions correspondantes d'une pyramide semblable, dont le volume est 7 mètres cubes.

14. Étant donnés cinq tétraèdres semblables qui vont en décroissant de manière à ce que les arêtes de chacun d'euxsoient les $\frac{3}{4}$ des arêtes homologues du précédent, calculer la somme de leurs volumes, sachant que le premier a pour base un triangle équilatéral de 8 mètres de côté et pour hauteur une droite de 6 mètres.

15. Démontrer que le tétraèdre formé en joignant les points de rencontre des médianes des faces d'un tétraèdre, est semblable au symétrique de ce tétraèdre. Déterminer le rapport des volumes des deux tétraèdres.

16. Si, par chaque sommet d'un tétraèdre, on mène un plan parallèle à la face opposée, on forme ainsi un second tétraèdre. Ce second tétraèdre est-il semblable au premier? Quel est le rapport des volumes des deux tétraèdres?

LIVRE VII

CORPS RONDS

CHAPITRE PREMIER

CYLINDRE.

§ 1ᵉʳ. **Propriétés générales du cylindre.**

DÉFINITIONS.

SURFACE CYLINDRIQUE. — D'une manière générale, on appelle *cylindrique* toute surface engendrée par une droite qui se déplace parallèlement à elle-même, en passant successivement par tous les points d'une courbe plane, nommée *directrice*. La droite mobile, dans chacune des positions successives qu'elle prend, telles que AA', BB', CC', est dite la *génératrice* de la surface.

Si l'on suppose que la génératrice se prolonge indéfiniment dans les deux sens, il est clair que la surface cylindrique qu'elle engendre est elle-même indéfinie; si, au contraire, la génératrice est limitée, la surface cylindrique l'est également.

CYLINDRE. — On donne le nom de *cylindre* au volume compris entre une surface cylindrique, le plan de sa directrice et un plan parallèle. Les sections déterminées par les deux plans parallèles sont les *bases* du cylindre; la surface cylindrique limitée aux deux bases est la *surface latérale* du cylindre : il est clair que les portions de génératrice terminées aux deux bases ont toutes la même longueur; cette longueur se nomme l'*arête* du cylindre.

La *hauteur* d'un cylindre est la distance de ses deux bases.

CYLINDRE DROIT. CYLINDRE OBLIQUE. — Un cylindre est *droit* ou *oblique*, suivant que son arête est perpendiculaire ou oblique à la base : lorsqu'un cylindre est droit, la hauteur est égale à l'arête ; lorsqu'un cylindre est oblique, la hauteur est plus petite que l'arête.

Un cylindre, qui a pour base un cercle, est dit *circulaire*, et la droite menée par le centre de la base, parallèlement à une génératrice quelconque, reçoit le nom d'*axe* du cylindre.

PROPOSITION 1.

THÉORÈME. — *Toute section faite, dans un cylindre circulaire, par un plan parallèle à la base, est un cercle égal à la base.*

Supposons que le cercle de rayon OA soit la base d'un cylindre, que AA' soit une génératrice quelconque, et que A'B'C' soit une section faite par un plan parallèle à la base ; si l'on fait passer un plan par la génératrice AA' et par l'axe OO' du cylindre, ce plan rencontre la section suivant une droite O'A', et le quadrilatère OAA'O' est un parallélogramme, puisque ses côtés opposés sont parallèles. Il en résulte que le côté O'A' doit égaler OA, et, par suite, qu'un point quelconque de la ligne A'B'C' est à une distance du point O' égale au rayon de la base ABC ; donc, cette ligne est la circonférence d'un cercle égal à la base.

Scolie. — Dans un cylindre circulaire, *les deux bases sont égales entre elles*, et l'axe n'est autre chose que *la droite qui joint les centres des deux bases.*

PROPOSITION 2.

Théorème. — *Tout cylindre circulaire droit peut être engendré par le mouvement de révolution d'un rectangle, qui tournerait autour d'un de ses côtés.*

Considérons le cylindre droit ayant pour base le cercle de rayon BD et pour axe AB ; supposons qu'on ait fait passer un

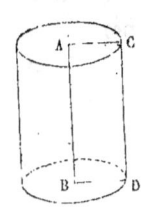

plan par l'axe AB et par une génératrice quelconque CD de ce cylindre. Le quadrilatère ainsi déterminé ACDB est un parallélogramme, d'après le théorème précédent ; mais, l'angle ABD est droit, puisque le cylindre est droit par hypothèse ; donc, le parallélogramme ACDB est un rectangle. Admettons que ce rectangle tourne autour du côté AB : le côté BD décrit le cercle de rayon BD, qui est une des bases du cylindre ; le côté AC décrit de même le cercle de rayon AC, qui est la seconde base du cylindre ; d'autre part, le côté CD engendre une surface cylindrique qui est celle du cylindre, et le rectangle ACDB engendre un volume qui est celui du cylindre. Donc, tout cylindre circulaire droit peut être engendré par le mouvement de révolution d'un rectangle, qui tournerait autour d'un de ses côtés.

Remarque. — Observons, une fois pour toutes, que le *mouvement de révolution*, ou, plus simplement, *le mouvement d'une figure autour d'une droite* est toujours censé s'accomplir de 0° à 360°.

§ 2. Mesure du cylindre.

DÉFINITIONS.

CYLINDRE DE RÉVOLUTION. — La propriété qui précède a fait donner au cylindre circulaire droit le nom de *cylindre de révolution*, et peut être prise pour *définition* de ce solide. Nous le désignerons, dans ce qui suivra, par le seul mot de CYLINDRE, et nous aurons soin d'en distinguer les autres espèces de cylindres par des épithètes caractéristiques.

PRISME INSCRIT ET CIRCONSCRIT AU CYLINDRE. — Un prisme est dit *inscrit* ou *circonscrit* à un CYLINDRE, si ses bases sont des polygones inscrits ou circonscrits aux deux bases du cylindre, et si ses arêtes sont à la surface du cylindre.

Un prisme, inscrit ou circonscrit à un CYLINDRE, a évidemment la même hauteur que le cylindre, et, si la base du prisme est un polygone régulier, le prisme est régulier.

PROPOSITION 1.

LEMME. — *Un cylindre est la limite vers laquelle tend le volume d'un prisme régulier, inscrit ou circonscrit au cylindre, et dont le nombre des faces augmente indéfiniment.*

** Supposons qu'on ait inscrit à un cylindre un prisme dont la base B est le polygone régulier ABCD, et qu'on lui ait circonscrit un prisme dont la base B′ est le polygone régulier A′B′C′D′, du même nombre de côtés. La différence des volumes V et V′ des deux prismes devient aussi petite qu'on voudra, si l'on double indéfiniment le nombre de leurs faces; en effet, il a été démontré (248) qu'on obtient le volume de ces

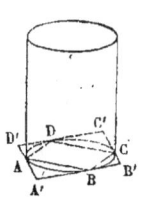

prismes, quel que soit le nombre de leurs faces, au moyen des formules suivantes :

$$V = B \times H \quad \text{et} \quad V' = B' \times H;$$

H désigne la hauteur du cylindre. On en tire, par soustraction :

$$V' - V = (B' - B) \times H.$$

Mais, si l'on suppose qu'on double indéfiniment le nombre des faces de chaque prisme, le facteur H reste constant, et le facteur B' — B devient aussi petit qu'on veut (164) ; donc, le produit (B' — B) × H, c'est-à-dire la différence des deux volumes V' et V, peut devenir elle-même aussi petite qu'on voudra. Or, le volume du cylindre est évidemment compris entre celui du prisme inscrit et celui du prisme circonscrit, quel que soit le nombre des faces de ces deux prismes ; par conséquent, si le nombre des faces des deux prismes augmente indéfiniment, chacun d'eux s'approche indéfiniment du cylindre, ou, en d'autres termes, chacun d'eux a pour limite le cylindre.

COROLLAIRE. — *La surface latérale d'un cylindre est la limite vers laquelle tend celle d'un prisme régulier, inscrit ou circonscrit au cylindre, et dont le nombre des faces augmente indéfiniment ;* autrement, le cylindre ne serait pas la limite vers laquelle tend le volume de chacun de ces prismes.

Remarque. — La proposition précédente s'applique à un cylindre quelconque, droit ou oblique, si l'on substitue au prisme régulier un prisme quelconque, droit ou oblique, dont les faces diminuent indéfiniment à mesure que leur nombre augmente indéfiniment.

Surface du cylindre.

PROPOSITION 2.

THÉORÈME. — *La surface latérale d'un cylindre a pour mesure le produit de son arête par la circonférence de sa base.*

Considérons le cylindre qui a pour base le cercle de rayon OA et pour arête AA' ; inscrivons ou circonscrivons à ce cylindre un prisme régulier, et supposons que ABCDA'B'C'D' soit, par exemple, un prisme régulier inscrit. La surface latérale s de ce prisme a pour mesure le produit du périmètre de sa base ABCD par son arête AA' (240), quel que soit le nombre de ses faces, ce qui se traduit par l'égalité :

$$s = p \times AA',$$

p désignant le périmètre du polygone ABCD. Mais, si l'on suppose que le nombre des faces du prisme régulier inscrit augmente indéfiniment, la surface latérale s de ce prisme tend vers celle S du cylindre, qui en est la limite (290) ; le périmètre p du polygone ABCD tend vers la circonférence C du cercle qui sert de base au cylindre (165), et l'arête AA' reste constamment égale à l'arête a du cylindre ; par conséquent, l'égalité précédente deviendra :

$$S = C \times a.$$

Donc, la surface latérale d'un cylindre a pour mesure le produit de son arête par la circonférence de sa base.

Remarque. — Le théorème précédent peut s'étendre aux

cylindres droits à bases quelconques, pourvu qu'on remplace l'expression de *circonférence* par celle de *périmètre* appliquée à leurs bases.

PROPOSITION 3.

Problème. — *Connaissant le rayon de la base d'un cylindre et la longueur de son arête, calculer sa surface latérale.*

Soient R le rayon de la base et a l'arête d'un cylindre ; la circonférence C de sa base est donnée par la formule (171) $C = 2\pi R$. Si l'on remplace C par $2\pi R$ dans la conclusion du théorème qui précède, on obtient la FORMULE DE LA SURFACE LATÉRALE D'UN CYLINDRE :

$$S = 2\pi R a.$$

Cette formule indique qu'*en multipliant le double du nombre π par le rayon de la base et par l'arête d'un cylindre, on trouve pour produit sa surface latérale.*

Corollaire. — La surface totale d'un cylindre se compose évidemment de sa surface latérale et des deux cercles de bases ; or, chacun de ces cercles est exprimé par le produit πR^2, et la surface latérale par le produit $2\pi R a$; par conséquent, en désignant par T la surface totale, on aura la formule suivante :

$$T = 2\pi R a + 2\pi R^2 \quad \text{ou} \quad T = 2\pi R (a + R) ;$$

cette formule indique qu'*on obtient la surface totale d'un cylindre en multipliant le double du nombre π par le rayon de la base et par la somme faite de ce rayon et de l'arête du cylindre.*

DÉFINITION.

★ Section droite d'un cylindre oblique. — On appelle *section droite* d'un cylindre oblique celle qu'on obtient en cou-

pant ce cylindre par un plan perpendiculaire à une arête
latérale. Toutes les sections droites d'un cylindre oblique,
étant déterminées par des plans parallèles, sont égales entre
elles, d'après la proposition 1 (287).

PROPOSITION 4.

* **Théorème.** — *La surface latérale d'un cylindre oblique*
a pour mesure le produit de son arête par le périmètre de
sa section droite.

Considérons le cylindre oblique qui a pour base la ligne
courbe ABCD et pour arête AA', inscri-
vons ou circonscrivons un prisme à ce
cylindre, et supposons que ABCDA'B'C'D'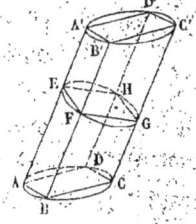
soit, par exemple, un prisme inscrit. La
surface latérale s de ce prisme a pour
mesure le produit de son arête AA' par
le périmètre de sa section droite EFGH
(241), quel que soit le nombre de ses faces, ce qui se traduit
par l'égalité :

$$s = p \times AA',$$

p désignant le périmètre de la section droite EFGH. Mais, si
l'on suppose que les faces du prisme diminuent indéfiniment,
à mesure que leur nombre augmente indéfiniment, la surface
latérale s du prisme tend vers celle S du cylindre, qui en est
la limite (290); le périmètre p de la section droite du prisme
devient le périmètre P de la section droite du cylindre, et
l'arête AA' reste constamment égale à l'arête a du cylindre ;
donc, l'égalité précédente deviendra :

$$S = P \times a.$$

Cette égalité exprime précisément que la surface latérale

d'un cylindre oblique a pour mesure le produit de son arête par le périmètre de sa section droite.

Volume du cylindre.

PROPOSITION 5.

THÉORÈME. — *Le volume d'un cylindre a pour mesure le produit de sa base par sa hauteur.*

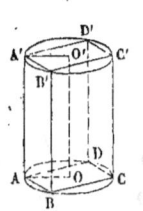

Soit un cylindre qui a pour base le cercle de rayon OA et pour hauteur OO'; inscrivons ou circonscrivons au cylindre un prisme régulier, et supposons que ABCDA'B'C'D' soit, par exemple, un prisme régulier inscrit. Le volume v de ce prisme a pour mesure le produit de sa base ABCD par sa hauteur OO' (242), quel que soit le nombre de ses faces, ce qui se traduit par l'égalité :

$$v = b \times OO',$$

b désignant la surface du polygone ABCD. Mais, si l'on suppose que le nombre des faces du prisme régulier inscrit augmente indéfiniment, le volume v de ce prisme tend vers celui V du cylindre, qui en est la limite (289) ; la surface b du polygone ABCD tend vers celle B du cercle qui sert de base au cylindre (164), et la hauteur OO' reste constamment égale à la hauteur H du cylindre ; par conséquent, l'égalité précédente deviendra :

$$V = B \times H.$$

Donc, le volume d'un cylindre a pour mesure le produit de sa base par sa hauteur.

Remarque. — La proposition qui précède est vraie pour un cylindre quelconque, droit ou oblique, car un prisme quelconque a pour mesure le produit de sa base par sa hauteur.

PROPOSITION 6.

Problème. — *Connaissant le rayon de la base d'un cylindre et sa hauteur, calculer son volume.*

Soient R le rayon de la base et H la hauteur d'un cylindre; la surface B de sa base est donnée par la formule (165) : B = πR^2. Si l'on remplace B par πR^2 dans la conclusion du théorème qui précède, on obtient la FORMULE DU VOLUME D'UN CYLINDRE :

$$V = \pi R^2 H.$$

Cette formule indique qu'*en multipliant le nombre π par le carré du rayon de la base et par la hauteur d'un cylindre, on trouve pour produit son volume.*

* Cylindres semblables.

DÉFINITION.

Cylindres semblables. — Deux cylindres sont dits *semblables*, si les rayons de leurs bases sont proportionnels à leurs arêtes, ou, ce qui est la même chose, à leurs hauteurs.

PROPOSITION 7.

Théorème. — *Si deux cylindres sont semblables, leurs surfaces latérales sont entre elles comme les carrés des rayons de leurs bases, et leurs volumes sont entre eux comme les cubes de ces rayons.*

Désignons par V, S, R, H le volume, la surface latérale, le rayon de la base et la hauteur d'un cylindre, et par V', S', R', H' les données analogues d'un cylindre semblable. On

doit avoir, d'après les théorèmes qui précèdent, les égalités :

$$S = 2\pi R \times H \quad \text{et} \quad S' = 2\pi R' \times H',$$

et celles-ci :

$$V = \pi R^2 \times H \quad \text{et} \quad V' = \pi R'^2 \times H'.$$

En divisant membre à membre les deux premières et les deux autres, on trouve :

$$\frac{S}{S'} = \frac{R \times H}{R' \times H'} \quad \text{ou} \quad \frac{S}{S'} = \frac{R}{R'} \times \frac{H}{H'}$$

$$\text{et} \quad \frac{V}{V'} = \frac{R^2 \times H}{R'^2 \times H'} \quad \text{ou} \quad \frac{V}{V'} = \frac{R^2}{R'^2} \times \frac{H}{H'};$$

mais, puisque les deux cylindres considérés sont semblables, il faut qu'on ait :

$$\frac{R}{R'} = \frac{H}{H'};$$

par conséquent, le produit $\frac{R}{R'} \times \frac{H}{H'}$ n'est autre chose que le carré de $\frac{R}{R'}$ ou $\frac{R^2}{R'^2}$, et le produit $\frac{R^2}{R'^2} \times \frac{H}{H'}$ n'est autre chose que le cube de $\frac{R}{R'}$, ou $\frac{R^3}{R'^3}$, et les deux proportions trouvées deviennent :

$$\frac{S}{S'} = \frac{R^2}{R'^2} \quad \text{et} \quad \frac{V}{V'} = \frac{R^3}{R'^3}.$$

Donc, si deux cylindres sont semblables, leurs surfaces latérales sont entre elles comme les carrés des rayons de leurs bases, et leurs volumes sont entre eux comme les cubes de ces rayons.

Exercices.

1. Sachant que le rayon de la base d'un cylindre est de $0^m,24$ et que son arête est de $0^m,32$, calculer à moins de 1 centimètre carré : 1° sa surface latérale ; 2° sa surface totale.

2. La surface totale d'un cylindre est de 10 mètres carrés, et le rayon de sa base de $1^m,02$; calculer, à 1 centimètre près, la longueur de son arête.

3. Sachant que la surface totale d'un cylindre est le double d'un cercle de $0^m,04$ de rayon, et que son arête est de $0^m,06$, trouver le rayon de la base de ce cylindre. Généraliser la question et interpréter la solution négative.

4. Étant donné un triangle, on propose d'y inscrire un rectangle tel qu'en le faisant tourner autour du côté commun, on engendre un cylindre dont la surface latérale soit équivalente à un cercle donné.

5. Étant donné un cylindre, on demande de le partager en deux, par un plan parallèle à la base, de telle sorte que la base du cylindre donné soit moyenne proportionnelle entre les surfaces latérales des deux parties.

6. Diviser une droite donnée en deux parties telles que le cylindre construit avec l'une de ces parties pour hauteur et avec l'autre pour rayon de base, ait une surface latérale équivalente à un cercle donné.

7. Démontrer que, si deux cylindres sont semblables, leurs surfaces totales sont proportionnelles aux carrés de leurs rayons.

8. Sachant que le rayon de la base d'un cylindre est de 1 mètre, et que sa hauteur est de $6^m,25$, calculer le volume du cylindre, à moins de 1 décimètre cube.

9. Déterminer la hauteur du cylindre dont le volume est 1 mètre cube, et qui a pour rayon $0^m,26$.

10. Calculer les dimensions du litre qu'on emploie dans la mesure des liquides, sachant que c'est un cylindre dont la hauteur est double du diamètre de la base.

11. Calculer les dimensions de l'hectolitre qu'on emploie dans la mesure des grains, sachant que c'est un cylindre dont la hauteur égale le diamètre de la base.

12. Étant donnés deux cylindres de même hauteur, en construire un troisième de même hauteur que les deux autres, et dont le volume soit équivalent à la somme ou à la différence des deux autres.

13. Quel est le rapport des volumes de deux cylindres dont les surfaces latérales sont équivalentes, et quel est le rapport des surfaces latérales de deux cylindres qui ont le même volume ?

14. Quel est le plus grand des deux cylindres qu'on obtient en faisant tourner un rectangle successivement autour de sa base et autour de sa hauteur ?

CHAPITRE II

CÔNE.

§ 1er. Propriétés générales du cône.

DÉFINITIONS.

SURFACE CONIQUE. — D'une manière générale, on appelle *conique* toute surface engendrée par une droite qui tourne autour d'un point fixe, en passant successivement par tous les points d'une courbe plane, nommée *directrice*. La droite mobile, dans chacune des positions successives qu'elle prend, telles que AS, BS, CS, est dite la *génératrice* de la surface ; le point fixe S en est le *sommet*.

Si l'on suppose que la génératrice se prolonge indéfiniment dans les deux sens, il est clair que la surface conique qu'elle engendre est elle-même indéfinie ; cette surface se trouve alors formée de deux parties, qui n'ont pas d'autre point commun que le sommet S et qu'on nomme les *nappes* de la surface conique. Si, au contraire, la génératrice est limitée, la surface conique l'est également.

CÔNE. — On donne le nom de *cône* au volume compris entre une surface conique, son sommet et le plan de sa directrice, qui prend alors le nom de *base* du cône. La surface conique limitée au sommet et à la base est la *surface latérale* du cône.

La *hauteur* d'un cône est la distance du sommet à la base.

Un cône qui a pour base un cercle est dit *circulaire*, et la droite menée du centre de la base au sommet du cône se nomme l'*axe* du cône.

PROPOSITION 1.

THÉORÈME. — *Toute section faite, dans un cône circu-*
,aire, par un plan parallèle à la base, est un cercle.

Supposons que le cercle de rayon OA soit la base d'un cône, que le point S en soit le sommet, et qu'on ait mené par le point A' un plan paral-
lèle à la base ; si l'on fait passer un plan par l'axe et par une génératrice quelconque AS, le plan ainsi mené coupe la base suivant un rayon OA et la section parallèle suivant une droite O'A', qui est parallèle à OA. Il en résulte que les deux triangles ASO et A'SO' sont semblables, et qu'on a la proportion :

$$\frac{O'A'}{OA} = \frac{O'S}{OS};$$

d'où l'on tire :

$$O'A' = OA \times \frac{O'S}{OS}.$$

Or, le rayon OA a une longueur constante ; quelle que soit la génératrice AS, le rapport $\frac{O'S}{OS}$ est aussi constant ; par conséquent, la longueur de la droite O'A' est elle-même con-
stante. Il s'ensuit que tous les points de la ligne d'intersec-
tion du cône et du plan parallèle à sa base sont à la même distance du point O' ; donc, cette ligne d'intersection est une circonférence de cercle.

COROLLAIRE 1. — *Si une circonférence est déterminée,*
dans un cône circulaire, par un plan parallèle à la base, et

*a son centre au milieu de l'axe, cette circonférence est égale
à la demi-circonférence de base.* En effet, si l'on suppose
que cette circonférence ait pour centre le point O′, on doit
avoir, d'après ce qui précède :

$$O'A' = OA \times \frac{O'S}{OS}.$$

Mais, par hypothèse, le rapport $\frac{O'S}{OS}$ est égal à $\frac{1}{2}$; par conséquent, le rayon O′A′ est la moitié de OA, et la circonfé-
rence O′A′ est égale à la demi-circonférence de base.

COROLLAIRE 2. — *Si trois circonférences sont déterminées,
dans un cône circulaire, par des plans parallèles à la base,
et que l'une d'elles ait son centre au milieu de la droite qui
joint les centres des deux autres, cette circonférence est
égale à la demi-somme des deux autres.* En effet, supposons
que les trois circonférences aient pour rayons OA, O′A′,
O″A″, et que le point O″ soit le milieu de OO′ ; on aura, dans
le trapèze AOO′A′ (148) :

$$O''A'' = \frac{OA + O'A'}{2} ;$$

donc, la circonférence qui a pour rayon O″A″ doit égaler la
demi-somme des circonférences qui ont pour rayons OA et
O′A′.

DÉFINITIONS.

CÔNE DROIT. CÔNE OBLIQUE. — Un cône circulaire est *droit*
ou *oblique* suivant que son axe est perpendiculaire ou oblique à la base. Lorsqu'un cône circulaire est droit, les portions
de génératrice comprises entre le sommet et la base ont toutes
la même longueur ; cette longueur se nomme l'*arête* du
cône : lorsqu'un cône circulaire est oblique, ces portions de
génératrice n'ont pas toutes la même longueur ; il y en a une

plus petite et une plus grande que toutes les autres, dont le plan est perpendiculaire à celui de la base.

Section antiparallèle. — Dans un cône circulaire oblique, le plan qui passe par la plus petite et par la plus grande génératrice se nomme *plan principal* du cône ; ce plan coupe le cône suivant un triangle dont la base est un diamètre de la base du cône, et qui reçoit le nom de *triangle par l'axe.* Une section est dite *antiparallèle* à la base, si elle est déterminée par un plan qui soit perpendiculaire au plan principal et qui fasse, avec un des côtés du triangle par l'axe, le même angle que la base du cône avec l'autre côté de ce triangle.

PROPOSITION 2.

* Théorème. — *Dans un cône circulaire oblique, toute section antiparallèle à la base est un cercle.*

Considérons le cône circulaire oblique qui a pour sommet le point S et pour base le cercle de rayon OA ; supposons que le triangle SAC soit le triangle par l'axe, et que la section DEF soit antiparallèle à la base. Si l'on abaisse d'un point quelconque E, pris sur la ligne DEF, une perpendiculaire au plan principal, cette perpendiculaire EI est contenue tout entière dans le plan antiparallèle à la base (211), et doit être perpendiculaire à la droite DF suivant laquelle se 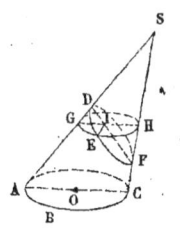 coupent le plan antiparallèle et le plan principal. Menons ensuite, par le point I, une droite GH parallèle à AC, le plan qui passe par les deux droites EI et GH est parallèle à la base du cône, et, par suite, la section GEH déterminée par ce plan est un cercle (299). Il en résulte qu'on doit avoir l'égalité suivante (107) :

$$\overline{EI}^2 = GI \times IH.$$

Mais les triangles GID et FIH sont semblables, comme
ayant deux angles égaux chacun à chacun, savoir: les angles
G et F sont égaux, car l'angle G est égal à SAC, puisque les
droites GH et AC sont parallèles, et l'angle F est égal à SAC,
d'après l'hypothèse; les angles G et F sont donc égaux; les
deux angles en I sont aussi égaux, parce qu'ils sont opposés
par le sommet. On en conclut que les deux triangles GID et
FIH sont semblables, et que leurs côtés homologues sont
proportionnels, ce qui donne :

$$\frac{GI}{DI} = \frac{IF}{IH} \quad \text{ou} \quad GI \times IH = DI \times IF.$$

Si l'on remplace, dans la première égalité obtenue, le
produit GI × IH par son égal DI × IF, cette égalité devient:

$$\overline{EI}^2 = DI \times IF.$$

Or, cette égalité exprime précisément que la perpendiculaire abaissée du point E sur la droite DF est moyenne proportionnelle entre les deux segments de cette droite, c'est-à-
dire que la section DEF est un cercle, dont le diamètre est
DF. Donc, dans un cône circulaire oblique, toute section
antiparallèle à la base est un cercle.

PROPOSITION 3.

THÉORÈME. — *Tout cône circulaire droit peut être engendré par le mouvement d'un triangle rectangle qui tournerait autour d'un des côtés de son angle droit.*

Considérons le cône droit qui a pour sommet le point S et
pour base le cercle de rayon OA; supposons qu'on ait fait
passer un plan par l'axe SO et par une génératrice quelconque du cône. Le triangle ainsi déterminé OSA est rectangle;

car, le cône étant droit par hypothèse, l'axe SO est perpendiculaire à la base, et, par suite, au rayon OA. Admettons que ce triangle rectangle OSA tourne autour du côté SO : le côté OA décrit un cercle qui est la base du cône; l'hypoténuse SA engendre une surface conique, qui est celle du cône, et le triangle OSA en-gendre un volume qui est celui du cône. Donc, tout cône circulaire droit peut être engendré par le mouvement d'un triangle rectangle, qui tournerait autour d'un des côtés de son angle droit.

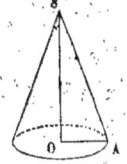

§ 2. Mesure du cône.

DÉFINITIONS.

CÔNE DE RÉVOLUTION. — La propriété qui précède a fait donner au cône circulaire droit le nom de *cône de révolution*, et peut être prise pour *définition* de ce solide. Nous le désignerons, dans la suite, par le seul mot de CÔNE, et nous aurons soin d'en distinguer les autres espèces de cônes par des épithètes caractéristiques.

PYRAMIDE INSCRITE ET CIRCONSCRITE AU CÔNE. — Une pyramide est dite *inscrite* à un CÔNE, si elle a pour sommet celui du cône et pour base un polygone inscrit à la base du cône ; une pyramide est dite *circonscrite* à un CÔNE, si elle a pour sommet celui du cône et pour base un polygone circonscrit à la base du cône.

Une pyramide, inscrite ou circonscrite à un CÔNE, a évidemment la même hauteur que le cône, et, si la base de la pyramide est un polygone régulier, la pyramide est régulière.

PROPOSITION 1.

Lemme. — *Un cône est la limite vers laquelle tend le volume d'une pyramide régulière, inscrite ou circonscrite au cône, et dont le nombre des faces augmente indéfiniment.*

** Supposons qu'on ait inscrit à un cône une pyramide dont la base B est le polygone régulier ABCD, et qu'on lui ait circonscrit une pyramide dont la base B′ est le polygone régulier A′B′C′D′, du même nombre de côtés. La différence des volumes V et V′ de ces deux pyramides peut devenir aussi petite qu'on voudra, si l'on double indéfiniment le nombre de leurs faces ; en effet, il a été démontré (258) qu'on obtient le volume de ces pyramides, quel que soit le nombre de leurs faces, au moyen des formules suivantes :

$$V = \frac{B \times H}{3} \quad \text{et} \quad V' = \frac{B' \times H'}{3};$$

H désigne la hauteur du cône. On en déduit, par soustraction :

$$V' - V = \frac{H}{3}(B' - B) \cdot$$

Mais, si l'on suppose qu'on double indéfiniment le nombre des faces de chaque pyramide, le facteur $\frac{H}{3}$ reste constant, et le facteur B′ — B devient aussi petit qu'on veut (164) ; donc, le produit $\frac{H}{3}$ (B′ — B), c'est-à-dire la différence des deux volumes V′ et V, peut devenir elle-même aussi petite qu'on voudra. Or, le volume du cône est évidemment compris entre celui de la pyramide inscrite et celui de la pyramide circonscrite, quel que soit le nombre des faces de ces deux pyramides; par conséquent, si le nombre des faces des deux pyramides augmente indéfiniment, chacune d'elles s'approche indéfiniment du cône, ou, en d'autres termes, chacune d'elles a pour limite le cône.

COROLLAIRE. — *La surface latérale d'un cône est la limite vers laquelle tend celle d'une pyramide régulière, inscrite ou circonscrite au cône, et dont le nombre des faces augmente indéfiniment;* autrement, le cône ne serait pas la limite vers laquelle tend le volume de chacune de ces pyramides.

Remarque. — La proposition précédente s'étend à un cône quelconque, si l'on substitue à la pyramide régulière une pyramide quelconque, dont les faces diminuent indéfiniment à mesure que leur nombre augmente indéfiniment.

Surface du cône.

PROPOSITION 2.

THÉORÈME. — *La surface latérale d'un cône a pour mesure la moitié du produit de son arête par la circonférence de sa base.*

Considérons le cône qui a pour sommet le point S et pour base le cercle de rayon OA; inscrivons ou circonscrivons à ce cône une pyramide régulière, et supposons que SABCD soit, par exemple, une pyramide régulière inscrite. La surface latérale s de cette pyra- 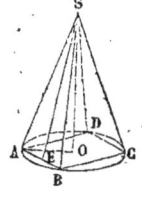 mide a pour mesure la moitié du produit du périmètre de sa base ABCD par son apothème SE (254), quel que soit le nombre de ses faces, ce qui se traduit par l'égalité :

$$s = \frac{p \times SE}{2},$$

p désignant le périmètre du polygone ABCD. Mais, si l'on suppose que le nombre des faces de la pyramide régulière inscrite augmente indéfiniment, la surface latérale s de cette pyramide tend vers celle S du cône, qui en est la limite (305); le périmètre p du polygone ABCD tend vers la circonférence C du cercle qui sert de base au cône (165), et l'apothème SE vers l'arête a du cône; par conséquent, l'égalité précédente deviendra :

$$S = \frac{C \times a}{2}.$$

Donc, la surface latérale d'un cône a pour mesure la moitié du produit de son arête par la circonférence de sa base.

COROLLAIRE. — *La surface latérale d'un cône a pour mesure le produit de son arête par la circonférence moyenne de ce cône;* car, la circonférence moyenne d'un cône est égale à la demi-circonférence de sa base (299).

Remarque. — La surface latérale d'un cône est équivalente à un triangle qui aurait pour base une longueur égale à la circonférence de sa base et pour hauteur son arête.

PROPOSITION 3.

PROBLÈME. — *Connaissant le rayon de la base d'un cône et la longueur de son arête, calculer sa surface latérale.*

Soient R le rayon de la base et a l'arête d'un cône; la circonférence C de sa base est donnée par la formule (171) : $C = 2\pi R$. Si l'on remplace C par $2\pi R$ dans la conclusion du théorème qui précède, on obtient la FORMULE DE LA SURFACE LATÉRALE D'UN CONE :

$$S = \frac{2\pi R \times a}{2} \quad \text{ou} \quad S = \pi Ra.$$

Cette formule indique qu'*en multipliant le nombre π par le* *rayon de la base et par l'arête d'un cône, on trouve pour produit sa surface latérale.*

. COROLLAIRE. — La surface totale d'un cône se compose évidemment de sa surface latérale et du cercle de base ; or, le cercle de base est exprimé par le produit πR^2, et la surface latérale par le produit $\pi R a$; par conséquent, en désignant par T la surface totale, on aura la formule suivante :

$$T = \pi R a + \pi R^2 \quad \text{ou} \quad T = \pi R (a + R);$$

cette formule indique qu'*on obtient la surface totale d'un cône en multipliant le nombre π par le rayon de la base et par la somme faite de ce rayon et de l'arête du cône.*

Surface du tronc de cône.

DÉFINITIONS.

. TRONC DE CÔNE. — On appelle *tronc de cône* ou *cône tronqué* ce qui reste d'un cône, quand on le coupe par un plan parallèle à la base et qu'on enlève la partie supérieure. La base du cône est la *base inférieure* du tronc ; la section faite par le plan parallèle à la base du cône est la *base supérieure* du tronc.

On peut considérer un tronc de cône comme le solide produit par le mouvement d'un trapèze rectangle AOO'A', qui tournerait autour du côté OO' adjacent aux deux angles droits : dans ce mouvement, les côtés OA et O'A' décrivent les bases du tronc ; le côté OO', qui reste fixe, en est l'*axe* ou la *hauteur ;* la droite AA', qui engendre la surface latérale du tronc, est son *arête.*

PROPOSITION 4.

THÉORÈME. — *La surface latérale d'un tronc de cône a pour mesure le produit de son arête par la demi-somme des circonférences de ses bases.*

Considérons le tronc qui est la différence des cônes ayant pour sommet commun le point S, et pour bases les cercles de

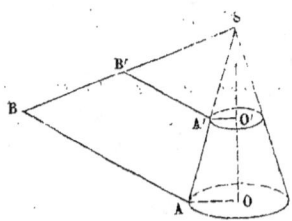

rayons OA et O'A'; élevons, par le point A, dans un plan quelconque passant par l'arête SA, une perpendiculaire à cette arête, et prenons sur cette perpendiculaire une longueur AB égale à *circ.* OA. Si l'on trace la droite SB, et si l'on mène A'B' parallèle à AB, la droite ainsi menée doit égaler *circ.* O'A' : en effet, les deux triangles SAB et SA'B' sont semblables (94), et nous donnent :

$$\frac{AB}{A'B'} = \frac{SA}{SA'};$$

mais les deux triangles SOA et SO'A' sont aussi semblables, et l'on a :

$$\frac{OA}{O'A'} = \frac{SA}{SA'}.$$

On en déduit cette autre proportion :

$$\frac{AB}{A'B'} = \frac{OA}{O'A'} \quad \text{ou} \quad \frac{AB}{A'B'} = \frac{circ.\ OA}{circ.\ O'A'},$$

qui ne peut être vraie, puisque la droite AB est égale à *circ.* OA, que si la droite A'B' est égale à *circ.* O'A'. Il en résulte que les triangles SAB, SA'B' sont équivalents chacun à chacun aux surfaces latérales des deux cônes considérés (306), et, par suite, que le trapèze ABB'A' est équivalent à la surface latérale du tronc de cône. Or, la surface du trapèze ABB'A' a pour expression (147) :

$$AA' \times \frac{AB + A'B'}{2} \quad \text{ou} \quad AA' \times \frac{\text{circ. OA} + \text{circ. O'A'}}{2} ;$$

donc, la surface latérale d'un tronc de cône a pour mesure le produit de son arête par la demi-somme des circonférences de ses bases.

COROLLAIRE. — *La surface latérale d'un tronc de cône a pour mesure le produit de son arête par la circonférence moyenne de ce tronc ;* car, la circonférence moyenne d'un tronc de cône est égale à la demi-somme des circonférences de ses bases (300).

PROPOSITION 5.

PROBLÈME. — *Connaissant le rayon de chacune des bases d'un tronc de cône et la longueur de son arête, calculer sa surface latérale.*

Désignons par R et R' les rayons des deux bases d'un tronc de cône ; les circonférences de ces bases sont exprimées par les produits $2\pi R$ et $2\pi R'$, et leur demi-somme est égale à $\pi R + \pi R'$ ou $\pi (R + R')$; par conséquent, si l'on appelle a l'arête du tronc de cône, et s sa surface latérale, on obtient, en vertu du théorème précédent, la FORMULE DE LA SURFACE LATÉRALE D'UN TRONC DE CONE :

$$s = \pi a (R + R').$$

Cette formule indique qu'*en multipliant le nombre π par l'arête d'un tronc de cône et par la somme faite des rayons de ses bases, on trouve sa surface latérale.*

PROPOSITION 6.

THÉORÈME. — *La surface engendrée par une droite limitée qui tourne autour d'un axe, mené dans le même plan*

que la droite et sans la couper, a pour mesure le produit
de sa projection sur l'axe par une circonférence de cercle
dont le rayon égale la perpendiculaire élevée au milieu de
cette droite et terminée à l'axe.

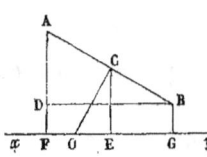

Supposons que la droite AB, dont
le milieu est le point C, tourne autour
de l'axe *xy*, et qu'on ait abaissé des
trois points A, B, C des perpendiculaires sur l'axe ; la droite AB engen-
dre, dans ce mouvement, la surface latérale d'un tronc de
cône (307), qui est donnée par la formule suivante :

$$\text{Surf. AB} = \text{AB} \times \text{circ. CE} \quad \text{ou} \quad \text{Surf. AB} = \text{AB} \times 2\pi\text{CE}.$$

Mais, si l'on mène la droite BD parallèle à l'axe *xy*, et la
droite CO perpendiculaire au milieu de AB, on peut remarquer que les deux triangles ABD et OCE sont semblables,
comme ayant leurs côtés perpendiculaires chacun à chacun,
et qu'on a la proportion :

$$\frac{\text{AB}}{\text{OC}} = \frac{\text{BD ou FG}}{\text{CE}},$$

ou, ce qui revient au même, l'égalité :

$$\text{AB} \times \text{CE} = \text{FG} \times \text{OC},$$

par conséquent, si l'on remplace dans la formule obtenue le
produit AB $\times$ CE par son égal FG $\times$ OC, on aura :

$$\text{Surf. AB} = \text{FG} \times 2\pi\text{OC} \quad \text{ou} \quad \text{Surf. AB} = \text{FG} \times \text{circ. OC.}$$

Donc, la surface engendrée par la droite AB, tournant autour de l'axe *xy*, a pour mesure le produit de sa projection
sur l'axe par la circonférence d'un cercle dont le rayon égale
la perpendiculaire élevée au milieu de cette droite et terminée à l'axe.

Si la droite AB a une de ses extrémités située sur l'axe *xy*, la surface qu'elle engendre est celle d'un cône, et la démonstration qui précède peut encore être appliquée. Si la droite AB est parallèle à l'axe xy, sa projection FG devient égale à AB, et la perpendiculaire OC se confond avec CE ; d'ailleurs, la surface engendrée par AB est celle d'un cylindre qui a évidemment pour mesure AB $\times$ circ. CE ; par conséquent, le théorème est vrai pour les trois positions que l'axe peut occuper relativement à la droite AB, sans la couper.

COROLLAIRE. — Si l'on désigne par a la perpendiculaire élevée au milieu de la droite AB et terminée à l'axe xy, et par h la projection de la droite AB sur l'axe, la surface engendrée par cette droite en tournant autour de l'axe est donnée par la FORMULE :

$$\text{Surf. AB} = 2\pi a h.$$

DÉFINITIONS.

LIGNE BRISÉE RÉGULIÈRE. — Une ligne brisée est dite *régulière*, si elle est plane et convexe, et si elle a tous ses côtés égaux, ainsi que ses angles. Une ligne brisée régulière peut être *inscrite* ou *circonscrite* à un cercle, comme un polygone régulier ; son *centre*, son *rayon*, son *apothème* et son *angle au centre* se définissent comme le centre, le rayon, l'apothème et l'angle au centre d'un polygone régulier. Toutefois, il faut remarquer que l'angle au centre d'une ligne brisée régulière n'a pas nécessairement pour mesure une partie aliquote de la circonférence du cercle circonscrit, et qu'il peut être une fraction quelconque d'angle droit ; il n'en est point ainsi d'un polygone régulier.

PROPOSITION 7.

THÉORÈME. — *La surface engendrée par une ligne brisée régulière qui tourne autour d'un axe, mené dans son plan,*

*par son centre et sans la couper, a pour mesure le produit
de sa projection sur l'axe par la circonférence du cercle
inscrit.**

Supposons que la ligne brisée régulière ABCD, dont le
point O est le centre, tourne autour de l'axe *xy*, et qu'on ait

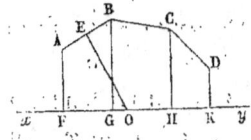

abaissé des points A, B, C, D des
perpendiculaires sur l'axe ; la ligne
brisée ABCD engendre, dans ce
mouvement, une surface qui est la
somme des surfaces engendrées par
ses trois côtés AB, BC, CD. Or, si l'on élève par le milieu d'un
côté une perpendiculaire terminée à l'axe, et si l'on remarque que cette perpendiculaire, OE par exemple, n'est autre
chose que l'apothème de la ligne brisée régulière, on trouve
successivement, d'après le théorème précédent :

$$\text{Surf. AB} = \text{FG} \times \text{circ. OE,}$$
$$\text{Surf. BC} = \text{GH} \times \text{circ. OE,}$$
et
$$\text{Surf. CD} = \text{HK} \times \text{circ. OE.}$$

On en déduit, par l'addition des trois égalités :

$$\text{Surf. AB} + \text{Surf. BC} + \text{Surf. CD} = (\text{FG} + \text{GH} + \text{HK}) \times \text{circ. OE,}$$

ou
$$\text{Surf. ABCD} = \text{FK} \times \text{circ. OE.}$$

Cette égalité exprime précisément que la surface engendrée
par la ligne considérée ABCD a pour mesure le produit de sa
projection sur l'axe par la circonférence du cercle inscrit.

Si la ligne ABCD a un côté parallèle à l'axe *xy*, et si elle a
une de ses extrémités ou ses deux extrémités sur l'axe, la
proposition dont il s'agit est encore vraie, puisque le théorème précédent a été démontré pour les trois positions que

---

* Il est à regretter que cette surface n'ait pas reçu de nom particulier :
en la désignant par un seul mot, on abrégerait notablement le discours.

l'axe peut occuper relativement aux côtés de cette ligne, sans la couper.

Remarque. — Si l'on désigne par a l'apothème d'une ligne brisée régulière ABCD, et par h sa projection sur l'axe xy, la surface A qu'elle engendre dans son mouvement de rotation est donnée par la FORMULE suivante :

$$A = 2\pi ah.$$

Volume du cône.

PROPOSITION 8.

THÉORÈME. — *Le volume d'un cône a pour mesure le tiers du produit de sa base par sa hauteur.*

Considérons le cône qui a pour sommet le point S et pour base le cercle de rayon OA ; inscrivons ou circonscrivons à ce cône une pyramide régulière, et supposons que SABCD soit, par exemple, une pyramide régulière inscrite. Le volume v de cette pyramide a pour mesure le tiers du produit de sa base ABCD par sa hauteur SO (258), quel que soit le nombre de ses faces, ce qui se traduit par l'égalité :

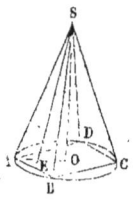

$$v = \frac{b \times SO}{3},$$

b désignant la surface du polygone ABCD. Mais, si l'on suppose que le nombre des faces de la pyramide régulière inscrite augmente indéfiniment, le volume v de cette pyramide tend vers celui V du cône, qui en est la limite (304) ; la surface b du polygone ABCD tend vers le cercle B qui sert de base au cône (164), et la hauteur SO reste constamment égale à la hauteur H du cône ; par conséquent, l'égalité précédente deviendra :

$$V = \frac{B \times H}{3}.$$

Donc, le volume d'un cône a pour mesuré le tiers du produit de sa base par sa hauteur.

Remarque. — La proposition précédente est vraie pour un cône quelconque, puisqu'une pyramide quelconque a pour mesure le tiers du produit de sa base par sa hauteur.

PROPOSITION 9.

PROBLÈME. — *Connaissant le rayon de la base d'un cône et sa hauteur, calculer son volume.*

Si l'on désigne par R le rayon de la base d'un cône et par H sa hauteur, la base B de ce cône est donnée par la formule (175) : B $= \pi R^2$; si l'on remplace ensuite, dans la conclusion du théorème précédent, B par πR^2, on obtient la FORMULE DU VOLUME D'UN CONE :

$$V = \frac{\pi R^2 H}{3}.$$

Cette formule indique qu'*en multipliant successivement le tiers du nombre* π *par le carré du rayon de la base et par la hauteur d'un cône, on trouve pour produit son volume.*

Volume du tronc de cône.

PROPOSITION 10.

THÉORÈME. — *Un tronc de cône est équivalent à trois cônes, ayant la même hauteur que le tronc et dont les bases seraient la base inférieure du tronc, sa base supérieure et une moyenne proportionnelle entre ces deux bases.*

Considérons le tronc qui est la différence des deux cônes ayant pour sommet commun le point S, et pour bases les cercles de rayons OA et O'A'. Si nous inscrivons dans le

grand cône une pyramide régulière SABCD, la pyramide régulière SA'B'C'D' se trouvera inscrite dans le petit cône, et,
par suite, le tronc de pyramide ABCDA'B'C'D'
sera inscrit dans le tronc de cône. Or, ce
tronc de pyramide v est, quel que soit le
nombre de ses faces, équivalent à trois pyramides ayant la même hauteur OO' que le
tronc, et dont les bases seraient la base
inférieure du tronc, sa base supérieure et
une moyenne proportionnelle entre ces deux bases, ce qui se
traduit par l'égalité (266) :

$$v = \frac{OO'}{3}(b + b' + \sqrt{bb'}),$$

b et b' désignant les bases du tronc de pyramide. Mais, si
l'on suppose que le nombre des faces du tronc de pyramide
inscrit augmente indéfiniment, son volume v tend vers le volume V du tronc de cône, car, les deux pyramides dont le
volume v est la différence ayant pour limites, l'une le grand
cône et l'autre le petit cône (304), leur différence doit avoir
pour limite le tronc de cône ; les bases b et b' tendent vers les
deux cercles B et B' qui servent de bases au tronc de cône,
et la hauteur OO' du tronc de pyramide reste constamment
égale à celle du tronc de cône ; par conséquent, la formule
précédente deviendra :

$$V = \frac{OO'}{3}(B + B' + \sqrt{BB'}).$$

Le second membre de cette formule représente précisément la somme de trois cônes, ayant la même hauteur que
le tronc et dont les bases seraient la base inférieure du tronc,
sa base supérieure et une moyenne proportionnelle entre ces
deux bases.

PROPOSITION 11.

Problème. — *Connaissant la hauteur d'un tronc de cône et le rayon de chaque base, calculer son volume.*

Si l'on désigne par H la hauteur d'un tronc de cône, par R et R' les rayons de ses bases, la base inférieure B est donnée par la formule (175) : $B = \pi R^2$; la base supérieure B' est donnée par la formule (175) : $B' = \pi R'^2$; on en déduit la suivante :

$$\sqrt{BB'} = \sqrt{\pi R^2 \times \pi R'^2},$$

ou, en simplifiant,

$$\sqrt{BB'} = \pi RR'.$$

Si l'on remplace ensuite, dans la conclusion du théorème précédent, OO' par H, B par πR^2, B' par $\pi R'^2$ et $\sqrt{BB'}$ par $\pi RR'$, on obtient la FORMULE DU VOLUME D'UN TRONC DE CONE :

$$V = \frac{\pi H}{3}(R^2 + R'^2 + RR').$$

Cette formule indique qu'*en multipliant successivement le tiers du nombre π par la hauteur d'un tronc de cône et par la somme faite du carré du rayon de sa base inférieure, du carré du rayon de sa base supérieure et du produit de ces deux rayons, on trouve pour résultat le volume de ce tronc de cône.*

PROPOSITION 12.

Théorème. — *Le volume engendré par un triangle qui tourne autour d'un axe, mené par l'un de ses sommets, dans son plan et sans le couper, a pour mesure le produit de la surface que décrit la base opposée à ce sommet par le tiers de la hauteur correspondante.*

1° Supposons que le triangle ABC, qui tourne autour de

l'axe xy, ait un côté sur l'axe, et qu'on ait abaissé du sommet
C une perpendiculaire CE à ce côté; suivant que cette perpendiculaire tombe en dedans ou en
dehors du triangle ABC, le volume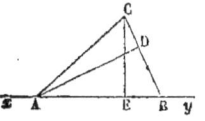
engendré par le mouvement du trian-
gle est la somme ou la différence de
deux cônes, et, par suite, se trouve exprimé par la double
formule :

$$\text{Vol. ABC} = \frac{1}{3}\pi\overline{CE}^2 \times AE \pm \frac{1}{3}\pi\overline{CE}^2 \times EB,$$

ou, dans les deux cas, par la formule unique :

$$\text{Vol. ABC} = \frac{1}{3}\pi CE^2 \times AB \cdot$$

Mais, si l'on mène la hauteur AD, on reconnaît que le produit CE × AB est égal à BC × AD, car chacun de ces produits
représente le double de la surface du triangle ABC ; par conséquent, en remplaçant le produit CE × AB par son égal
BC × AD dans la formule obtenue, on aura :

$$\text{Vol. ABC} = \frac{1}{3}\pi CE \times BC \times AD \cdot$$

Or, le produit $\pi CE \times BC$ n'est autre chose que la mesure
de la surface engendrée par BC ; donc, cette égalité devient :

$$\text{Vol. ABC} = \text{surf. BC} \times \frac{1}{3} AD \cdot$$

2° Supposons que le triangle ABC, qui tourne autour de
l'axe xy, n'ait pas de côté sur l'axe,
et que sa base BC prolongée ren-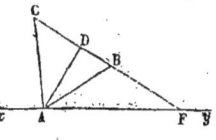
contre l'axe au point F ; le volume
engendré par le mouvement du
triangle est évidemment la diffé-
rence des volumes engendrés par le triangle ACF et par

le triangle ABF. Mais on a, d'après ce qui précède :

$$\text{Vol. ACF} = \text{surf. CF} \times \tfrac{1}{3}\,,$$

et

$$\text{Vol. ABF} = \text{surf. BF} \times \tfrac{1}{3}\,\text{AD}.$$

On en déduit, si l'on retranche membre à membre les deux égalités :

$$\text{Vol. ACF} - \text{Vol. ABF} = (\text{surf. CF} - \text{surf. BF}) \times \tfrac{1}{3}\,\text{AD},$$

ou

$$\text{Vol. ABC} = \text{surf. BC} \times \tfrac{1}{3}\,\text{AD}.$$

3° Supposons que le triangle ABC, qui tourne autour de l'axe xy, ait sa base BC parallèle à l'axe ; suivant que la per-

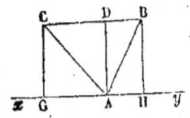

pendiculaire AD tombe en dedans ou en dehors du triangle ABC, le volume engendré par le mouvement de ce triangle est la somme ou la différence des volumes engendrés par les deux triangles ABD et ACD. Mais, si l'on considère le volume engendré par le triangle ABD comme la différence entre un cylindre et un cône de même base et de même hauteur, on trouve que ce volume est exprimé par le produit $\tfrac{2}{3}\pi\,\text{AD}^2 \times \text{BD}$; on trouve, de même, que le volume engendré par le triangle ACD est exprimé par le produit $\tfrac{2}{3}\pi\,\overline{\text{AD}}^2 \times \text{CD}$; donc, le volume engendré par le triangle ABC sera donné par la double formule:

$$\text{Vol. ABC} = \tfrac{2}{3}\pi\overline{\text{AD}}^2 \times \text{CD} \pm \tfrac{2}{3}\pi\overline{\text{AD}}^2 \times \text{BD},$$

ou, dans les deux cas, par la formule unique :

$$\text{Vol. ABC} = \tfrac{2}{3}\pi\overline{\text{AD}}^2 \times \text{BC};$$

cette formule équivaut à celle-ci :

$$\text{Vol. ABC} = 2\pi \text{AD} \times \text{BC} \times \frac{1}{3}\,\text{AD} \quad \text{ou vol. ABC} = \text{surf. BC} \times \frac{1}{3}\,\text{AD}\,.$$

Donc, le volume engendré par un triangle qui tourne autour d'un axe, mené par l'un de ses sommets, dans son plan et sans le couper, a pour mesure le produit de la surface que décrit la base opposée à ce sommet par le tiers de la hauteur correspondante.

COROLLAIRE. — Si l'on désigne par a la perpendiculaire AD, et par h la projection de BC sur l'axe, et si l'on remplace, dans la conclusion qui précède, le facteur *surf.* BC par l'expression $2\pi ah$, qui lui est égale (311), on obtient la FORMULE suivante :

$$\text{Vol. ABC} = \frac{2}{3}\,\pi a^2 h\,.$$

SECTEUR POLYGONAL RÉGULIER. — On appelle *secteur polygonal régulier* la portion de plan comprise entre une ligne brisée régulière et les deux rayons qui aboutissent aux extrémités de cette ligne ; la ligne brisée régulière prend le nom de *base* du secteur, son centre se nomme *centre* du secteur, et son apothème l'*apothème* du secteur.

PROPOSITION 13.

THÉORÈME. — *Le volume engendré par un secteur polygonal régulier qui tourne autour d'un axe, mené par son centre, dans son plan et sans le couper, a pour mesure le produit de la surface que décrit sa base par le tiers de son apothème* [*].

Supposons que le secteur polygonal régulier OABCD tourne

---

[*] Il est à regretter que ce volume n'ait pas reçu de nom particulier ; en le désignant par un seul mot, on abrégerait notablement le discours.

autour de l'axe xy ; il engendre un volume qui est évidem-

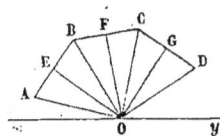

ment la somme des volumes engendrés par les trois triangles OAB, OBC,
OCD. Mais, si l'on applique à ces
triangles le théorème précédent, en
remarquant que leurs hauteurs OE,
OF et OG sont égales entre elles, on trouve successivement :

$$\text{Vol. OAB} = \text{surf. AB} \times \frac{1}{3}\, \text{OE} ,$$

$$\text{Vol. OBC} = \text{surf. BC} \times \frac{1}{3}\, \text{OE} ,$$

et

$$\text{Vol. OCD} = \text{surf. CD} \times \frac{1}{3}\, \text{OE} .$$

On en déduit, par addition, cette autre égalité :

$$\text{Vol. OAB} + \text{Vol. OBC} + \text{Vol. OCD} = (\text{surf. AB} + \text{surf. BC}$$
$$+ \text{surf. CD}) \times \frac{1}{3}\, \text{OE} ,$$

ou

$$\text{Vol. OABCD} = \text{surf. ABCD} \times \frac{1}{3}\, \text{OE} .$$

Cette égalité exprime précisément que le volume engendré
par le secteur considéré a pour mesure le produit de la
surface que décrit sa base par le tiers de son apothème.

Cette proposition est encore vraie, si la base du secteur a
un côté parallèle à l'axe, et si elle a une de ses extrémités
ou ses deux extrémités sur l'axe, puisque le théorème précédent est démontré pour les trois positions que l'axe peut avoir
relativement aux triangles formant le secteur, sans les
couper.

COROLLAIRE. — Si l'on désigne par a l'apothème d'une ligne
brisée régulière ABCD, et par h sa projection sur l'axe xy,
la surface engendrée par cette ligne est exprimée par le produit $2\pi a h$ (313), et, par suite, le volume V engendré par

le secteur OABCD s'obtiendra au moyen de la FORMULE suivante :

$$V = \frac{2}{3}\, \pi a^2 h \cdot$$

Cônes semblables.

DÉFINITION.

* CÔNES SEMBLABLES. — Deux cônes sont dits *semblables*, si les rayons de leurs bases sont proportionnels à leurs arêtes. Lorsqu'on coupe un cône par un plan parallèle à sa base, il est clair que le second cône ainsi formé est semblable au premier ; on reconnaît aisément que, si deux cônes sont semblables, leurs hauteurs sont proportionnelles aux rayons de leurs bases.

PROPOSITION 14.

* THÉORÈME. — *Si deux cônes sont semblables, leurs surfaces latérales sont entre elles comme les carrés des rayons de leurs bases, et leurs volumes sont entre eux comme les cubes de ces rayons.*

Désignons par V, S, R, H et a, le volume, la surface latérale, le rayon de la base, la hauteur et l'arête d'un cône, et par V′, S′, R′, H′ et a′, les données analogues d'un cône semblable. On doit avoir, d'après les théorèmes qui précèdent, les égalités suivantes :

$$S = 2\pi R \times a \quad \text{et} \quad S' = 2\pi R \times a',$$

et celles-ci :

$$V = \pi R^2 \times H \quad \text{et} \quad V' = \pi R'^2 \times H'.$$

En divisant membre à membre les deux premières et les deux autres, on trouve :

$$\frac{S}{S'} = \frac{R \times a}{R' \times a'} \text{ ou } \frac{S}{S'} = \frac{R}{R'} \times \frac{a}{a'}$$

$$\text{et } \frac{V}{V'} = \frac{R^2 \times H}{R'^2 \times H'} \text{ ou } \frac{V}{V'} = \frac{R^2}{R'^2} \times \frac{H}{H'};$$

mais, puisque les deux cônes considérés sont semblables, il faut qu'on ait :

$$\frac{R}{R'} = \frac{H}{H'} = \frac{a}{a'};$$

par conséquent, le produit $\frac{R}{R'} \times \frac{a}{a'}$ n'est autre chose que le carré de $\frac{R}{R'}$ ou $\frac{R^2}{R'^2}$, le produit $\frac{R^2}{R'^2} \times \frac{H}{H'}$ n'est autre chose que le cube de $\frac{R}{R'}$ ou $\frac{R^3}{R'^3}$, et les deux proportions trouvées deviennent :

$$\frac{S}{S'} = \frac{R^2}{R'^2} \text{ et } \frac{V}{V'} = \frac{R^3}{R'^3}.$$

Donc, si deux cônes sont semblables, leurs surfaces latérales sont entre elles comme les carrés des rayons de leurs bases, et leurs volumes sont entre eux comme les cubes de ces rayons.

Exercices.

1. Sachant que le rayon de la base d'un cône est de $0^m,42$, et que son arête est de $0^m,60$, calculer, à moins d'un centimètre carré : 1° sa surface latérale ; 2° sa surface totale.

2. La surface totale d'un cône est de 4 mètres carrés, et le rayon de sa base de 1 mètre ; trouver, à un centimètre près, son arête et sa hauteur.

3. Étant donné un cône, on propose de le couper, par un plan parallèle à la base, de telle sorte que sa surface soit divisée en deux parties équivalentes ou ayant entre elles un rapport donné.

4. Démontrer que, si deux cônes sont semblables, leurs surfaces totales sont entre elles comme les carrés des rayons de leurs bases.

5. Inscrire dans un cône un cylindre dont la surface latérale soit équivalente à un cercle donné.

6. Calculer les rayons des bases d'un tronc de cône, connaissant sa hauteur, son arête et sa surface latérale.

7. Trouver algébriquement la formule qui donne la surface et celle qui donne le volume d'un tronc de cône, en considérant le tronc comme la différence de deux cônes.

8. On fait tourner un triangle rectangle successivement autour de ses trois côtés, et l'on demande quel sera le plus grand des trois volumes engendrés. Si le plus petit côté de l'angle droit est de $0^m,01$, quelle longueur doit avoir l'hypoténuse, et, par suite, l'autre côté de l'angle droit, pour que le plus grand des trois volumes engendrés soit le double du plus petit?

9. Étant donné un triangle équilatéral, on suppose qu'il tourne autour d'un de ses côtés, et l'on demande de trouver l'expression du volume engendré par le mouvement du triangle. Calculer quelle longueur doit avoir le côté du triangle pour que le volume engendré soit de 1 mètre cube.

10. Autour de quel côté faut-il faire tourner un triangle donné, pour que le volume engendré par ce triangle soit le plus grand?

11. On mène la droite qui joint les milieux de deux côtés d'un triangle, et on le fait tourner autour du troisième côté. Quel est le rapport des volumes engendrés par les deux parties du triangle?

12. Étant donné un triangle rectangle, on suppose qu'il tourne autour d'un des côtés de son angle droit, et on demande de mener, par le sommet de cet angle, une droite qui le divise en deux triangles tels qu'ils engendrent des volumes équivalents. Même question pour un triangle quelconque.

13. Dans quel rapport sont entre eux les volumes engendrés par un parallélogramme tournant successivement autour de deux côtés consécutifs?

14. Démontrer que la surface engendrée par un demi-polygone régulier d'un nombre pair de côtés tournant autour de son diamètre a pour mesure le produit de la circonférence inscrite par le diamètre du cercle circonscrit.

15. Trouver l'expression du volume engendré par un hexagone régulier tournant autour d'une de ses diagonales, en supposant connu le côté de cet hexagone. Même question pour un hexagone régulier tournant autour de son apothème.

16. Un cylindre et un tronc de cône ont une base commune et la même hauteur. On demande quel doit être le rapport des rayons des deux bases du tronc, pour que son volume soit les deux tiers du cylindre. Discussion.

17. Connaissant deux côtés d'un triangle, déterminer le troisième

de manière à ce que le volume engendré par le triangle en tournant autour de ce troisième côté soit équivalent à la somme des volumes qu'il engendre en tournant autour des deux autres.

18. Étant donné un triangle équilatéral, on prolonge un de ses côtés d'une longueur égale à ce côté, et on élève, par l'extrémité, une perpendiculaire à ce côté prolongé. En supposant que la figure tourne autour de la perpendiculaire, on demande l'expression du volume engendré par le triangle équilatéral.

CHAPITRE III

SPHÈRE.

1er. Propriétés générales de la sphère.

DÉFINITIONS.

SPHÈRE. SURFACE SPHÉRIQUE. — On appelle *sphérique* une surface courbe fermée dont tous les points sont à la même distance d'un point intérieur, nommé *centre*.

La *sphère* est le volume compris dans l'intérieur d'une surface sphérique.

RAYON. DIAMÈTRE. — Une droite menée de la surface d'une sphère au centre se nomme *rayon*, et toute droite qui va d'un point de la surface à un autre, en passant par le centre, s'appelle *diamètre*. Il est clair que tous les rayons d'une sphère sont égaux, ainsi que tous ses diamètres.

Remarquons que *deux sphères sont égales si elles ont le même rayon ;* car, si l'on porte l'une des deux sur l'autre, de manière à ce que leurs centres coïncident, chacun des points de la première tombera sur la seconde, et réciproquement ; par conséquent, les deux sphères sont égales.

PROPOSITION 1.

* THÉORÈME. — *Par quatre points, qui ne sont pas situés dans le même plan, on peut faire passer une surface sphérique, et on n'en peut faire passer qu'une.*

Considérons les quatre points A, B, C, D, que je suppose

n'être pas situés dans le même plan ; les trois points A, B, C,
déterminent une circonférence de cercle, et les trois points
B, C, D, en déterminent une autre, qui coupe la première

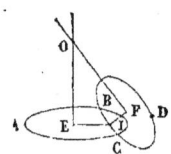

suivant la corde BC. Si l'on joint le milieu I de cette corde aux centres E et F
des circonférences, les deux droites ainsi
menées, EI et FI, sont perpendiculaires
à la corde BC, dans des plans différents ; le plan EIF est lui-même perpen-
diculaire à cette corde (189), et, par suite, aux plans ABC et
BCD des circonférences (210) ; par conséquent, si l'on élève
dans le plan EIF les droites EO et FO respectivement perpendiculaires sur EI et sur FI, ces deux perpendiculaires devront se rencontrer (33) et être perpendiculaires l'une au plan
ABC, l'autre au plan BCD (210). Mais leur point de rencon-
tré O est également éloigné des quatre points A, B, C, D (193) ;
donc, la surface sphérique qui a le point O pour centre et
OA pour rayon passera par les quatre points considérés ; en
d'autres termes, on peut faire passer une surface sphérique
par quatre points, qui ne sont pas situés dans le même plan.

De plus, *on n'en peut faire passer qu'une*. En effet, toute
surface sphérique passant par les trois points A, B, C, doit
avoir son centre sur la perpendiculaire EO (193) ; de même,
toute surface sphérique passant par les trois points B, C, D,
doit avoir son centre sur la perpendiculaire FO ; donc, toute
surface sphérique passant par les quatre points A, B, C, D,
devra avoir son centre au point de rencontre O de ces deux
perpendiculaires. Il en résulte qu'il n'y a qu'un seul point
qui puisse être le centre d'une surface sphérique passant par
les quatre points considérés ; en d'autres termes, on ne peut
faire passer qu'une surface sphérique par quatre points, qui
ne sont pas situés dans le même plan.

Remarque. — La double conclusion qui précède s'exprime

quelquefois plus simplement, en disant que *quatre points, qui ne sont pas dans le même plan*, déterminent *une surface sphérique*. Cette conclusion suppose d'ailleurs que les quatre points ne soient pas dans le même plan ; car, dans l'hypothèse où les quatre points sont dans le même plan, on peut faire passer par ces quatre points une infinité de sphères différentes, s'ils appartiennent à la même circonférence de cercle, et on ne peut faire passer aucune sphère par ces quatre points, s'ils n'appartiennent pas à la même circonférence de cercle.

Sections planes de la sphère.

PROPOSITION 2.

THÉORÈME. — *Toute section faite dans une sphère par un plan est un cercle.*

Considérons la sphère qui a pour centre le point O, et pour rayon OA.

Si le plan sécant passe par le centre O de la sphère, il rencontre la surface sphérique suivant une ligne dont tous les points sont également éloignés du centre O, puisque tous ces points appartiennent à la surface de la sphère ; donc, cette ligne d'intersection est une circonférence de 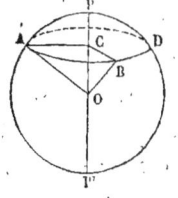 cercle, qui a le même centre et le même rayon que la sphère.

Si le plan sécant ne passe pas par le centre O de la sphère, il rencontre la surface sphérique suivant la ligne ABD par exemple ; abaissons du centre O une perpendiculaire OC sur le plan sécant, et joignons deux points quelconques, A et B, de la ligne d'intersection au pied C de la perpendiculaire et au centre O de la sphère. Les deux obliques OA et OB sont égales, puisque les points A et B appartiennent à la surface de la sphère ; par conséquent, ces deux obliques doivent s'écarter également de la perpendiculaire OC ; les points A et B sont donc à égale distance du point C, et, par suite, la ligne d'intersection ABD est une circonférence de cercle, qui a pour centre le point C et pour rayon AC.

DÉFINITIONS.

GRANDS CERCLES. PETITS CERCLES. — Les cercles qu'on obtient en faisant passer des plans par le centre d'une sphère sont égaux entre eux, car ils ont tous pour rayon le rayon même de la sphère ; on les nomme *grands cercles* de la sphère. Les autres cercles qu'on peut tracer sur la surface d'une sphère sont tous moindres qu'un grand cercle de cette sphère, car le rayon AC d'un de ces cercles est moindre que le rayon OA de la sphère ; on les nomme *petits cercles* de la sphère. Remarquons que dans le triangle rectangle OAC, on a la relation suivante :

$$\overline{AC}^2 = \overline{OA}^2 - \overline{OC}^2 \quad \text{ou} \quad r^2 = R^2 - d^2,$$

R désignant le rayon de la sphère, *r* celui du cercle et *d* sa distance au centre de la sphère. On déduit aisément de cette relation que, sur une sphère : 1° *un cercle est d'autant plus petit qu'il est plus éloigné du centre de la sphère* ; 2° *deux cercles sont égaux, s'ils sont également éloignés du centre de la sphère*, et réciproquement.

PROPOSITION 3.

THÉORÈME. — *Toute sphère peut être engendrée par le mouvement d'un demi-cercle qui tourne autour du diamètre passant par ses deux extrémités.*

Considérons la sphère qui a pour centre le point O, et pour rayon OA; supposons qu'on ait prolongé ce rayon OA de manière à avoir le diamètre AB, et qu'on ait fait passer un plan par ce diamètre, la section AMBM' déterminée par ce plan est un grand cercle de la sphère. Admettons qu'une moitié AMB de ce cercle tourne autour du diamètre AB ; la demi-circonférence AMB décrit une surface dont tous les points sont à une distance du point O égale à OA; par conséquent, cette surface est celle de la sphère considérée. Donc, toute sphère peut être engendrée par le mouvement d'un demi-cercle qui tourne autour du diamètre passant par ses deux extrémités.

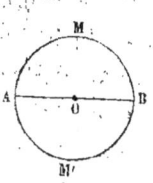

Remarque. — La propriété qui précède permet de considérer la sphère comme un *solide de révolution* ; elle peut être prise pour *définition* de la sphère.

PROPOSITION 4.

THÉORÈME. — 1° *Tout grand cercle d'une sphère divise cette sphère en deux parties égales.*

2° *Deux grands cercles d'une sphère se divisent l'un l'autre en parties égales.*

Considérons la sphère qui a pour centre le point O.

1° Supposons que le cercle ABDE soit un grand cercle, et qu'après avoir détaché et retourné la partie NABDE de la figure, on l'ait placée sur l'autre MABDE, de telle sorte que leurs bases coïncident; chacun des points de la surface qui termine la première partie tombera sur la seconde, et inversement ; par conséquent, les deux parties sont égales.

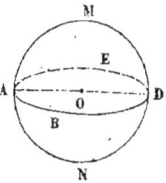

Les deux parties égales d'une sphère se nomment ses *hé-
misphères.*

2° Supposons que ABDE et AMDN soient deux grands cercles de la sphère ; leurs plans se coupent suivant une droite
AD qui doit passer par le centre O de la sphère ; il en résulte
que cette droite d'intersection AD est un diamètre du cercle
ABDE, aussi bien que du cercle AMDN, et, par suite, que les
deux cercles considérés se divisent l'un l'autre en parties
égales.

DÉFINITION.

PÔLE D'UN CERCLE. — On appelle *pôle* d'un cercle, tracé
sur une sphère, l'extrémité du diamètre perpendiculaire au
plan de ce cercle. Le même cercle ABD a évidemment *deux*
pôles, P et P', et tous les cercles parallèles, tracés sur une
sphère, ont pour pôles les deux mêmes points.

PROPOSITION 5.

THÉORÈME. — *Le pôle d'un cercle est à distance égale
de tous les points de la circonférence de ce cercle.*

Supposons que le point P soit le pôle du cercle ABD ; ce
point P appartient à la droite OC, perpendiculaire au plan du
cercle ABD et passant par son centre ; donc, le point P est à
distance égale de tous les points de la circonférence ABD (193).

DÉFINITION.

RAYON POLAIRE. — La distance du pôle d'un cercle, tracé
sur une sphère, à un point quelconque
de la circonférence de ce cercle se
nomme son *rayon polaire.* A un cercle
quelconque ABD correspondent toujours deux pôles différents P et P' ;
mais, quand il est question du rayon
polaire d'un cercle, on suppose qu'il s'agit exclusivement

du pôle le plus voisin du cercle, c'est-à-dire de celui qui appartient au même hémisphère que le cercle.

Le rayon polaire d'un grand cercle est évidemment égal à la corde d'un quadrant de grand cercle ; par suite, tous les grands cercles d'une sphère ont, non-seulement le même rayon, mais encore le même rayon polaire.

Lorsqu'on connaît le pôle et le rayon polaire d'un cercle, on peut le tracer sur la surface d'une sphère, comme on trace sur un plan un cercle dont on connaît le centre et le rayon ; on se sert, à cet effet, d'un compas à branches recourbées, qui se nomme particulièrement *compas sphérique ;* après avoir pris une ouverture de compas égale au rayon polaire connu, on place une des pointes au point donné pour pôle, et, faisant tourner l'autre pointe autour du pôle, on trace la circonférence du cercle.

PROPOSITION 6.

PROBLÈME.—*Étant donnée une sphère, trouver son rayon.*

Première solution. — Du point A, pris où l'on veut sur la sphère, comme pôle et avec un rayon polaire choisi arbitrairement, on décrit une circonférence de cercle BCED ; on y marque trois points quelconques B, C, D, et avec les trois longueurs BD, BC

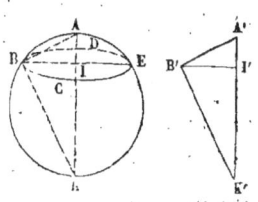

et DC comme côtés, on construit un triangle sur un plan ; le cercle circonscrit à ce triangle a évidemment pour rayon le rayon BI du cercle tracé sur la sphère. Supposons, maintenant qu'on ait joint le point B aux deux pôles A et K du cercle BCED ; on peut construire sur un plan le triangle A'B'I' égal au triangle rectangle ABI, puisqu'on connaît l'hypoténuse AB et un côté BI de ce triangle ;

si l'on prolonge alors le côté A'I', et si l'on élève au point B'
une perpendiculaire sur A'B', le triangle A'B'K' ainsi construit
est égal au triangle ABK, car ces deux triangles ont un côté
égal adjacent à des angles égaux chacun à chacun, savoir :
l'angle B' et l'angle B sont égaux, comme droits ; l'angle A'
est égal à l'angle A, puisque les deux triangles ABI et A'B'I'
sont égaux, par construction. Il en résulte que le côté A'K'
est égal à AK, c'est-à-dire au diamètre de la sphère donnée ;
en prenant la moitié de A'K', on aura trouvé le rayon de la
sphère.

Seconde solution. — Des points M et N, pris où l'on veut
sur la sphère, comme pôles, et avec le même rayon polaire choisi arbitrairement, on trace deux arcs de cercle qui
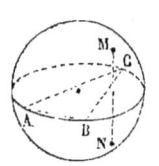
se coupent au point A ; le point A ainsi ob-
tenu est également éloigné des deux points
M et N. On marque de même sur la sphère
un second point B qui soit également éloigné des deux points M et N, puis un troi-
sième C. Le plan qui est déterminé par les trois points A,
B, C, doit être perpendiculaire au milieu de MN (194) et,
par suite, passer par le centre de la sphère (194) ; par conséquent, les trois points A, B, C, appartiennent à la circonférence d'un grand cercle de cette sphère (327). Donc,
si l'on construit, sur un plan, un triangle dont les côtés
soient les trois longueurs AB, BC, AC, le rayon du cercle
circonscrit à ce triangle sera le rayon même de la sphère.

COROLLAIRE. — *Tracer sur une sphère un grand cercle
qui ait pour pôle un point donné.*

Puisqu'on connaît le pôle du cercle demandé, il suffit de
trouver son rayon polaire pour qu'on puisse le tracer : on
cherche d'abord le rayon de la sphère, et, ce rayon étant
connu, on décrit sur un plan une circonférence de même
rayon que la sphère ; cette circonférence est celle d'un

grand cercle de la sphère ; par conséquent, si l'on inscrit un carré dans cette circonférence, le côté du carré inscrit n'est autre chose que le rayon polaire du cercle demandé.

PROPOSITION 7.

PROBLÈME. — *Tracer sur une sphère une circonférence de grand cercle qui passe par deux points donnés.*

Supposons que A et B soient les deux points donnés; je décris successivement des points A et B comme pôles et avec le rayon polaire d'un grand cercle, deux arcs qui se coupent au point P ; puis, du point P comme pôle et avec le même rayon polaire d'un grand cercle, je trace une circonférence : cette circonférence, qui est celle d'un grand cercle, passera par les deux points donnés et sera la circonférence demandée.

PROPOSITION 8.

PROBLÈME. — *Tracer sur une sphère une circonférence de petit cercle qui passe par trois points donnés.*

Soient A, B, C, les trois points donnés. On commence par marquer sur la sphère deux points dont chacun soit également éloigné des points A et B, et l'on trace un grand cercle DF qui passe par ces deux points; on marque ensuite sur la sphère deux autres points dont chacun soit également éloigné des points B et C, et l'on trace un grand cercle EG qui passe par ces deux points. Les deux arcs DF et EG se rencontrent en un point P qui est, d'après la construction, également éloigné des trois points A, B, C; par conséquent, si l'on décrit du point P comme pôle et avec un rayon polaire égal à AP une circonférence de cercle, cette circonférence passera par les trois points donnés, et sera la circonférence demandée.

Plan tangent à la sphère.

DÉFINITION.

PLAN TANGENT. — Un plan est dit *tangent* à une sphère, s'il n'a qu'un seul point de commun avec la sphère ; le point commun au plan et à la sphère se nomme le *point de contact*. Une sphère est évidemment située tout entière d'un même côté de son plan tangent.

PROPOSITION 9.

THÉORÈME. — *Tout plan perpendiculaire à l'extrémité d'un rayon d'une sphère est tangent à la sphère, et* RÉCIPROQUEMENT.

Considérons le plan déterminé par les deux droites BA et CA, perpendiculaires à l'extrémité du rayon OA, et suppo-

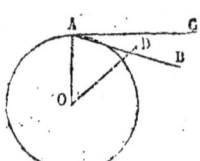

sons qu'on ait joint le centre O à un point quelconque D de ce plan, autre que le point A ; la droite OD ainsi menée est oblique au plan BAC, et, par suite, plus grande que OA (192). Il en résulte que le point D doit être situé hors de la sphère ;

par conséquent, le plan BAC n'a que le point A de commun avec la sphère. Donc, tout plan perpendiculaire à l'extrémité d'un rayon d'une sphère est tangent à la sphère.

RÉCIPROQUEMENT, *tout plan tangent à une sphère est perpendiculaire à l'extrémité d'un rayon de la sphère.*

Supposons que le plan BAC soit tangent à la sphère qui a pour centre le point O, qu'on ait mené le rayon OA aboutis-

sant au point de contact, et qu'on ait joint le centre à un
point quelconque D du plan tangent, autre que le point A ; la
droite OD ainsi menée est plus grande que le rayon OA, car,
le point D appartient au plan tangent, et, par suite, se trouve
hors de la sphère. Il en résulte que le rayon OA est plus
petit que toute autre droite menée du centre au plan tangent ; par conséquent, ce rayon OA est perpendiculaire au
plan tangent (192).

Corollaire. — *La perpendiculaire abaissée du centre
d'une sphère sur un plan tangent à la sphère doit passer
par le point de contact.*

Position relative de deux sphères.

DÉFINITION.

Position relative de deux sphères. — Deux sphères quelconques peuvent occuper dans l'espace diverses positions,
l'une par rapport à l'autre ; elles peuvent avoir *plusieurs*
points communs, ou n'en avoir qu'*un* seul, ou n'en avoir
aucun.

PROPOSITION 10.

Théorème. — *Si deux sphères ont un point commun,
hors de la ligne des centres, elles ont une circonférence
commune.*

Supposons que le point A soit commun à deux sphères dont
les centres sont O et O', et qu'on ait fait
passer un plan par les trois points O, A,
O' ; ce plan OAO' détermine sur les
sphères deux grands cercles, qui se coupent au point A, et, si l'on fait tourner
la figure des deux cercles autour de la ligne des centres

OO', le premier cercle engendre une des sphères, le second cercle engendre l'autre sphère, et le point A, qui est commun aux deux cercles, décrit dans l'espace une circonférence qui est commune aux deux sphères; donc, si deux sphères ont un point commun, hors de la ligne des centres, elles ont une circonférence commune.

COROLLAIRE. — *Si deux sphères n'ont qu'un seul point commun, ce point doit être situé sur la ligne des centres;* autrement, les deux sphères auraient une circonférence commune.

DÉFINITIONS.

SPHÈRES SÉCANTES. — Deux sphères qui ont une circonférence commune sont dites *sécantes;* la ligne des centres de deux sphères sécantes est perpendiculaire sur le plan et au centre de leur circonférence commune (193). Les deux centres peuvent d'ailleurs être situés de part et d'autre ou d'un même côté du plan de la circonférence commune.

SPHÈRES TANGENTES. — Deux sphères qui n'ont qu'un seul point commun sont dites *tangentes,* et le point commun se nomme *point de contact* des sphères. Ce point de contact peut être situé entre les deux centres ou ne pas l'être; on distingue ces deux cas en disant que les deux sphères sont tangentes *extérieurement* ou *intérieurement.*

SPHÈRES INTÉRIEURES OU EXTÉRIEURES. — Deux sphères, qui n'ont aucun point commun, sont dites *intérieures* ou *extérieures* l'une à l'autre, suivant que l'une est tout entière contenue dans l'autre ou tout entière en dehors.

Ces définitions sont analogues à celles déjà données, page 57, pour deux circonférences; elles permettent d'énoncer et de démontrer cinq propositions analogues à celles des pages 58, 59 et 60, ainsi que les cinq propositions RÉCIPROQUES.

* Triangles sphériques.

DÉFINITIONS.

Angle de deux arcs de grand cercle. — On appelle *angle de deux arcs de grand cercle*, tracés sur une sphère, ou *angle sphérique*, l'angle dièdre formé par les plans de ces deux grands cercles. Les deux arcs se nomment les *côtés* de l'angle ; leur point de rencontre est le *sommet* de l'angle. Un angle sphérique se désigne, en général, comme un angle plan, au moyen de trois lettres, dont l'une est placée au sommet et les autres sur les deux côtés ; on peut aussi, quand il n'y a pas d'amphibologie possible, désigner un angle sphérique par la seule lettre du sommet ; c'est ainsi qu'on pourra nommer l'angle sphérique ci-contre, de trois manières : BAC, CAB ou A.

PROPOSITION 11.

Théorème. — *Tout angle sphérique a pour mesure :* 1° *l'angle que forment les tangentes menées par son sommet à chacun de ses côtés ;* 2° *l'arc de grand cercle décrit de son sommet comme pôle et compris entre ses côtés.*

Considérons l'angle sphérique BAC.

1° La tangente AD, menée dans le plan de l'arc AB, est perpendiculaire au rayon OA ; la tangente AE, menée dans le plan de l'arc AC, est perpendiculaire au même rayon OA ; par conséquent, l'angle DAE est l'angle rectiligne de l'angle dièdre formé par les plans de ces deux arcs de cercle. Or, un angle dièdre a pour mesure son angle rectiligne correspondant ; donc, l'angle sphérique BAC

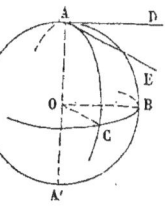

22

a pour mesure l'angle que forment les tangentes menées par son sommet à chacun de ses côtés.

2° Si l'arc BC est un arc de grand cercle ayant le point A pour pôle, les rayons OB et OC doivent être l'un et l'autre perpendiculaires sur OA ; l'angle BOC est encore l'angle rectiligne de l'angle dièdre formé par les plans des deux arcs AB et AC. Or, cet angle rectiligne a pour mesure l'arc BC ; donc, l'angle sphérique BAC a pour mesure l'arc de grand cercle décrit de son sommet comme pôle et compris entre ses côtés.

DÉFINITIONS.

TRIANGLE SPHÉRIQUE. — On donne le nom de *triangle sphérique* à la figure formée par trois arcs de grand cercle qui se rencontrent deux à deux sur une sphère. Ces arcs limités à leurs points de rencontre sont les *côtés* du triangle, et les angles qu'ils font entre eux sont les *angles* du triangle ; les sommets de ces angles sont les *sommets* du triangle.

Si les trois côtés d'un triangle sphérique sont des arcs AB, AC et BC moindres qu'une demi-circonférence, ce triangle est évidemment situé tout entier du même côté de chacun de ces arcs prolongés ; on dit alors que le triangle est *convexe* ; il est *concave*, dans le cas contraire : tel est le triangle formé par les arcs AA'B, AC et BC. Nous supposerons, dans la suite, que les triangles sphériques dont il est question sont convexes.

PROPOSITION 12.

THÉORÈME. — *Dans un triangle sphérique, 1° chaque côté est plus petit que la somme des deux autres et plus grand que leur différence ; 2° la somme des trois côtés est moindre que la circonférence d'un grand cercle ; 3° la somme des trois angles est plus grande que deux droits et plus petite que six droits, et le plus petit des trois, augmenté de deux droits, surpasse la somme des deux autres.*

Supposons qu'on ait joint les trois sommets du triangle sphérique ABC au centre O de la sphère ; on aura ainsi formé un angle trièdre OABC, dont les angles dièdres sont précisément les trois angles 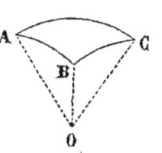 A, B, C, du triangle sphérique, et dont les faces ont respectivement pour mesure les arcs AB, AC et BC, c'est-à-dire les trois côtés du triangle sphérique. Or, on a reconnu que, dans un angle trièdre, 1° chaque face est plus petite que la somme des deux autres, et plus grande que leur différence (217) ; 2° la somme des faces est moindre que quatre angles droits (227) ; 3° la somme des trois angles dièdres est plus grande que deux droits et plus petite que six droits, et le plus petit des trois, augmenté de deux droits, surpasse la somme des deux autres (228) ; donc, la proposition dont il s'agit est démontrée.

Remarque. — Un triangle sphérique peut avoir deux et même trois angles droits ; suivant qu'un triangle sphérique possède *un*, *deux* ou *trois* angles droits, il est dit *rectangle, birectangle*, ou *trirectangle.*

PROPOSITION 13.

THÉORÈME. — *Si l'on décrit, des trois sommets d'un triangle sphérique comme pôles, des arcs de grand cercle qui se coupent, on forme ainsi un second triangle dont chaque angle est le supplément d'un côté du premier, et* RÉCIPROQUEMENT.

Supposons qu'on ait décrit, des points A, B, C, comme pôles, les arcs de grand cercle B'C', A'C', A'B', et qu'on ait mené des droites du centre O de la sphère aux trois sommets de chaque triangle. Puisque le point A est le pôle de l'arc B'C', le rayon OA est perpendiculaire sur le plan OB'C' (330) ;

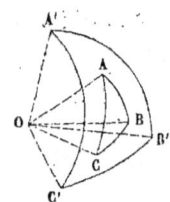

le rayon OB est, de même, perpendiculaire sur le plan OA'C', et le rayon OC sur le plan OA'B'. Il en résulte que le trièdre OABC est supplémentaire du trièdre OA'B'C' (223) ; par conséquent, chaque angle du triangle A'B'C' est supplémentaire d'un côté du triangle ABC, et RÉ-CIPROQUEMENT.

Corollaire. — *Les sommets du triangle A'B'C' sont les pôles des trois côtés du triangle ABC* ; car, le plan OAB qui passe par deux droites perpendiculaires au rayon OC' est lui-même perpendiculaire à ce rayon (189) ; donc, le point C' est le pôle de l'arc AB (330) ; le point B' est pareillement le pôle de l'arc AC, et le point A' celui de l'arc BC. C'est pourquoi chacun des triangles, ABC et A'B'C', se nomme le *triangle polaire* de l'autre.

Remarque. — Si l'on applique dans toute son étendue la construction précédente, on peut former, outre le triangle A'B'C', trois autres triangles sur l'hémisphère du triangle ABC ; mais la proposition actuelle n'est vraie que pour le triangle A'B'C', qui se distingue des autres en ce que les sommets A et A' sont situés d'un même côté de l'arc BC, les sommets B et B' d'un même côté de l'arc AC, et les sommets C et C' d'un même côté de l'arc AB.

§ 2. Mesure de la sphère.

DÉFINITIONS.

Zone sphérique. — On nomme *zone sphérique* la surface engendrée par un arc de cercle AB tournant autour d'un dia-

mètre qui ne le coupe pas ; dans ce mouvement, les extrémités A et B de l'arc mobile décrivent des circonférences de
cercle qui sont les *bases* de la zone, et la
projection CD de cet arc sur le diamètre
est la hauteur de la zone ; si l'une des
extrémités de l'arc mobile est située sur
l'axe, la zone n'a qu'une base et reçoit particulièrement
le nom de *calotte sphérique*.

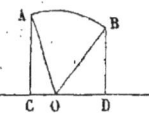

On peut évidemment considérer une zone sphérique,
comme une portion de surface sphérique comprise entre
deux cercles parallèles.

SECTEUR SPHÉRIQUE. — On nomme *secteur sphérique* le
volume engendré par un secteur circulaire OAB tournant
autour d'un diamètre CD qui ne le coupe pas ; dans ce mouvement, l'arc AB décrit une zone qui *sert de base* au secteur
sphérique, et les rayons OA, OB, décrivent les surfaces latérales de deux cônes.

On peut évidemment considérer un secteur sphérique
comme une portion de sphère comprise entre deux cônes
ayant pour sommet commun le centre de la sphère et pour
bases deux cercles parallèles.

PROPOSITION 1.

LEMME. — *Un secteur sphérique est la limite vers laquelle
tend le volume engendré par un secteur polygonal régulier,
inscrit ou circonscrit au secteur circulaire qui engendre le
secteur sphérique, et dont le nombre des côtés augmente indéfiniment.*

** Considérons le secteur circulaire OAC tournant autour
du diamètre xy ; supposons qu'on ait inscrit à ce secteur circulaire un secteur polygonal OABC, et qu'on lui ait circonscrit
un secteur polygonal régulier OA'B'C', du même nombre de

côtés. La différence des volumes engendrés par les secteurs polygonaux inscrit et circonscrit peut devenir aussi petite qu'on voudra, si l'on suppose que le nombre des côtés de chaque secteur polygonal augmente indéfiniment : en effet, on a démontré (321) qu'on obtient ces volumes V et V', au moyen des formules suivantes, quel que soit le nombre des côtés de chaque secteur polygonal :

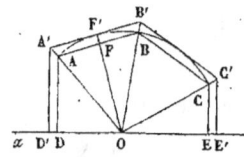

$$V = \frac{2}{3}\pi \overline{OF}^2 \times DE \quad \text{et} \quad V' = \frac{2}{3}\pi \overline{OF'}^2 \times D'E' .$$

On en tire :

$$V' - V = \frac{2}{3}\pi \left(\overline{OF'}^2 \times D'E' - \overline{OF}^2 \times DE \right) .$$

Mais, si l'on suppose qu'on double indéfiniment le nombre des côtés de chaque secteur polygonal, le facteur $\frac{2}{3}\pi$ reste constant; la distance DE ne change pas, non plus que le rayon OF'; les produits $\overline{OF'}^2 \times D'E'$ et $\overline{OF}^2 \times DE$ tendent l'un et l'autre vers le produit $\overline{OF'}^2 \times DE$, et, par suite, leur différence peut devenir aussi petite qu'on veut; donc, l'expression $\frac{2}{3}\pi \left(\overline{OF'}^2 \times D'E' - \overline{OF}^2 \times DE \right)$, c'est-à-dire la différence des volumes V et V' peut elle-même devenir aussi petite qu'on voudra. Or, le secteur sphérique considéré est évidemment compris entre les deux volumes V et V', quel que soit le nombre des côtés de chaque secteur polygonal; par conséquent, si le nombre de ces côtés augmente indéfiniment, chacun de ces volumes s'approche indéfiniment du secteur sphérique, ou, en d'autres termes, chacun d'eux a pour limite le secteur sphérique.

Corollaire. — *Une zone sphérique est la limite vers laquelle tend la surface engendrée par une ligne brisée régulière, inscrite ou circonscrite à l'arc qui décrit cette zone, et dont le nombre des côtés augmente indéfiniment ;* autrement, le secteur sphérique qui a cette zone pour base ne serait pas la limite vers laquelle tend, etc.

Surface de la sphère.

PROPOSITION 2.

Théorème. — *La surface d'une zone a pour mesure le produit de sa hauteur par la circonférence d'un grand cercle de la sphère à laquelle elle appartient.*

Considérons la zone engendrée par l'arc BD tournant autour du diamètre AM ; inscrivons ou circonscrivons à l'arc BD une ligne brisée régulière, et, supposons que BCD soit une ligne brisée inscrite. Puisque cette ligne brisée inscrite est supposée régulière, la surface qu'elle engendre en tournant autour du diamètre AM a pour mesure le produit de sa projection sur l'axe par la circonférence du cercle inscrit, quelque grand que soit le nombre des côtés de cette ligne, ce qui se traduit par l'égalité suivante (312) :

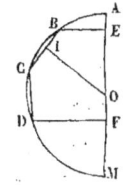

$$\text{Surf. BCD} = \text{EF} \times \text{circ. OI.}$$

Mais, si l'on suppose que le nombre des côtés de la ligne brisée régulière inscrite augmente indéfiniment, la surface qu'elle engendre tend vers la zone Z, qui en est la limite (343) ; la projection EF reste égale à la hauteur h de la zone, et l'apothème OI tend vers le rayon R du cercle qui engendre la sphère ; donc, l'égalité précédente deviendra :

$$Z = h \times \text{circ. R.}$$

Cette égalité exprime précisément que la zone considérée a pour mesure le produit de sa hauteur par la circonférence d'un grand cercle de la sphère à laquelle elle appartient.

COROLLAIRE. — Si l'on désigne par R le rayon de la sphère à laquelle appartient une zone, et si l'on remplace dans la conclusion du théorème précédent, le facteur *circ*. R par l'expression 2πR, qui lui est égale, on obtient la FORMULE DE LA ZONE et de la CALOTTE sphériques :

$$\text{Zone} = 2\pi R h.$$

Cette formule montre qu'*une zone sphérique est équivalente à la surface latérale d'un cylindre, qui aurait la même hauteur, et dont la base serait un grand cercle de la sphère à laquelle elle appartient.*

PROPOSITION 3.

THÉORÈME. — *La surface d'une sphère a pour mesure le produit de son diamètre par la circonférence d'un grand cercle.*

Considérons la sphère engendrée par le demi-cercle ABG tournant autour du diamètre AG, et supposons qu'on ait divisé la demi-circonférence, au point B, en deux arcs quelconques. Les arcs AB et BG décrivent en tournant autour du diamètre AG deux calottes, dont les hauteurs forment le diamètre D de la sphère, et les surfaces la surface totale de la sphère ; mais, si l'on applique à chacune d'elles la proposition précédente, on trouve :

$$Z = h \times \text{circ. R} \quad \text{et} \quad Z' = h' \times \text{circ. R}.$$

En additionnant ces égalités membre à membre, on obtient :

$$Z + Z' = (h + h') \times circ. R \quad \text{ou} \quad \text{Surf. sphère} = D \times circ. R.$$

Donc, la surface de la sphère considérée a pour mesure le produit de son diamètre par la circonférence d'un grand cercle.

COROLLAIRE. — Si l'on remplace, dans la conclusion précédente, le facteur *circ.*R par πD et D par 2R, on trouve la FORMULE DE LA SURFACE D'UNE SPHÈRE :

$$\text{Surf. sphère} = \pi D^2 \quad \text{ou} \quad \text{Surf. sphère} = 4\pi R^2.$$

Cette formule montre que *la surface d'une sphère est équivalente à celle d'un cercle qui aurait pour rayon son diamètre ou à celle de quatre grands cercles de cette sphère.*

Volume de la sphère.

PROPOSITION 4.

THÉORÈME. — *Le volume d'un secteur sphérique a pour mesure le produit de la zone, qui lui sert de base, par le tiers de son rayon.*

Considérons le secteur sphérique engendré par le secteur circulaire OAD tournant autour du diamètre AE ; inscrivons ou circonscrivons à ce secteur circulaire un secteur polygonal régulier, et supposons que OABCD soit un secteur polygonal inscrit. Puisque ce secteur polygonal inscrit est supposé régulier, le volume qu'il engendre en tournant autour du diamètre AE a pour mesure le produit de la surface que décrit sa base par le tiers de son apothème, quelque grand que soit le nombre des côtés de cette base, ce qui s'exprime par l'égalité suivante (320) :

$$\text{Vol. OABCD} = \text{surf. ABCD} \times \frac{1}{3} \text{OL} \cdot$$

Mais, si l'on suppose que le nombre des côtés de la base augmente indéfiniment, le volume engendré par le secteur polygonal régulier tend vers le volume V du secteur sphérique, qui en est la limite (341) ; la surface que décrit sa base tend vers la zone Z, qui sert de base au secteur sphérique (343), et son apothème OL vers le rayon R de la sphère ; donc, l'égalité précédente deviendra :

$$V = Z \times \frac{1}{3} R.$$

Cette égalité exprime précisément que le volume du secteur considéré a pour mesure le produit de la zone, qui lui sert de base, par le tiers de son rayon.

COROLLAIRE. — Si l'on remplace, dans la conclusion du théorème précédent, Z par $2\pi Rh$, qui est son expression (344), et si l'on simplifie le résultat, on obtient la FORMULE DU SECTEUR SPHÉRIQUE :

$$\text{Sect. sph.} = \frac{2}{3}\pi R^2 h.$$

Cette formule montre que *le volume d'un secteur sphérique équivaut au double d'un cône, qui aurait même hauteur que la zone servant de base au secteur, et dont la base serait un grand cercle de la sphère à laquelle il appartient.*

PROPOSITION 5.

THÉORÈME. — *Le volume d'une sphère a pour mesure le produit de sa surface par le tiers de son rayon.*

Considérons la sphère engendrée par le demi-cercle ABD tournant autour du diamètre AD, et supposons qu'on ait partagé ce demi-cercle, par le rayon CB, en deux secteurs quelconques.

Les secteurs circulaires CAB et CBD engendrent, en tournant autour du diamètre AD, deux secteurs sphériques, dont les bases Z et Z′ forment la surface de la sphère, et les volumes V et V′ le volume de la sphère ; mais, si l'on applique à chacun d'eux la proposition précédente, on trouve :

$$V = Z \times \frac{1}{3} R \quad \text{et} \quad V' = Z' \times \frac{1}{3} R \cdot$$

En additionnant ces égalités membre à membre, on obtient :

$$V + V' = (Z + Z') \times \frac{1}{3} R \quad \text{ou} \quad \text{Sphère} = S \times \frac{1}{3} R \cdot$$

Donc, le volume d'une sphère a pour mesure le produit de sa surface par le tiers de son rayon.

CorollairE. — Si l'on remplace, dans la conclusion précédente, le facteur S par l'expression ou, $4\pi R^2 \pi D^2$ qui lui est égale, on trouve la FORMULE DU VOLUME D'UNE SPHÈRE :

$$\text{Sphère} = \frac{1}{6} \pi D^3 \quad \text{ou} \quad \text{Sphère} = \frac{4}{3} \pi R^3 \cdot$$

Cette formule montre qu'*en multipliant les* $\frac{4}{3}$ *du nombre* π *par le cube du rayon d'une sphère, on trouve pour produit son volume.*

PROPOSITION 6.

ThéorÈme. — *Les surfaces de deux sphères sont entre elles comme les carrés et les volumes comme les cubes des rayons des deux sphères.*

Considérons deux sphères dont R et R′ désignent les rayons ; si l'on représente par S et S′ leurs surfaces, on sait que ces surfaces sont exprimées par les formules (345) :

$$S = 4\pi R^2 \quad \text{et} \quad S' = 4\pi R'^2.$$

On en déduit, si l'on divise membre à membre ces deux égalités, et si l'on simplifie le résultat :

$$\frac{S}{S'} = \frac{R^2}{R'^2}.$$

De même, si l'on représente par V et V' les volumes des deux sphères considérées, on obtient ces volumes au moyen des formules suivantes (347) :

$$V = \frac{4}{3}\pi R^3 \quad \text{et} \quad V' = \frac{4}{3}\pi R'^3.$$

On en déduit, si l'on divise membre à membre ces deux égalités, et si l'on simplifie le résultat :

$$\frac{V}{V'} = \frac{R^3}{R'^3}.$$

Les deux proportions ainsi obtenues expriment précisément que les surfaces des deux sphères considérées sont entre elles comme les carrés, et les volumes comme les cubes des rayons des deux sphères.

DÉFINITION.

POLYÈDRE CIRCONSCRIT A UNE SPHÈRE. — On dit qu'un polyèdre est *circonscrit à une sphère*, si chacune de ses faces est tangente à la sphère.

PROPOSITION 7.

THÉORÈME. — *Le volume d'un polyèdre quelconque, circonscrit à une sphère, a pour mesure le produit de sa surface par le tiers du rayon de la sphère.*

Considérons la sphère qui a pour centre le point 0, et

pour rayon OA ; supposons que MNPQ représente une face d'un polyèdre circonscrit à cette sphère, et qu'on ait joint par des droites le centre O à tous les sommets du polyèdre, ainsi qu'aux points de contact de ses faces avec la sphère. On aura décomposé ainsi le polyèdre en pyramides, qui auront toutes pour sommet le centre de la sphère, pour hauteur un rayon de la

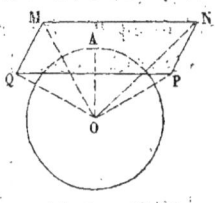

sphère, et pour bases les différentes faces du polyèdre ; or, la somme de ces pyramides s'obtiendra en multipliant la somme de leurs bases par leur hauteur commune ; donc, le volume du polyèdre circonscrit a pour mesure le produit de sa surface par le tiers du rayon de la sphère.

Remarque. — Si l'on considère le volume d'une sphère comme la limite vers laquelle tend le volume d'un polyèdre circonscrit dont les faces diminuent indéfiniment, on trouve encore que la sphère a pour mesure le produit de sa surface par le tiers de son rayon.

* Volume du segment sphérique.

DÉFINITION.

SEGMENT SPHÉRIQUE. — On appelle *segment sphérique* la portion de volume sphérique comprise entre deux cercles parallèles. Les deux cercles parallèles se nomment les *bases* du segment, et la distance de leurs plans est la *hauteur* du segment.

Si le plan d'une des bases est tangent à la sphère, cette base se réduit à un point, et le segment n'a plus qu'une seule base.

On peut évidemment considérer un segment sphérique

comme le volume engendré par la portion de cercle comprise entre un arc, sa projection sur un diamètre et les perpendiculaires abaissées des extrémités de l'arc sur le diamètre, lorsque cette figure (qu'on nomme *trapèze mixtiligne*) tourne autour du diamètre.

PROPOSITION 8.

Lemme. — *Le volume engendré par un segment circulaire, tournant autour d'un diamètre qui ne le coupe pas, est équivalent au sixième d'un cylindre qui aurait pour base un cercle de rayon égal à la corde du segment et pour hauteur la projection de cette corde sur l'axe.*

Supposons que le segment circulaire BMD tourne autour du diamètre AH; dans ce mouvement, le segment engendre un volume qui est la différence entre le volume engendré par le secteur CBMD et le volume engendré par le triangle CBD; mais on a, d'après la formule du secteur sphérique (346) :

$$\text{Vol. CBMD} = \frac{2}{3}\,\pi\overline{\text{CB}}^{2} \times \text{EF};$$

on trouve aussi, en appliquant la proposition 12 (316) :

$$\text{Vol. CBD} = \frac{2}{3}\,\pi\overline{\text{CG}}^{2} \times \text{EF}.$$

On en déduit, si l'on retranche membre à membre ces deux égalités :

$$\text{Vol. BMD} = \frac{2}{3}\,\pi\text{EF}\left(\overline{\text{CB}}^{2} - \overline{\text{CG}}^{2}\right).$$

Mais, dans le triangle rectangle CBG, la différenc $\overline{\text{CB}}^{2} - \overline{\text{CG}}^{2}$ est égale à $\overline{\text{BG}}^{2}$ ou $\dfrac{\text{BD}^{2}}{4}$; donc, on aura :

$$\text{Vol. BMD} = \frac{2}{3}\pi EF \times \frac{\overline{BD}^2}{4} \quad \text{ou} \quad \text{Vol. BMD} = \frac{1}{6}\pi \overline{BD}^2 \times EF$$

Cette égalité exprime précisément que le volume engendré par le segment considéré est équivalent au sixième d'un cylindre qui aurait pour base un cercle de rayon égal à la corde du segment et pour hauteur la projection de cette corde sur l'axe.

Remarque. — Si le segment considéré est un demi-cercle, on trouve, pour expression de son volume, celle du volume de la sphère.

PROPOSITION 9.

THÉORÈME. — *Un segment sphérique est équivalent à un cylindre qui aurait pour base la moyenne arithmétique des deux bases du segment, et pour hauteur sa hauteur, plus une sphère ayant cette hauteur pour diamètre.*

Considérons le segment sphérique engendré par le trapèze mixtiligne EBMDF tournant autour du diamètre AG ; ce segment est évidemment la somme des volumes engendrés par le trapèze rectiligne EBDF et par le segment circulaire BMD. Or, le volume engendré par le trapèze rectiligne EBDF est un tronc de cône, qui a pour expression (315) :

$$\frac{1}{3}\pi\, EF\, (\overline{DF}^2 + \overline{BE}^2 + DF \times BE);$$

le volume engendré par le segment circulaire BMD est exprimé par le produit $\frac{1}{6}\pi\,\overline{BD}^2 \times EF$, d'après le lemme précédent ; par conséquent, le segment sphérique est donné par l'égalité suivante :

$$S\, eg.\, sph. = \frac{1}{3}\pi EF\,(\overline{DF}^2 + \overline{BE}^2 + DF \times BE) + \frac{1}{6}\pi\overline{BD}^2 \times EF,$$

qui équivaut à celle-ci :

$$\text{Seg. sph.} = \tfrac{1}{6}\pi EF\left(2\overline{DF}^2 + 2\overline{BE}^2 + 2DF \times BE + \overline{BD}^2\right)$$

Mais, si l'on mène la droite BH parallèle à EF, on forme ainsi un triangle rectangle BDH, dans lequel $\overline{BD}^2$ est égal à $\overline{BH}^2 + \overline{DH}^2$; or, le terme $\overline{BH}^2$ est le même que $\overline{EF}^2$; le terme $\overline{DH}^2$ représente le carré de la différence DF — HF ou DF — BE, c'est-à-dire $\overline{DF}^2 + \overline{BE}^2 - 2DF \times BE$; par conséquent, on aura :

$$\overline{BD}^2 = \overline{EF}^2 + \overline{DF}^2 + \overline{BE}^2 - 2DF \times BE.$$

Si l'on remplace, dans la première égalité, le terme $\overline{BD}^2$ par cette expression, qui lui est égale, et si l'on simplifie le résultat, on trouve la FORMULE DU SEGMENT SPHÉRIQUE :

$$\text{Seg. sph.} = \tfrac{1}{2}\pi\left(\overline{DF}^2 + \overline{BE}^2\right) \times EF + \tfrac{1}{6}\pi\overline{EF}^3.$$

Cette formule exprime que *le segment sphérique considéré est équivalent à un cylindre qui aurait pour base la moyenne arithmétique des deux bases du segment et pour hauteur sa hauteur, plus une sphère ayant cette hauteur pour diamètre.*

Exercices.

1. Prouver que les tangentes menées d'un point extérieur à une sphère sont égales entre elles. Quel est le lieu des points de contact de toutes les tangentes ainsi menées à la sphère?

2. Quel est le lieu géométrique des centres de toutes les sections faites dans une sphère par des plans passant : 1° par une droite donnée ; 2° par un point donné ?

3. Par une droite donnée, mener un plan tangent à une sphère donnée.

4. Par une droite donnée, mener un plan qui détermine dans une sphère donnée une section égale à un cercle donné.

5. Trouver la plus courte distance d'un point donné ou d'une droite donnée à une sphère.

6. Par un point donné dans l'intérieur d'une sphère, on mène trois droites rectangulaires, et l'on demande de prouver que la somme des carrés des distances du point donné aux six points d'intersection de ces droites avec la surface sphérique est constante, quelles que soient les trois droites rectangulaires.

7. Trouver le lieu des points de l'espace dont les distances à deux points donnés ont entre elles un rapport constant.

8. Construire un triangle sphérique, connaissant : 1° un angle et les deux côtés qui le comprennent ; 2° un côté et les deux angles adjacents ; 3° les trois côtés ; 4° les trois angles.

9. Construire un triangle sphérique, connaissant un angle, un des côtés de cet angle et la somme ou la différence des deux autres côtés.

10. Démontrer que, si l'on fait passer des arcs de grand cercle par un point O intérieur à un triangle sphérique ABC et par les trois sommets, la somme des trois arcs ainsi menés, OA, OB, OC, est plus petite que la somme des trois côtés du triangle et plus grande que leur demi-somme.

11. Calculer la surface d'une sphère dont le rayon est 1^m,24.

12. Évaluer la superficie de notre globe, supposé sphérique, en myriamètres carrés.

13. Partager une sphère par un plan en deux zones ayant entre elles un rapport donné.

14. Couper une sphère par un plan tel que le cercle d'intersection : 1° soit équivalent à la différence des deux zones obtenues ; 2° soit la moyenne proportionnelle entre les deux zones obtenues.

15. Inscrire et circonscrire à une sphère donnée un cône dont la base soit la moitié de la surface latérale.

16. Démontrer que toute zone à une base est équivalente à un cercle ayant pour rayon la corde de l'arc qui engendre la zone.

17. Étant donné un demi-cercle, on inscrit et on circonscrit un demi-polygone régulier du même nombre de côtés ; on demande de prouver que la surface engendrée par le demi-cercle tournant autour du diamètre qui lui sert de base est moyenne proportionnelle entre les surfaces engendrées par les deux demi-polygones.

18. Démontrer que la surface du cylindre circonscrit à une sphère est moyenne proportionnelle entre la surface de la sphère et celle du cône équilatéral circonscrit. Même question pour les volumes de ces trois corps.

19. De tous les cylindres inscrits dans une sphère donnée, quel est celui dont la surface latérale est la plus grande ?

20. Sachant que la circonférence d'un grand cercle d'une sphère est de 1 mètre, calculer son volume.

21. Calculer le volume et le poids de la Terre, supposée sphérique, sachant que sa densité moyenne est 4,5 et que son rayon est de 6377 kilomètres.

22. Un hémisphère étant donné, on veut sur le grand cercle qui lui sert de base élever un cylindre dont la surface latérale soit égale aux $\frac{5}{6}$ de celle de l'hémisphère. On demande quelle hauteur il faut donner au cylindre.

23. Les diamètres de la Terre, de la Lune et du Soleil étant proportionnels aux nombres 1, $\frac{3}{11}$ et 112, quels sont les volumes de la Lune et du Soleil, si l'on prend celui de la Terre pour unité.

24. Calculer le volume d'une sphère, sachant qu'une zone de cette sphère aurait 2 mètres carrés de surface, si elle avait $0^m,42$ de hauteur.

25. De tous les cônes circonscrits à une sphère donnée, quel est celui dont le volume est le plus petit ?

26. Couper une sphère par un plan de manière à ce que le volume du segment détaché de la sphère soit équivalent au cône qui aurait pour base la base de ce segment et pour sommet le centre de la sphère.

27. Étant donné un demi-cercle, on propose d'y inscrire un triangle rectangle tel que le volume engendré par ce triangle tournant autour de l'hypoténuse ait avec celui de la sphère décrite par le demi-cercle un rapport donné. Discussion.

FIN.

TABLE DES MATIÈRES

DEUXIÈME PARTIE

GÉOMÉTRIE DANS L'ESPACE

LIVRE CINQUIÈME.

Plan et ligne droite dans l'espace.

LIVRE SIXIÈME.

Polyèdres.

LIVRE SEPTIÈME.

Corps ronds.

FIN DE LA TABLE DES MATIÈRES.

CORBEIL. — TYP. ET STÉR. DE CRÉTÉ.